情绪心理学

研究与应用

傅小兰 等◎著

Psychology
of Emotion
Research
and Applications

华东师范大学出版社
·上海·

图书在版编目(CIP)数据

情绪心理学:研究与应用/傅小兰等著. —上海:
华东师范大学出版社,2023
ISBN 978-7-5760-4037-1

Ⅰ.①情… Ⅱ.①傅… Ⅲ.①情绪-心理学
Ⅳ.①B842.6

中国国家版本馆 CIP 数据核字(2023)第 143529 号

情绪心理学:研究与应用

著　者　傅小兰 等
责任编辑　彭呈军
特约审读　单敏月
责任校对　李琳琳
装帧设计　卢晓红

出版发行　华东师范大学出版社
社　　址　上海市中山北路 3663 号　邮编 200062
网　　址　www.ecnupress.com.cn
电　　话　021-60821666　行政传真 021-62572105
客服电话　021-62865537　门市(邮购)电话 021-62869887
地　　址　上海市中山北路 3663 号华东师范大学校内先锋路口
网　　店　http://hdsdcbs.tmall.com

印 刷 者　上海锦佳印刷有限公司
开　　本　787 毫米×1092 毫米　1/16
印　　张　19
字　　数　486 千字
版　　次　2023 年 9 月第 1 版
印　　次　2025 年 2 月第 2 次
书　　号　ISBN 978-7-5760-4037-1
定　　价　68.00 元

出 版 人　王　焰

(如发现本版图书有印订质量问题,请寄回本社客服中心调换或电话 021-62865537 联系)

目 录

前言   1

第1章 总论   1
  第一节 情绪的含义   1
  第二节 情绪的性质和功能   8
  第三节 情绪研究的历史   11
  第四节 情绪研究方法的发展   14

第2章 情绪理论   20
  第一节 情绪早期理论   20
  第二节 情绪生理理论   23
  第三节 情绪认知理论   26
  第四节 情绪功能理论   30
  第五节 情绪心理建构理论   36
  第六节 情绪社会建构理论   38
  第七节 情绪理论的总结与未来展望   41

第3章 情绪的主观体验及评价   45
  第一节 基本情绪的主观体验与评价   45
  第二节 复合情绪的主观体验与评价   49
  第三节 情绪状态的主观体验与评价   57
  第四节 情绪的基本维度及其测量   61

第4章 情绪的外部表现及识别   64
  第一节 表情   64
  第二节 表情的识别   66

第三节　表情识别的影响因素　　76
　　第四节　表情识别相关理论与展望　　85

第5章　情绪的生理激活及其测量　　87
　　第一节　情绪的自主神经反应　　87
　　第二节　情绪中枢神经反应　　98
　　第三节　情绪的生理化学反应　　110
　　第四节　情绪自主反应与中枢机制的整合　　116

第6章　情绪的毕生发展　　120
　　第一节　情绪的早期发展　　121
　　第二节　情绪的晚期发展　　128
　　第三节　情绪发展的影响因素　　136

第7章　情绪记忆　　147
　　第一节　情绪与记忆绩效　　147
　　第二节　情绪记忆的脑机制　　156
　　第三节　情绪记忆的应用　　162

第8章　情绪智力　　166
　　第一节　情绪智力的定义和理论模型　　167
　　第二节　情绪智力的测量　　174
　　第三节　情绪智力与生活　　178

第9章　情绪与注意　　183
　　第一节　情绪与注意的研究概述　　183
　　第二节　情绪与注意研究的实验范式　　187
　　第三节　情绪对注意的影响　　194
　　第四节　注意训练对情绪的调节　　199

第10章　情绪与学习　　203
　　第一节　情绪对学习的影响　　203
　　第二节　情感化学习　　209
　　第三节　学业情绪　　217

第 11 章　情绪与决策　　　　　　　　　　　　　　　223
 第一节　预期情绪与决策　　　　　　　　　　　223
 第二节　预支情绪与决策　　　　　　　　　　　226
 第三节　偶然情绪与决策　　　　　　　　　　　230

第 12 章　情绪与道德　　　　　　　　　　　　　　　236
 第一节　情绪对道德判断的影响　　　　　　　　236
 第二节　情绪对道德行为的影响　　　　　　　　241

第 13 章　情绪与行为　　　　　　　　　　　　　　　252
 第一节　情绪与行为的关系　　　　　　　　　　252
 第二节　情绪调节与适应行为　　　　　　　　　256
 第三节　愤怒、恐惧、羞怯与行为　　　　　　　258
 第四节　情绪感染与群体行为　　　　　　　　　264

第 14 章　情绪与疾病　　　　　　　　　　　　　　　268
 第一节　情绪的致病机制　　　　　　　　　　　268
 第二节　情绪与心身疾病　　　　　　　　　　　276

名词索引　　　　　　　　　　　　　　　　　　　　283
作者简介　　　　　　　　　　　　　　　　　　　　287

前　言

习近平总书记在党的二十大报告中明确指出,要"重视心理健康和精神卫生","加强教材建设和管理"。《情绪心理学:研究与应用》针对心理健康和精神卫生工作中应特别重视的情绪问题,面向新冠疫情在全球肆虐后大众对情绪管理的迫切需求,旨在为广大读者提供一本系统学习和掌握情绪心理学的基本理论知识以及从事情绪研究与应用工作所必备技能的高质量教材,以提升人们识别、理解、管理和掌控情绪的能力,促进情绪心理学的人才培养和学科发展,为提升全民心理健康素质、建设"健康中国"和"平安中国"贡献心理学专业力量。

"人非草木,孰能无情。"情绪不仅是心理学研究的重要对象,也是多学科交叉研究的国际前沿和热点主题,相关研究成果具有十分重要的应用价值。2016年1月,我主持编写了《情绪心理学》一书。作为《当代中国心理科学文库》系列丛书中的一本,《情绪心理学》基于认知心理学和认知神经科学的视角,系统梳理了国内外情绪心理学基础研究和应用领域的成果,重点介绍了新研究、新范式、新成果,并注重反映中国学者在该研究领域的贡献,较为系统全面地为读者呈现了当时情绪心理学研究领域的完整图景,因而得到读者们的广泛好评。

在过去的七年里,情绪心理学研究的新进展层出不穷,因此,《情绪心理学》的内容亟待更新。另外,《情绪心理学》有65万余字,篇幅较长,内容较多,作为大学本科生和研究生课程的教科书并非十分理想,因此有必要再出一本符合教科书要求的新教材!我们的计划得到了华东师范大学出版社的支持,《情绪心理学:研究与应用》的写作随即提上了日程。本教材全面更新了每章内容,一方面尽力纳入最新进展,另一方面用心精简原有内容,因而更加有助于情绪心理学初学者入门,也为其未来能力提升和专业发展奠定坚实基础。

本教材的写作团队,除第14章有2位同学未再参与外,均为《情绪心理学》的原班人马,具体信息如下:

第1章　总论(曲方炳、王云强)

第2章　情绪理论(曲方炳、李贺)

第3章　情绪的主观体验及评价(郝芳)

第4章 情绪的外部表现及识别(申寻兵、吴奇)
第5章 情绪的生理激活及其测量(李开云)
第6章 情绪的毕生发展(唐薇)
第7章 情绪记忆(赵科、范伟)
第8章 情绪智力(张兴利、李丹枫)
第9章 情绪与注意(任衍具、梁静、郝芳)
第10章 情绪与学习(付秋芳、王云强)
第11章 情绪与决策(李晓明)
第12章 情绪与道德(王云强)
第13章 情绪与行为(宋胜尊)
第14章 情绪与疾病(汪亚珉)

上述18位心理学博士或教授目前都活跃在心理学科研和教学一线且治学严谨。虽然他们各自的教学科研任务繁重且压力巨大,但都高度重视本教材的写作,并给予我最积极主动的配合和最强有力的支持,从而保证了本书按写作计划有条不紊地顺利完稿。

概括而言,本书具有思想性、综合性、系统性、实用性和前沿性,在引经据典的同时充分反映相关领域的最新研究动态,力图体系化展现情绪心理学的研究与应用全貌。本书还提供了丰富的参考文献,读者可通过进一步阅读相关参考文献进而更加全面地学习情绪心理学知识。

第1章"总论"是本书的开篇,首先界定情绪概念,然后阐述情绪的性质和功能,最后概述情绪研究的历史和主要研究方法,展示了情绪研究的发展概貌。

第2章"情绪理论"对纷繁复杂的情绪理论进行梳理,重点介绍目前为止较有影响力的情绪理论,并且根据研究者的不同观点和争论,为读者呈现了当今情绪研究的主要取向。

第3章"情绪的主观体验及评价"从情绪的分类取向和维度取向两个角度,较全面和系统地阐释了情绪的主观体验与评价,总结了新近的研究成果,并在各种情绪的评价部分列举了丰富的量表评价和实验评价范式。

第4章"情绪的外部表现及识别"以通俗易懂的语言,结合大量的最新研究,对表情的识别及相关机制进行了深入浅出的阐述,还结合计算机对表情自动识别的相关成果进行介绍,理论与实践紧密结合。

第5章"情绪的生理激活及其测量"系统地介绍了测量情绪的外周自主神经反应、中枢神经反应、生理化学反应常用方法和指标,并基于不同的测量指标详细介绍了基本情绪的外周自主神经反应模式、中枢神经反应模式及生理化学反应模式等。

第 6 章"情绪的毕生发展"以相对独立的情绪主题作为编排方式分别介绍了情绪的早期发展和老龄化,然后基于情绪早晚期发展的共性问题阐述了情绪发展的生物性和社会文化属性。

第 7 章"情绪记忆"基于情绪记忆的最新研究成果,重点阐述情绪记忆的影响因素、情绪记忆的脑机制及其个体差异等。

第 8 章"情绪智力"重点介绍情绪智力,按照情绪智力概念的发展过程、研究过程一步步地探讨情绪智力的本质、测量和与其他心理行为的关系,并将学术研究中的情绪智力概念与大众心中的情商概念进行了区分。

第 9 章"情绪与注意"注重对基本概念和基本理论的介绍,以情绪与注意领域的研究历程、研究方法、情绪与注意的相互作用来组织材料,力求选择经典的实验范式和研究成果,突出主流的研究方法、基本理论及应用。

第 10 章"情绪与学习"着眼于二者的相互作用,介绍情绪对内隐和外显学习的影响及其神经机制,情感化学习及其对认知的影响及应用,以及情绪在学生学习过程与学业成就中的作用。

第 11 章"情绪与决策"首先对影响决策的诸多情绪因素进行了分类,再分别从理论和实证研究方面对预期情绪、预支情绪和偶然情绪在决策中的作用进行阐述,力图通过对经典理论和实证研究的介绍向读者呈现出相对完整的情绪与决策间的关系图。

第 12 章"情绪与道德"从"道德判断"和"道德行为"两个方面来介绍情绪与道德的关系,注重对具有重要意义的理论模型的评价,尝试建构一定的理论体系来统领已有研究。

第 13 章"情绪与行为"从情绪与人类行为之间的关系入手,探讨情绪调节与行为改变的关系,关注情绪与攻击行为、趋避行为和群体行为之间的联系。

第 14 章"情绪与疾病"着眼于情绪性应激在应激导致疾病过程中的作用,首先介绍了应激的理论发展,然后探讨了情绪性应激如何影响免疫系统机能而加剧致病进程,最后综述了三种常见心身疾病受不良情绪影响的相关样本研究。

在此,我要对写作团队的每一名成员表达我最真挚的感谢!我由衷地感谢全体作者所付出的巨大心血和努力,感谢整个团队成员的全程支持和配合,以及谨慎细致的反复审阅和修改。本书是我们写作团队共同努力的成果,是整个写作集体的心血与智慧结晶。这是一本可读性较高的情绪心理学教材,希望得到读者们的喜爱。对于书中可能存在的观点偏颇或写作不当之处,敬请读者给予指正。

最后,我要感谢华东师范大学出版社教育心理分社彭呈军社长以及所有为本书出版付出努力的人们!我相信,通过阅读本书,读者将会比较全面地认识情绪的产生过程和作用机制,了解情绪的相关理论观点和实证研究成果,明了情绪调控的科学依据,进而能更深入地开展情绪心理学研究，或者更好地在实际生活中应用情绪心理学的研究成果。

傅小兰

中国科学院心理研究所

中国科学院大学心理学系

脑与认知科学国家重点实验室

2023 年 1 月 16 日

第 1 章

总　论

　　情绪是一种常见的心理现象,它无时无刻不在影响着人们的生活。情绪心理学是一门既古老又年轻的学科。古希腊的柏拉图和亚里士多德等对情绪现象进行了一定的论述,中国古代也有"七情"和"情志相胜"等丰富的心理学思想。但是直到达尔文(Darwin)之后,情绪才进入科学心理学的研究视域。20 世纪 60 年代起,情绪心理学逐步进入繁荣发展时期。这一方面表现为情绪理论的涌现与整合,研究者相继提出了诸多不同取向的情绪理论;另一方面表现为研究方法的改进与完善,研究者不仅建立了多个标准化的情绪诱发材料数据库来进行情绪的内部诱发或外部诱发,而且采用多种方法对情绪的主观体验、外部行为表现、生理变化和神经机制进行测量。

第一节　情绪的含义

1　情绪的内涵

　　如同"时间"和"意识"等概念一样,"情绪"在日常生活和科学研究中经常被使用,却很难对其进行准确界定。哲学家及心理学家们已经争论了 100 多年,仍然没有形成统一的定义。根据一项研究统计,心理学界至少有 90 种不同的情绪定义(Plutchik,2001)。由于关注的情绪成分不同,使用的技术手段和研究方法也不尽相同,因此对情绪内涵的理解存在很大差异。总体而言,对情绪的界定大体有身体知觉观、进化主义观和认知评价观三类(Fox,2008)。

1.1　身体知觉观
　　该观点认为,情绪来自对身体变化的知觉。通常人们认为,我们首先体验到的是情绪感受(如感到害怕),之后才体验到一系列的身体变化(如心跳加快、手心出汗等)。

但是，美国心理学之父詹姆斯（James，1884）提出了相反的观点，认为"情绪是伴随对刺激物的知觉直接产生的身体变化，以及我们对这些身体变化的感受。通常认为我们因失败产生悲伤，然后痛哭；遇到熊时，因害怕而颤栗逃跑；然而，实际上的顺序应该是因痛哭而悲伤，因为颤栗而害怕"。这是心理学家对情绪下定义的最早尝试，尽管现在看来并不正确，但这一定义却启发了后来的情绪研究。

丹麦心理学家兰格（Lange，1885）也提出与詹姆斯类似的观点，认为情绪是内脏活动的结果，强调情绪与血管变化的关系。如图1.1-1所示，兰格与詹姆斯都认为情绪产生的顺序应该是：情绪刺激引起身体的生理变化，而这一生理变化进一步导致情绪体验的产生。

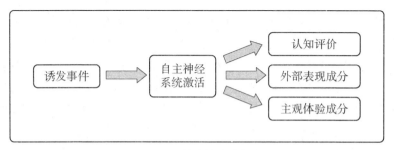

图1.1-1　情绪的身体知觉观

来源：Fox，2008.

1.2　进化主义观

该观点认为，情绪是由进化而来，是人类在面对环境挑战时，动员多个不同成分应对和解决问题的过程中形成的，强调情绪在人类生存和适应过程中的功能，代表人物主要有汤姆金斯（Tomkins）和伊扎德（Izard）。

汤姆金斯（Tomkins，1962）认为："情绪是有机体的基本动机，是一组有组织的反应，当这组反应激活时，能够同时使一些身体器官和系统（例如，面部、心脏、内分泌系统等）做出相应的反应模式。"

伊扎德（Izard，1991）从功能论观点出发，强调情绪外显行为即表情的重要性，通过表情将情绪的先天性和社会习得性、适应性和通讯交流功能联系起来。同时他认为，"情绪的定义应该包括生理唤醒、主观体验和外部表现三个方面"。

1.3　认知评价观

该观点认为情绪反应产生的前提是对事件的评价。古希腊哲学家亚里士多德就提出过类似观点，认为感受来自我们对世界的看法以及我们与周围人的关系。比如，愤怒来自对他人是否蔑视我们的评价。

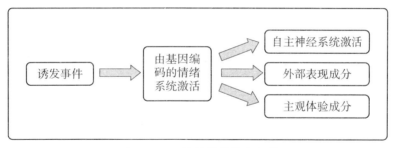

图 1.1-2　情绪的进化主义观
来源：Fox，2008．

阿诺德（Arnold，1950）主张情绪来自对某一事件意义和重要性的评价。在他看来，"情绪是对趋向知觉为有益的、避开知觉为有害的东西的一种体验倾向"。

与阿诺德的观点类似，拉扎勒斯等（Lazarus et al．，1970）提出，"情绪是对正在进行着的环境中好的和不好的信息的生理心理反应，它依赖于短时的或持续的评价"。

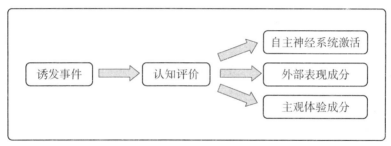

图 1.1-3　情绪的认知评价观
来源：Fox，2008．

以上三种取向的研究者从不同的角度审视情绪进而给出了自己的定义，但每种观点或研究结论只反映了情绪的某一个方面，而未能比较全面地阐释情绪的内涵。我国心理学家孟昭兰（1989，1994，2005）结合国外研究者的不同观点，尝试从情绪的成分、维量、整合水平、适应作用、通讯功能以及同认知和人格的关系等多方面界定情绪这个概念，认为"情绪是多成分组成、多维量结构、多水平整合，并为有机体生存适应和人际交往而同认知交互作用的心理活动过程和心理动机力量"。综合已有研究，本书将情绪定义为：情绪是往往伴随着生理唤醒和外部表现的主观体验。该定义比较简洁易懂，但要深入窥测情绪之谜，仍然需要锲而不舍地深入研究。

2　情绪与情感

在日常生活中，不少人将情绪、情感、感情和感受等术语混用或者并用而不加以区分。心理学研究者对情绪与情感的认识也不一致。有研究者认为,情感是情绪过程的主观体验,常用来描述人的社会性高级情感;感情是情绪、情感等的统称(孟昭兰,2005;黄希庭,2007)。另有研究者主张,情感具有广泛意义,表示情绪、心境和偏好等各种不同的内心体验(Eysenck & Keane, 2000,2005,2009)。其中一个主要原因在于研究者对"affect"和"feeling"的中文译法存在不同:有人把"feeling"译作情感,把"affect"译作感情;而有人则在广泛意义上使用"affect",并把它译为情感。

为了明确情绪与情感的区别,本书尝试对相关术语的中文译法进行统一,将"affect"译为情感,"emotion"译为情绪,"feeling"译为感受或感情。情感(affect)是情绪、感受或感情等一类现象的笼统称谓,既适用于人类,也适用于动物。情绪(emotion)一词来自拉丁文 e(向外)和 movere(动),有着移动、运动的意义,是情感性反应的过程,侧重指向非常短暂但强烈的体验(Eysenck & Keane, 2000,2005,2009)。感受或感情(feeling)指的是情绪的主观体验,是情感性反应的内容,通常只用于人类的社会性高级感情。

3 情绪的结构

情绪是异常复杂的心理概念,具有其独特的内部结构。目前对情绪结构的研究主要有两种取向:分类取向(categorical approach)和维度取向(dimensional approach)。

3.1 分类取向

情绪的分类取向(即情绪的"范畴观")源于达尔文的进化论思想,其代表人物包括汤姆金斯、伊扎德和埃克曼(Ekman)。他们基于情绪的进化主义观,试图将情绪分为几种彼此独立的、有限的基本情绪(basic emotion),但在具体情绪的数量和概念上却并未达成一致。基本情绪是人和动物所共有的、先天的、不学而能的,有共同的原型或模式,在个体发展的早期就已出现。每一种基本情绪都有其独特的生理机制和外部表现。非基本情绪或复合情绪是由多种不同基本情绪混合而成,或者由基本情绪和认知评价相互作用而成的。

伊扎德对情绪成分的划分最具代表性,他将情绪划分为主观体验、外部表现、生理唤醒三个成分(Izard, 1991)。(1)主观体验:是个体对不同情绪状态的自我感受,具有愉快、享乐、忧愁或悲伤等多种色调。每种具体情绪的主观体验色调都不相同,给人以不同的感受(孟昭兰,2005)。情绪的主观体验与外部反应存在着某种相应的关系,主观体验会引起相应的面部表情,面部表情也会引起相应的主观体验。但在某些条件下,表情反馈无法达到个体的意识水平,无法引起主观体验。(2)外部表现:通常称为表情,包括面部表情、姿态表情和语调表情。面部表情是面部肌肉变化组成的模式,主要是指眼部肌肉、颜面肌肉和口部肌肉的变化。例如,愤怒时皱眉、高兴时嘴角上翘等。姿态表情可以分为身体表情和手势表情两种。前者如恐惧时"紧缩双肩",后者如无奈时的"双手一摊"等。语调表情是通过言语的声调、节奏和速度等方面的变化来表达的,例如,高兴时语调高昂、语速快。如果能够将三种表情结合起来,会更有利于准确地判断情绪状态。(3)生理唤醒:指情绪产生的生理反应和变化,它与广泛的神经系统有关,如中枢神经系统的额叶皮层、脑干、杏仁核等,以及自主神经系统、分泌系统和躯体神经系统。不同情绪的生理唤醒是不同的,如满意、愉快时心跳节律正常,恐惧时心跳加速。然而,也有研究者认为,不同情绪会引发同样的生理唤醒,如爱、愤怒和恐惧都使心率加快。

在基本情绪分类方面,研究者们提出了不同的情绪分类学说。汤姆金斯(Tomkins,1970)较早提出存在八种原始的(天生的)情感:兴趣—兴奋、享受—快乐、惊奇—吃惊、苦恼—痛苦、厌恶—轻蔑、愤怒—狂怒、羞愧—耻辱、惧怕—恐惧。伊扎德(Izard, 1991)在他的情绪分化理论中提出存在 10 种基本情绪,分别是快乐、悲伤、愤怒、恐惧、厌恶、惊讶、兴趣、害羞、自罪感和蔑视。目前影响较大的是埃克曼等(Ekman & Friesen, 1971)的基本情绪分类,认为存在 6 种基本情绪:快乐、悲伤、愤怒、恐惧、厌恶和惊奇。

根据情绪分类取向,每一种情绪都是中枢神经系统特定神经通路激活的结果,并且在面部表情、主观体验、生理唤醒等方面与其他情绪不同。但是情绪神经科学的研究发现对此提出了巨大挑战。研究表明,基本情绪并不与特定的自主神经活动模式相关联,不同的基本情绪产生了相似的神经生理反应,而不同的神经生理活动也会出现在相同的基本情绪中(Cacioppo et al., 2001)。此外,情绪的分类研究还面临一个更为严重的问题,即某些情绪之间存在高相关,如焦虑和抑郁存在显著正相关。不同情绪之间的彼此关联,启发研究者们假设可以采用几个基本维度来解析情绪的基本结构(乐国安,董颖红,2013)。

3.2 维度取向

情绪的维度取向(即情绪的"维度观")认为情绪是高度相关的连续体,是一种较为模糊的状态,无法区分为独立的基本情绪,同类情绪在其基本维度上都高度相关。但在基本维度的数量和类型,以及单极还是双极等问题上还存在争论。

冯特(Wundt, 1896)最早提出情绪的三维学说,认为情绪由三个维度组成,即愉快—不愉快、兴奋—沉静、紧张—松弛,每个维度都有两极之间的程度变化。施洛斯伯格(Schlosberg, 1954)根据面部表情的研究,提出情绪的三个维度:愉快—不愉快、注意—拒绝、激活水平。普拉奇克(Plutchik, 1980)认为情绪的三个维度是强度、相似性和两极性,并用倒锥体来说明三维之间的关系。

伊扎德(Izard, 1977)则提出了情绪的四维理论。他认为情绪具有四个维度:愉快度表示主观体验的享乐色调;紧张度表示情绪的生理激活水平;激动度或冲动度表示个体对情绪、情境出现的突然性的预料、准备程度;确信度表示个体胜任、承受感情的程度。

梅拉比安和罗素(Mehrabian & Russell,1974)提出情绪状态的三维度模型(pleasure-arousal-dominance,PAD),其中愉悦度指积极(也称正性)或消极(也称负性)的情绪状态,如兴奋、爱、平静等积极情绪(也称正性情绪)或羞愧、无趣、厌烦等消极情绪(也称负性情绪);唤醒度指生理活动和心理警觉的水平差异,低唤醒如睡眠、厌倦、放松等,而高唤醒如清醒、紧张等;支配度指影响周围环境及他人或反过来受其影响的一种感受,高的支配度是一种有力、主宰感,而低的支配度是一种退缩、软弱感。罗素(Russell,1980)发现,愉悦度和唤醒度可以解释绝大部分情绪变异。据此,他提出情绪的环形模型,认为情绪可以分为愉快度和唤醒度,愉悦表示情绪效价,故又称效价-唤醒模型(见图1.1-4)。愉悦度和唤醒度分别是圆环的两个主轴,各种情绪较为均匀地分布在圆环中,即为情绪的环形结构模型。该模型认为,所有情绪都有共同的、相互重叠的神经生理机制(Posner et al.,2005)。

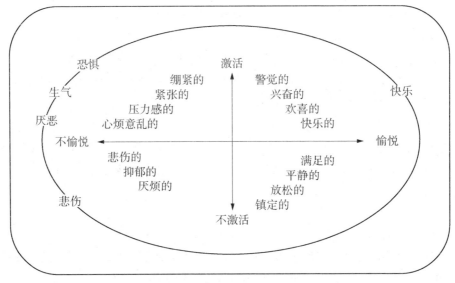

图1.1-4 情绪的环形模型
来源:Russell,1980.

华生和特勒根(Watson & Tellegen,1985)采用自陈式研究方法,提出积极-消极情感模型(positive and negative affect,PANA)(见图1.1-5)。他们认为,积极情感(positive affect,PA)和消极情感(negative affect,NA)是两个相对独立、基本的维度,分别对应愉悦、不愉悦,表示情绪的效价,但积极、消极情感彼此相互独立、相关几乎为零,不是一个维度的两极。另外,积极、消极情感也包含着激活成分,积极情感是愉悦和高激活的结合，消极情感是不愉悦与高激活的结合。因此，PANA 可以看作是 Russell 效价-唤醒模型的 45°旋转。

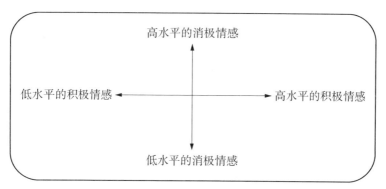

图 1.1-5　积极-消极情感模型
来源：Watson & Tellegen, 1985.

泰尔（Thayer，1978，1989）提出了与 PANA 模型类似的 EATA 模型。泰尔（1978）认为存在两个相互独立的双极激活或唤醒维度，这两种激活状态在主观体验、注意焦点和生理反应上均不相同。一种激活维度与生理节律有关，从主观感觉有活力、有力量到困倦和疲乏，称为"能量激活"（energy activation）；另一种激活维度是多种情绪（如焦虑）和压力反应（如对噪声的反应）的基础，从主观感觉紧张（tension）到镇静（calmness），称为"紧张唤醒"（tension arousal）（见图 1.1-6）。在对 PANA 进行分析之后，泰尔指出 PA 和 NA 这两个名称并不能反映这些维度中所含的激活成分，因此，他将 PA 改为能量唤醒（energetic arousal，EA），将 NA 称为紧张唤醒（tense arousal，TA）（Thayer，1989）。泰尔的 EATA 模型与华生等的 PANA 模型不仅在概念上相容，而且实证研究也证实了两者的结构相似性，但前者比后者涵盖的情绪范围更广。

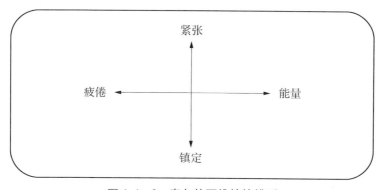

图 1.1-6　泰尔的两维情绪模型
来源：Thayer, 1989.

小结

对情绪内涵的理解大体可分为身体知觉观、进化主义观和认知评价观三类。综合已有研究，本书将情绪界定为往往伴随着生理唤醒和外部表现的主观体验。与情绪不同，情感是情绪、感受或感情等一类现象的笼统称谓，感受或感情指的是情绪的主观体验，是情感性反应的内容。目前对情绪结构的研究主要有分类和维度两种取向。

复习思考题
1. 如何理解情绪的内涵？
2. 情绪结构的分类取向与维度取向有何不同？

第二节 情绪的性质和功能

1 情绪的性质

人们对情绪性质的认识经历了一个发展变化的过程。在早期，许多研究者把情绪视为心理活动的伴随现象、后现象或副产品，认为情绪本身似乎没有任何目的或功能，这就是所谓的情绪的副现象论。例如，詹姆斯-兰格学说只不过是把情绪看作身体变化过程的产物，而认知学说也只是把情绪看作是认知不协调的产物（孟昭兰，2005）。

另外一些心理学家对情绪的副现象论并不满意。他们主张情绪并非一种从属的副现象，而是一个独立的心理学范畴，有其独立的心理过程和生理基础，在人的生存发展中具有独特的功能和作用。达尔文把情绪研究的起点推到遥远的人类起源，提出应该从种族发生和个体发展的角度认识情绪的功能、作用和性质，这大大拓展了情绪研究的范围和深度。汤姆金斯和伊扎德则坚持情绪动机观点，认为情绪具有重要的动机性和适应性功能，在人的生活中具有重要的、特殊的、其他心理活动不可替代的作用，是人的认识和行为的唤起者和组织者。

2 情绪的功能

一般而言，情绪具有适应、动机、组织和信号四大功能。

2.1 适应功能

情绪能够帮助有机体做出与环境相适宜的行为反应,从而有利于个体的生存和发展。根据奥特利和约翰逊-莱尔德(Oatley & Johnson-Laird, 1987)的观点,情绪是在进化过程中个体对来自环境的各种挑战和机遇的适应。情绪来自个体对自身目标实现过程的有意识或无意识的评价,当目标受到威胁或阻碍或者需要做出调整时,情绪就产生了。特定情绪在实现特定类型的、高度重复出现的目标受到干扰时出现。此时,情绪会重新组织并指引个体的行为朝着新目标努力,以应对受到的干扰。情绪的功能性在于,为个体提供了对与目标导向相关的行为的评估,根据评估结果引导个体的适应性应对行为(表1.2-1)。

表1.2-1 五种基本情绪及其诱发原因和行为转变

情绪	诱发原因	行为转变
高兴	子目标得以实现	继续计划,在需要调整时做出适当修改
悲伤	主要计划或目标失败	什么也不做/寻找新计划
焦虑	自我保护目标受到威胁	停止活动、警惕周围环境/逃跑
愤怒	目标受到阻碍	更努力地尝试/攻击性行为
厌恶	味觉目标受到违反	排斥该物体或回避

来源:Oatley & Johnson-Laird, 1987.

2.2 动机功能

情绪是动机系统的一个基本成分,能够激发和维持个体的行为,并影响到行为的效率。一方面,情绪具有重要的学习动机功能。兴趣和好奇心等强烈的学业情绪能够激励学习者的积极学习行为,使其获得最佳的学业成就。正所谓:"知之者不如好之者,好之者不如乐之者。"另一方面,情绪更是一种重要的道德动机。人们在对自己或他人进行道德评价时产生的、影响道德行为产生或改变的复合情绪,被称为道德情绪。例如,羞耻、内疚、尴尬和自豪等自我意识情绪,以及愤怒、蔑视、厌恶、钦佩、感激和共情等他人指向情绪。这些道德情绪能够提供道德行为的动机力量,既能够激发良好的道德行为,又可以阻止不良的道德行为。真正的自豪、共情和感激能够激发个体的亲社会行为;内疚和羞耻与青少年犯罪以及吸毒和酗酒等不良行为等存在显著负相关,更易激发个体的补偿行为。当然,愤怒也易于激发个体的攻击行为。因此,人们应学会适当调控愤怒等消极情绪,以免遭受"冲动的惩罚"。

2.3 组织功能

情绪具有组织作用,会对注意、记忆和决策等其他心理过程产生重要影响。一般来说,正性情绪起协调组织的作用,而负性情绪起破坏、瓦解或阻断的作用。研究发现,不管是情绪性刺激还是个体的情绪性状态都会对注意产生一定影响;情绪不仅会影响记忆的准确性,如负性情绪可以提高人们记忆的准确性,减少错误记忆的可能性(Storbeck & Clore, 2005),而且会影响记忆的内容,如负性情绪可以提高空间工作记忆任务的成绩、但降低言语工作记忆任务的成绩,正性情绪可以提高言语工作记忆任务的成绩、但降低空间工作记忆任务的成绩(Gray, 2001);决策者的预期后悔或预期失望等预期情绪,以及决策时体验到的预支情绪和偶然情绪都会直接或间接影响个体的认知评估和决策行为(Brewer, DeFrank, & Gilkey, 2016;Lerner et al., 2015)。

2.4 信号功能

情绪在人际间具有传递信息、沟通思想的功能。通过情绪外部表现信息的传递,我们可以推测他人正在进行的行为及其原因,也可以知道我们在相同情境下该如何进行反应。同样,尽管他人可能并没有经历我们某种情绪产生的诱发事件,但他们可以根据我们的情绪外部表现体验我们感受到的情绪。这种情绪的沟通功能是通过情绪体验与外部表现之间的特异性联系(hardwired emotional response)实现的。有研究发现,与观看愤怒人脸图片相比,观看高兴人脸图片时被试的颧大肌(在个体微笑时活动)活动明显;当观看愤怒人脸图片时,被试的皱眉肌活动显著提升,而观看高兴人脸图片时,被试的皱眉肌活动显著降低(Dimberg, 1988)。

情绪可以传递人际关系的信息。面对一些积极的配偶线索(如漂亮、年轻、身体健康等)时,身体姿势、面部表情以及语音线索可以有效地传递爱和亲密,例如,微笑能够传递积极信息,可以被视为一种愿意建立关系的信号。一个人微笑的频率也会影响他人对其亲善度和吸引力的评价(Mueser et al., 1984)。同时,情绪可以传递和表现两个人之间的权力地位关系。通常,人们将眉毛较低、经常皱眉的个体识别为有权力的,而将眉毛较高或抬眉的个体识别为较顺从的(Senior et al., 1999)。

小结

早期研究者坚持副现象论,把情绪看作心理活动的伴随现象、后现象或副产品。达尔文从种族发生和个体发展的角度探讨了情绪的积极功能。情绪开始被视为一个独立的心理学范畴,有其独立的心理过程和生理基础。目前情绪被认为具有适应、动机、组织和信号四大功能。

复习思考题
1. 如何理解情绪的性质?
2. 情绪具有哪些功能?

第三节 情绪研究的历史

从古代哲学到近现代心理学,多个学科的研究者们从不同的切入点对情绪这一概念进行了大量的理论阐述和实验研究。但在科学心理学尚不长久的历史中,因为情绪的主观性特征,以及在实验室研究中测量、实验操作以及实验结果分析量化上的难度,情绪在很长时间内被研究者回避或忽视。直到20世纪60年代,情绪研究重新得到关注,认知心理学、社会心理学、临床心理学、发展心理学、认知神经科学等领域的研究者从多个角度、运用多种方法对情绪及其相关问题进行探讨,对情绪的性质、情绪的实验室操纵方法、情绪与其他心理过程的关系等问题提出了不同观点,极大地推进了情绪研究的发展。

1 早期情绪研究(19世纪70年代之前)

在近代科学建立之前,早期哲学家就对情绪问题进行过探讨。苏格拉底和柏拉图强调理性的作用,认为人是有理性的,人必须克服自己品性中卑劣、低下的情绪因素。尤其是在柏拉图看来,灵魂包括理性、意气和情欲三个部分,理性是最高级的灵魂。而情欲与理性相悖,会混淆、干扰甚至将人推离理性。亚里士多德则认为灵魂是整体的,人同时具有滋长、感性和理性三种灵魂。灵魂具有认识和动求两大功能,前者包括感觉、记忆、想象和思维,后者包括欲望、动作、意志和情感。根据他的观点,情绪是高级的理性和低级的感性的混合体,与愉快和痛苦相关联。他还对愤怒等情绪进行了具体分析(Soloman,1993)。

唯理论哲学家承继苏格拉底和柏拉图的理性主义传统,论述了情绪的本质和种类等问题。笛卡尔基于其身心二元论,认为情绪既包含生理变化和行为反应,又包含知觉、信念和记忆等心理过程。作为人的内在经验,情绪产生在心灵之中,其过程是:外部环境信息通过松果体传递到心灵,心灵做出判断之后将信息通过松果体传递到身体,身体做出反应。尽管动物可以像体验到情绪一样做出身体反应,但真正的情绪经验只有人类才有。笛卡尔提出了人的六种原始情绪:惊奇、爱悦、憎恶、欲望、欢乐和悲伤。斯宾诺莎对情绪和激情进行了区分:情绪是有用的,因为它们并不妨碍我们思考清晰的观念;但是激情是无用的,因为它们妨碍我们进行清晰的思考。他明确提出,负面情绪是心灵无力的表现,需要理性的指导。

经验论哲学家较为强调情绪对人的行为的影响。洛克认为,与感觉一样,反省也是经验的来源,而反省来自内心的喜怒哀乐等情绪。休谟主张,观念是情感(情绪)的基础,情感的变化取决于观念之间的相互联系。他指出,我们唯一能直接经验到的是自己的主观经验,控制行为的是情感(情绪),而且由于人们的情感(情绪)模式不同,每个人的行为也有所不同。一个人的情感(情绪)模式决定了他的性格。哈特莱用联想来解释情感等一切心理现象。在他看来,支配行为的是快乐与痛苦。

2 近代情绪研究(19世纪70年代到20世纪60年代)

情绪研究的历史自达尔文之后进入科学阶段。达尔文在1872年的名著《人类和动物的表情》一书中,从情绪的发生角度出发,强调情绪的适应功能、情绪外显行为以及外界刺激的重要性。他从进化论的角度指出了人与动物之间在情绪和其他方面的延续性。

在达尔文之后,情绪的生理学研究成为主导取向。詹姆斯(1884,1885)提出了情绪研究历史上第一个系统的心理学理论。他认为,对刺激的知觉导致内脏和外显的肌肉反应,对这些反应产生的感觉就是体验到的情绪。与詹姆斯几乎同时,丹麦心理学家兰格(Lange,1885)提出了相似的理论。人们一般将他们的理论合称为詹姆斯-兰格情绪理论。坎农(Cannon,1927)和巴德(Bard,1934)相继批评了詹姆斯的理论,认为丘脑是情绪产生的中枢。后人将两人的理论称为坎农-巴德情绪学说。帕佩兹(Papez,1937)赞同坎农的观点,提出了下丘脑—丘脑前核—扣带回—海马的情绪环路。达菲(Duffy,1941)提出生理激活理论,认为情绪的发生完全是生理唤醒和神经激活的结果。林斯利(Lindsley,1951)根据其实验研究,提出情绪唤醒的机制是脑干网状结构通过上行网状激活系统与间脑、边缘系统的相互作用。温格(Wenger,1950)进一步发展了詹姆斯的理论,将情绪定义为"由自主神经系统激活的组织和器官的活动和反应"。此外,宾德拉(Bindra,1968)提出"中枢动机状态"概念来解释情绪。

在此时期,也有研究者从多个其他角度对情绪进行了较为深入的探究。冯特从内容心理学角度,提出感情具有三个维度:愉快—不愉快、紧张—松弛和兴奋—沉静,并把情绪区分为心境和激情;弗洛伊德等精神分析心理学家从潜意识和内驱力角度,对焦虑和抑郁两类复杂情感进行了深入剖析;华生认为情绪作为一种遗传的"模式—反应",其发展由环境决定;斯顿夫提出,情绪是建立在某个信念之上的对某一事态的预先评价或即时评价(郭本禹,2019)。特别是马拉农(Maranon,1924)通过肾上腺素实验,最早提出了情绪的两成分理论。他认为情绪涉及两个方面:一是躯体成分,即交感神经的唤醒引发的明显的躯体反应；二是心理或认知成分，即与特定情境相关联的主观体验。马拉农的研究为沙赫特（Schachter，1959，1964）的两因素理论奠定了基础，被看作情绪认知理论的奠基人。

3 现代情绪研究（20世纪60年代以后）

20世纪60年代开始，随着认知主义与传统行为主义的交锋，情绪研究开启了新的复兴和繁荣阶段。这一时期的研究可大体分为三类。

第一类是汤姆金斯（1962，1970）、伊扎德（1977，1991）和埃克曼（1972，1992）所做的研究，这一类研究传承自达尔文的进化主义取向。该类研究认为情绪是功能性和动机性的；人类存在几种基本情绪，每种情绪都有各自独特的生理神经机制、外部表现，其他复合情绪是在基本情绪基础上发展而来的。这种情绪自然分类的观点一直主导着情绪的科学研究，并且是情绪领域主要问题、实验设计和结果解释的基础。

第二类是以阿诺德、沙赫特和拉扎勒斯为代表的认知评价取向。该类研究强调认知在情绪产生中的重要作用，将情绪视为生理和认知之间相互作用的结果，包括阿诺德（1950）的评定—兴奋学说、沙赫特（Schachter，1959，1964，1970；Schachter & Singer，1962）的两因素理论以及拉扎勒斯（1966，1991）的评价理论等。情绪的认知评价理论正面解释了情绪与认知的关系，赋予认知在情绪产生过程中极其重要的作用。

第三类是情绪建构论。该类研究包括两种取向：情绪的心理建构论和社会建构论。心理建构论包括罗素等（Russell，2003，2009；Russell，& Barrett，1999）的核心情感（core affect）理论、巴雷特（Barrett，2006，2009，2012，2013，2014）的情绪概念行动理论（conceptual act theory，CAT）等。在情绪的产生上，心理建构论反对传统情绪观中的先天预设观点，认为情绪不是与生俱来的；主张情绪并不具有普遍性，而是由一个人所处的情境和文化以及经验概念系统等不同因素所塑造和主动建构起来的。社会建构论以哈雷（Harré，1986）、梅斯基塔和博伊格（Mesquita & Boiger，2014）以及帕金森（Parkinson，2012）等的研究为代表。该取向认为，尽管情绪的种系发生受一定的进化—遗传特质的影响，但是情绪的体验内容和表达方式并不是遗传性习惯的遗迹，而是在社会文化系统中获得的，是与人当时的社会角色相适应的有用的习惯；在日常生活中，人们情绪活动中的多种成分及其选择性表现，表征的是一种"暂存性的社会角色"（a transitory social role）（Averill，1980）。情绪的社会建构论探究情绪在社会文化和社会实践中的形成和表达方式，特别是情绪参与和形成某一社会文化及其特定道德秩序的方式，而这正是以往情绪研究比较薄弱的领域。但是这种观点由于偏重文化因素而非生物因素在情绪产生中的作用，强调习得因素而非遗传因素在情绪发展中的影响，因而具有一定程度上的局限性（乔建中，2003）。

小结

从古至今的情绪研究可以分为三个阶段:(1)19 世纪 70 年代之前的早期情绪研究,早期哲学家、近代唯理论和经验论哲学家主要从哲学角度对情绪进行探讨;(2)19 世纪 70 年代到 20 世纪 60 年代的近代情绪研究,情绪研究进入科学阶段,情绪的生理学研究成为主导取向,也有研究者从内容心理学、精神分析和行为主义等其他角度对情绪进行分析;(3)20 世纪 60 年代以来的现代情绪研究,主要包括汤姆金斯、伊扎德和埃克曼的进化主义取向,以阿诺德、沙赫特和拉扎勒斯为代表的认知评价取向,以及包含心理建构论和社会建构论两种取向的情绪建构论。

复习思考题
1. 唯理论哲学家与经验论哲学家对情绪的认识有什么不同?
2. 现代情绪研究三类取向的各自基本观点是什么?

第四节 情绪研究方法的发展

情绪研究的推进离不开研究方法的革新。从情绪的实验室诱发到自然情境中情绪表达的记录与测量,从早期注重情绪内部体验测量的内省法到自我报告—行为实验—神经生理等多技术手段的综合测量,不同研究方法、不同研究技术之间的比较和整合,共同推动着对情绪本质的深入理解。

1 情绪诱发方法

在实验室研究中,人工诱发情绪的方法可以分为内部诱发和外部诱发两种。研究者通过不断尝试建立了许多有用的诱发范式以及标准化的诱发材料数据库。

情绪的内部诱发是指要求被试完成特定任务进而诱发其情绪的方式,主要有:(1)情绪语句阅读并浸入自我(self-referential statements),即让被试阅读具有强烈情绪色彩的语句并体验语句所表达的情绪从而实现情绪诱发(Velten, 1968);(2)自传体回忆(autobiographical recall),即让被试回忆以往经历中的各种情绪性事件,重新体验事件发生当时的情绪(Averill, 1982);(3)想象情绪诱发(imagery),让被试想象一些悲伤、愉快或中性的情景(Wright & Mischel, 1982);(4)面部表情模拟法(posing facial expression),指导被试做出恐惧、愤怒、高兴等各种表情(Ekman,2007)。

情绪的外部诱发是指通过给被试呈现情绪性刺激材料进而诱发其情绪的方法,主要包括情绪性图片诱发、情绪性电影片段诱发、情绪性音乐诱发、嗅觉刺激诱发、正负性反应成绩反馈诱发(Farmer,2006)、社会交际活动诱发(Berna,2010)等方法。早期克拉克(Clark,1983)发现,音乐诱发法能够100%引起情绪状态的改变;马丁(Martin,1990)的分析表明,音乐、电影、想象都能够达到75%的诱发成功率,是较为理想的情绪诱发方法;韦斯特曼等(Westermann et al.,1996)进行的元分析发现,组合诱发法在诱发消极情绪方面效果明显,而使用电影或故事材料在诱发积极和消极情绪方面都有不错的效果。萨拉斯等(Salas et al.,2012)比较了情绪性电影诱发(外部诱发)和自传体回忆(内部诱发)诱发四种情绪(恐惧、愤怒、高兴、悲伤)的效果,结果发现,两种方法所诱发的情绪强度在除高兴外的其他三种情绪上没有显著差异;内部诱发方法在诱发的整体情绪强度上要高一些;自传体回忆会诱发更多的负性以及混合情绪。然而,对于不同诱发方法的比较研究中存在一些问题:一方面,在元分析的研究中,不同研究者对情绪诱发成功标准的定义存在着巨大差异;另一方面,情绪诱发的效果会受到诸多因素的制约,脱离了被试和实验的具体情况谈情绪诱发效果似乎并不严谨。

研究者已建立了多个经过标准化的诱发材料数据库,如国际情绪图片库(International Affective Picture System,IAPS)、国际情感语音数据库(International Affective Digitzed Sounds,IADS)、英语词汇情绪标准库(Affective Norms for English Words,ANEW)、英文文本情绪标准库(Affective Norms for English Text,ANET)。国内罗跃嘉及其研究团队在国际情绪图片和声音库的基础上,遵照国际情绪刺激库标准化的方法建立了本土化的情绪图片与声音库(白露 等,2005;刘涛生 等,2006)。王一牛(2005)也使用同样方法对具有感情色彩的现代汉语双字词进行了标准化并建立了词库,丰富了情绪标准化刺激材料。情绪诱发材料的研究中不仅关注某种单一情绪的诱发,也包括不同情绪调节策略的诱发。例如,袁加锦等(2021)创建并标准化了中国情绪调节词语库,为情绪调节的研究提供了标准化材料。

2 情绪测量方法

对情绪的测量方法因测量成分的不同而不同。目前研究者对于情绪的成分基本达成共识,包括主观体验、外部表现和生理唤醒。以下将分别介绍各情绪成分的常见测量方法。

2.1 对主观体验的测量

内省法 长久以来,能否实现对内部体验的准确测量一直是心理学家争议的主题。现代实验心理学之父冯特和美国现代心理学的创始人詹姆斯都重视使用内省方法研究内部状态。詹姆斯曾经说过"内省观察是我们需要首先使用并要一直使用的研究方法"(James, 1890)。但是,我们似乎并不善于探究自己的内心想法,对于自身行为的原因有时很难找到真实答案。尼斯比特和威尔逊曾说过"主观报告的准确性很低,对内部认知过程的任何内省有可能都不准确或可信"(Nisbett & Wilson, 1977),我们无法觉察的刺激能够诱发我们的情绪反应,因此许多研究者提出通过测量其他情绪指标来代替自我报告法。尽管如此,在情绪研究中,以各种问卷和测验为代表的主观报告法是测量个体内在主观体验的核心方法,这些方法和测查工具不可能被其他测量方法完全代替。

经验取样法(experience sampling) 鉴于传统内省方法在测量主观体验遇到的问题,研究者探索使用更具生态效度的经验取样法考察个体内部情绪体验。例如,常见的流程中,通过一部传呼机在随机的时间点提示被试,要求其报告此时此刻的内部体验(Hurlburt & Heavey, 2002)。例如,"传呼机声音发出时你的内心想法是什么?"经过一定练习,被试能够轻松地掌握这个方法并回答问题。经验取样法能够像内省法那样直接测量我们的意识和主观状态,另外也有研究者使用记日记的方法研究情绪(Bolger et al., 2003),这些方法在情绪研究中具有很高的价值。

2.2 对情绪外部表现的测量

人类情绪最直接的外部表现是面部表情。当被告知自己通过考试时,人们通常会咧嘴笑以表达高兴的心情;当人们没有成功得到一份想要的工作时,通常会黯然神伤。除面部表情外,姿态表情也是情绪重要的表达渠道,日常生活中很多情绪都通过身体姿态表现得淋漓尽致,如"手舞足蹈""捧腹大笑""蹑手蹑脚"等情绪成语中,因身体姿态动作的参与而使该情绪更加栩栩如生。

观察法是研究人类和动物情绪的主要方法。通过观察自然环境下的儿童或动物,可以测量不同刺激呈现条件下不同的行为反应。达尔文是最早研究人类和动物的外显行为的科学家之一。通过观察研究,达尔文提出不同国家和地区相同的面部表情能够表达相同的情绪,即情绪具有跨文化的一致性(Darwin, 1872/1965)。埃克曼是当代情绪研究中最多产的心理学家之一。在他经典的表情跨文化研究中,采用视频拍摄的方法记录下原始部落成员表达高兴、悲伤、恐惧等的面部表情,将拍摄的视频以及对应的表现(由部落成员报告的行为表达的情绪翻译而来)呈现给美国学生,结果发现情绪与面部表情之间的高度相关(Ekman et al., 1969)。另外,埃克曼及其同事根据不同情绪面孔肌肉的组成特点,开发出面部表情编码系统(Facial Action Coding System, FACS),使研究者能够按照系统划分的一系列人脸动作单元来描述人脸面部动作,根据人脸运动与表情的关系,检测人脸面部细微表情(Ekman & Friesen, 1978),被广泛用于情绪面部表情的心理和计算机面孔识别领域。

虽然我们可以通过观察外部行为变化来研究人们的情绪,但是外部观察存在两个显著的问题:第一,人们通常可以压抑并控制自己的面部表情。例如,虽然某人感到悲伤抑郁,但是为了表现得乐观积极,却努力做出微笑的表情。在高度压力条件下,可能会出现稍纵即逝的微表情(Micro-expression),微表情与欺骗关系密切,并有可能成为谎言的测量指标(Ekman,2009;吴奇 等,2010)。第二,情绪的表达存在文化差异。例如,在日本文化中,表达愤怒或攻击行为通常是不适宜的,通常会较少出现此类行为。因此,在研究情绪的外部表现时,我们既要考虑情绪表现的真实性,也要考虑文化背景的差异。

2.3 对情绪生理变化的测量

除外部表现外,情绪也会伴有一系列生理反应,如当兴奋或极度恐惧时,心跳会显著加快;当焦虑或紧张时,手掌会出汗。另外一些内部的生理变化则难以觉察到,在不同情绪状态下身体会释放不同的激素到血液中,如在极度恐惧时,流入肌肉和大脑的血液增加,以便个体能够更快地做出反应;肾上腺会分泌更多的肾上腺素,导致心跳增加、血管收缩、呼吸加快、内脏活动减少。这些反应是人类长期进化过程中为个体"战斗"或"逃避"(fight or flight)需要形成的,由人体的自主神经系统(ANS, autonomic nervous system)控制。自主神经系统负责向躯体器官、肌肉和腺体发送信号,协调身体内部环境的功能,包括交感神经系统和副交感神经系统两部分,前者与机体的唤醒相关,后者则负责机体静息状态的活动。表 1.4-1 是目前用来测量情绪生理变化的技术手段,我们将在后面章节进行详细阐述。

表 1.4-1 情绪研究中用来测量生理变化的常用技术指标

技术指标	描 述
皮肤电(skin conductance response)	用非极化电极将人体皮肤上两点联接到灵敏度足够高的电表上,以此来测量皮肤电阻的变化
心跳(heart rate)	通过将脉搏跳动产生的运动转换为电能,反映唤醒水平的变化
血压(blood pressure)	收缩压表示动脉将血液压出心脏的压力,舒张压表示血液回流到心脏的压力
皮质醇(cortisol level)	可以通过测量血液、尿液、唾液得到,是自主神经系统活动的良好指标
肌电(electromyography)	将小电极点放置在皮肤上(通常是眼下部的肌肉),可以测量肌肉的活动。惊吓反射就是当惊讶时眨眼导致眼部收缩产生的肌肉活动
呼吸频率(respiration rate)	每分钟呼吸的次数,可以作为生理唤醒的良好测量指标

2.4 对情绪神经机制的测量

近年来,情绪脑机制的相关研究取得巨大进步。早期情绪心理学家认为,边缘系统(limbic system)与情绪的体验和表达相关(Papez,1937)。近期研究进一步表明,不同的大脑结构控制情绪的不同成分,与情绪相关的脑区同样也具有许多其他功能(Lane & Nadel,2000)。情绪脑机制的研究很多来自动物研究,通过手术切除动物的某一脑区,之后让动物完成某一任务,通过其任务成绩推断该脑区的功能。单细胞记录(single cell recording)是另外一种动物研究中的常用技术,通过手术在动物脑内植入电极,可以测量单一神经元或神经元组的活动。在神经科学领域,通常在癫痫病人脑内植入电极可以观测其症状发作时的神经元放电情况,同时也可以通过让病人完成情绪相关任务,测量其神经元组的放电活动。

人类情绪脑机制的主要进步来源于脑功能成像技术的迅猛发展,正电子断层扫描(positron emission tomography,PET)、功能磁共振成像(functional magnetic resonance imaging,fMRI)、脑电图(electroencephalography,EEG)、脑磁图(magnetoencephalography,MEG)、近红外光学脑成像(near infrared spectroscopy,NIRS)等技术在情绪研究领域得到了广泛应用。

PET 和 fMRI 技术用来测量脑内局部血流变化和新陈代谢活动。PET 技术通过向人体注射示踪同位素,同位素释放出的正电子与脑组织的电子相遇,发生湮灭作用,产生一对方向几乎相反的 γ 射线,可以被 PET 扫描仪探测到,进而可以揭示由实验因素所激活的脑区。fMRI 技术通过测量被试在强磁场中大脑活动时血液中含氧量的变化,当某一脑区参与认知任务时,所需的血氧量增加,这种变化会被环绕被试大脑周围的强磁场所检测到,以此来确定脑区激活情况。由于该技术的无创性以及高空间分辨率以及相对较高的时间分辨率(50 ms,PET 则需要 1 000 ms),在研究中被大量使用。

EEG 技术可以测量大脑的电位变化,通过在被试头部放置不同数量的电极点,可以无创性地测量进行认知任务时的电位变化。高时间分辨率的 EEG 主要优势在于直接反映了神经的电位活动,达到了实时测量,而且造价较低,使用和维护都很方便。

MEG 技术通过超导量子干涉仪,可以灵敏地捕捉大脑认知加工时在头颅外表形成的微弱感应磁场,并能识别出颅内发出这些信号部位的信息。由于神经电兴奋源所引起的感应磁场基本上能够穿透颅骨和组织达到头的表面而不受干扰,因此它对神经兴奋源的定位比较直接准确,而且还具有很高的时间分辨率。但造价较高,对某些流向的兴奋源敏感,而其他流向的兴奋源则可能无法探测到。

NIRS 是一种无创的利用不同脑内物质对近红外光的吸收具有不同特点的原理进行脑激活成像的研究手段。相对于其他脑成像设备(如 EEG、fMRI、PET 等),近红外光学脑成像具有非侵入、安全、可便携和低成本等优点。另外,近红外光学脑成像更不易受被试实验过程中的身体运动的影响,对被试实验过程中的运动(如头动)有较好的耐受性，因此可以实施更具生态效度的实验，如真实运动状态下的脑激活，也可以对好动的婴幼儿进行实验。

测量大脑活动的常用技术及其优缺点见表1.4-2。

表1.4-2 测量大脑活动的常用技术

技术名称	优点	缺点
单细胞记录	能够测量单个神经元，高空间和时间分辨率，直接测量	需要手术植入
正电子断层扫描	较好的空间分辨率	时间分辨率较差，浸入性，不是直接测量
功能磁共振成像	高空间分辨率，非侵入性	时间分辨率较差
脑电图	高时间分辨率，非侵入性	空间分辨率较差
脑磁图	高时间分辨率，能够相对直接地测量神经活动	空间分辨率较差，与其他脑磁测量技术会互相干扰
近红外光学脑成像	非侵入性、安全、便携、低成本	时间分辨率较差

来源：Fox, 2008.

小结

人工诱发情绪的方法可以分为内部诱发和外部诱发。内部诱发方式主要包括情绪语句阅读并浸入自我、自传体回忆、想象情绪诱发和面部表情模拟法等，外部诱发方法主要包括情绪性图片诱发、情绪性电影片段诱发、情绪性音乐诱发、嗅觉刺激诱发、正负性反应成绩反馈诱发、社会交际活动诱发等。研究者已建立了多个标准化的情绪诱发材料数据库。对情绪各相关成分可采用不同的测量方法：测量主观体验主要采用内省法和经验取样法，测量情绪外部行为表现主要采用观察法，测量情绪生理变化主要采用皮肤电、心跳、血压、皮质醇、肌电和呼吸频率等指标，而测量情绪神经机制可采用单细胞记录、正电子断层扫描、功能磁共振成像、脑电图、脑磁图和近红外光学脑成像等技术。

复习思考题

1. 情绪诱发方法有哪些？
2. 测量情绪的生理变化主要有哪些指标？
3. 测量大脑活动的常用技术各有哪些优缺点？

第 2 章

情绪理论

当代著名的情绪心理学家拉扎勒斯(Lazarus,1991)认为,一个"好"的情绪理论应该包括以下 12 项主题:情绪的定义;情绪与非情绪的区别;情绪是否是离散的;动作倾向和生理学的作用;情绪功能相互依赖的方式;认知、动机与情绪之间的联系;情绪生物学基础和文化社会学基础之间的联系;评价与意识的作用;情绪的产生;情绪发展的方式;情绪对一般功能和幸福感的影响;治疗对情绪的影响。情绪心理学家在各自提出的情绪理论中大都不同程度地包含了上述主题,但由于情绪本身的复杂性和研究者观点、方法上的差异,心理学家对情绪的理解不尽相同。本章选择有代表性的情绪理论进行阐述。

第一节 情绪早期理论

19 世纪末 20 世纪初,随着科学心理学的诞生与发展,心理学家们开始重视并拓展情绪研究领域,各种情绪理论也相继产生。这些早期的情绪理论对现今的情绪研究仍有重要意义。

1 达尔文情绪进化理论

达尔文(Darwin,1872/1965)认为,情绪作为人类种族进化的证据,可能是人类行为得以延续的机制。他在阐述物种起源和人类进化是适应和遗传相互作用的结果时指出,感情、智慧等心理官能是通过进化阶梯获得的。他在《人类的由来及性选择》一书中指出:"尽管人类和高等动物之间的心理差异是巨大的,然而这种差异只是程序上的,并非种类上的。人类所夸耀的感觉和直觉,感情和心理能力,如爱、记忆、注意、好奇、模仿、推理等,在低于人类的动物中都有其萌芽状态,有时还处于一种相当发达的状态。"在《人类和动物的表情》一书中,他描述了表情在生物生存和进化中的适应价值,指出情绪是进化的高级阶段的适应工具。情绪性表情本身并没有进化,它们不依赖于自然选择。达尔文将人类与其他动物置于同一连续体之中,认为情绪的面部表情只是伴随情绪的附属物,并没有交流功能。

2　詹姆斯-兰格情绪理论

美国心理学家詹姆斯(James)于1884年最早提出了情绪生理学理论,丹麦生理学家兰格(Lange)于1885年也提出相似的理论。因此,他们的情绪理论常被合称为詹姆斯-兰格情绪理论(James-Lange Theory of Emotion)。通常人们认为,对外部事件的知觉使人产生情感,随着情感的产生引起一系列的身体变化。但是詹姆斯和兰格却认为,情绪是一种内脏反应或对身体状态的感觉,植物性神经系统活动增强和血管扩张会产生愉快感,而植物性神经系统活动减弱和血管收缩就会产生恐怖感。由于当时生理学发展水平有限,詹姆斯-兰格情绪理论受到了人们的质疑(Cannon, 1927),但该理论仍流传至今,而且被看作第一个真正的情绪学说。情绪发生与身体变化相联系的观点是构成情绪理论重要且必备的组成部分,任何情绪理论都不能忽略身体变化与情绪发生之间的联系。

詹姆斯-兰格情绪理论具有深刻的内涵,主要体现在以下两个方面。

首先,给体验赋予色调的观点,为情绪研究提供了广阔天地。詹姆斯曾指出,他的理论是指那些所谓"粗糙的情绪",而不是像理智感、审美感那样的"精细的情绪"。粗糙的情绪对身体的"扰乱"提供了体验的色调,如果情绪没有这种体验效应,一切都将是苍白的。这种色调有着无数的种类和不同的强度,它们可以是正性的,也可以是负性的(James, 1884)。

其次,注意到躯体骨骼肌肉系统活动对情绪发生的作用。詹姆斯曾将自主性内脏系统和躯体骨骼肌肉系统的反馈作用并列于他的情绪理论中,只是在兰格提出自主性内脏系统反馈的观点后,人们将注意集中到两者的共同点上,忽视了达尔文的骨骼肌肉系统在情绪发生中的作用,造成了后人重视自主神经系统的情绪研究倾向(孟昭兰,2005)。

3　坎农-巴德情绪理论

詹姆斯-兰格情绪理论强调情绪是对内脏反应或对身体状态的感觉。但是,人的内脏和植物性神经系统的功能变化只是情绪表现的一个侧面,更重要的是中枢神经系统的调节和控制作用,此外还包括面部表情、言语行为等情绪表现。而且,某些情绪体验仅是个体的主观体验,并不一定表现出来。美国心理学家坎农(Cannon,1927)对詹姆斯-兰格情绪理论提出了如下质疑:(1)机体的生理变化在发生上相对缓慢,不足以说明情绪迅速发生、瞬息变化的事实;(2)同样的内脏器官活动可以在极不相同的情绪状态中发生,因此,根据生理变化难以分辨各种不同的情绪;(3)切断动物内脏器官与中枢神经系统的联系,情绪反应并不完全消失;(4)用药物人为引起与某种情绪有联系的身体变化,并不产生真正的情绪体验。根据这些事实,坎农认为情绪并非外周变化的必然结果,情绪的中心在中枢神经系统的丘脑。

由外界刺激引起感觉器官的神经冲动,通过内导神经传至丘脑,丘脑同时向上向下发出神经冲动,向上传至大脑,产生情绪的主观体验,向下传至交感神经,引起机体的生理变化,如血压增高、心跳加速、瞳孔放大、内分泌增多和肌肉紧张等,使个体生理上进入应激准备状态。例如,某人遇到一只熊,由视觉感官引起的冲动,经由内导神经传至丘脑处,在此更换神经元后,同时发出两种冲动:一是经体感神经系统和植物性神经系统达到骨骼肌及内脏,引起生理应激准备状态;二是传至大脑,使该人意识到熊的出现。这时该人的大脑中可能有两种意识活动:其一,认为熊是驯养的动物,并不可怕,因此,人脑将神经冲动传至丘脑,并转而控制植物性神经系统的活动,使应激生理状态受到压抑,恢复平衡;其二,认为熊是可怕的,会伤害人,大脑解除对丘脑的抑制,使植物性神经系统活跃起来,加强身体的应激生理反应,并采取行动尽快逃避,于是产生了恐惧,随着逃跑时生理变化的加剧,恐惧情绪体验也加强了。基于上述分析,情绪体验和生理变化是同时发生的,它们都受丘脑的控制。

坎农的情绪学说得到巴德(Bard,1934,1950)的支持和发展,后来人们将坎农的情绪理论称为坎农-巴德情绪理论(Cannon-Bard Theory of Emotion)。然而,坎农的理论并不完善,格罗斯曼(Grossman,1967)对该理论提出了批评,指出切除动物的全部丘脑,动物仍然有愤怒反应,只有切除腹部和后部丘脑,情绪反应才完全消失。孟昭兰(2005)认为,脑各级水平整合来自身体内外神经信息的过程是复杂的,生理反应是在情绪发生之前,还是伴随情绪而产生,在时间上的确定性是不重要的。因为情绪的发生可能不是一瞬间,而是一段时间的体验。在一种情况下,外界的突然刺激从感觉系统输入并立即激活自主神经系统,由此而来的反馈立即附加到情绪体验上,这种情况似乎符合詹姆斯的思想。另一种情况下,由于皮层认知活动的参与,情绪体验发生在自主系统反应之前,这种观点与坎农观点相符。然而,情绪发生的机制远比他们两人所论及的更复杂。即使把他们彼此忽略的方面互相弥补起来,也不能全面阐释情绪的发生机制。在他们那个年代,大脑两半球及皮层下部位的复杂结构和功能还远没有被揭示出来。

小结

本节介绍了早期的朴素情绪理论，包括达尔文情绪进化理论、詹姆斯-兰格情绪理论和坎农-巴德情绪理论，它们在一定程度上反映并尝试解答了情绪研究的基本问题，并对后期的情绪理论有长远的影响。

复习思考题
1. 达尔文的早期情绪理论对当今情绪研究有何启发和传承？
2. 尝试回答生理反应与情绪之间是什么关系？

第二节　情绪生理理论

从心理学家们开始探索情绪的本质开始，情绪生理学就已被纳入研究范畴。尽管情绪的观点和理论众多，但有一点自情绪早期理论开始时便非常明确，即躯体和神经生理的反应是情绪必不可少的组成部分。詹姆斯提出情绪外周学说之后，大量的实证研究探讨了情绪的生理基础，发现中枢神经系统、外周神经系统和内分泌系统都参与情绪过程。研究者在此基础上提出了一系列有影响力的基于生理的情绪理论。

1　帕佩兹情绪理论

帕佩兹（Papez）将神经生理学作为其理论的基础。他认同坎农的观点，认为下丘脑与情绪的表达有关，大脑皮层与情绪体验有关，他从解剖学的联系解释了这些功能实现的可能性。他认为在低等脊椎动物中，大脑半球和下丘脑之间，大脑半球与背部丘脑之间均存在着解剖上和生理上的联系，这些联系在哺乳动物的大脑中进一步复杂化。由此，他认为皮层和大脑之间的联系调节着情绪（Papez，1937）。

帕佩兹（1937）认为在边缘系统结构中，从海马经过穹窿、乳头体、丘脑前核和扣带回，再回到海马的环路（帕佩兹环路，Papez's Circuit，见图 2.2 - 1），对情绪产生具有重要作用。具体表现为，负责情绪体验的扣带回激活后，情绪体验可以作为激活新皮层或下丘脑的感觉信号。新皮层的心理活动传递到海马，继而投射到下丘脑。下丘脑的乳头体激活丘脑前核将信息传递到扣带回。同时，腹侧丘脑可以直接将视觉的、听觉的、躯体感觉的信号传递到下丘脑，而不经过新皮层，经过乳头体的输出，丘脑—扣带

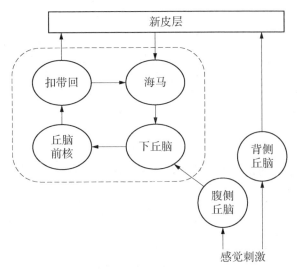

图 2.2-1 帕佩兹环路
来源：Papez，1937.

回的环路便完成了。

帕佩兹环路中并不包含杏仁核，而后续研究证明杏仁核在情绪加工中有至关重要的作用。可见，帕佩兹环路对情绪活动脑机制的解释并不完整，但是这一理论为后来边缘系统概念的发展提供了基础。

2 麦克莱恩情绪理论

麦克莱恩（MacLean，1970）发展了帕佩兹的学说，提出边缘叶（limbic lobe）和与其相连的一些皮层下脑区，组成与情绪有关的功能系统——边缘系统。边缘系统有广泛的皮层下结构，是皮层中具有内脏投射功能的结构之一，负责整合加工情绪体验，对有机体生存起着至关重要的作用。例如，边缘系统具有强大的嗅觉功能，而对低等动物生存而言，嗅觉功能在其寻找食物和配偶的过程中具有极重要的作用。在较高级生物中，尽管嗅觉不是非常重要，但是个体情绪性行为也同样受到边缘系统的调节。

麦克莱恩认为，海马结构是情感产生的生理基础。海马结构主要包括海马回（hippocampal gyrus）、齿状回（dentate gyrus）和杏仁核（amygdala）。当时的解剖学证据已经表明，该结构接受听觉、视觉、躯体感觉以及嗅觉和味觉的输入。他认为，海马结构的作用是关联外感受性和内感受性的输入，产生有意识的情绪体验。海马结构与新皮层、端脑的联系有利于其调节情绪体验的功能。他强调，为了更好地理解情绪，需要进一步研究情绪的主观现象，并且将六种动物或人类行为与六种情感联系起来：搜寻与渴望；攻击与愤怒；保护与恐惧；萎靡与沮丧；满足与高兴；亲抚与喜爱。

如今看来，虽然海马的功能更多与记忆和空间行为有关，杏仁核也不是海马的一部分。但是，麦克莱恩的情绪学说不仅关注情绪的生理学基础，还关注情绪的主观体验，而且将结构与功能对应，其工作极具创造性和启发性。

3 潘克塞普情绪理论

潘克塞普（Panksepp）提出比较心理神经现象学的方法，主张将动物的行为和生理学研究与人类的内省研究方法结合，进行情感神经科学（affective neuroscience）的研究。假设哺乳动物的边缘系统中存在相同的情绪环路，这一环路产生了"固有的内部原动力"（obligatory internal dynamics），不确定的情绪刺激可以逐渐地改变情绪环路。他认为，在中脑、边缘系统和基底神经节之间存在四条情绪传导环路，分别调节期待、恐惧、愤怒和惊恐（Panksepp，1981，1989，1991，1992，1993）。

潘克塞普为这四条情绪环路的神经生理学基础提供了可信的例证。从解剖学角度看，这一系统从中脑开始，经过下丘脑的网状区和丘脑，到达基底神经节和高级边缘系统区域。从神经化学角度看，这些环路具有一种或多种神经递质，例如，多巴胺和乙酰胆碱被认为在期待和愤怒中发挥着重要的调节功能，苯二氮卓受体和内啡肽系统则调节着惊恐和恐惧情绪，脑内主要的单胺类物质 5-羟色胺和去甲肾上腺素也可能在这些环路中发挥着一定的功能。

潘克塞普强调学习和强化在情绪中的作用，认为中性的情绪刺激也可以逐渐地改变情绪的环路。高级的脑环路可以很好地同化低级环路的功能，这就有助于解释为什么认知评价对成人情绪的发展具有重要影响。同时，他也强调内省的重要性，认为具有意识的大脑可被看作是皮层下的脑结构在遗传基础上呈现动态发展的产物。每种行为都具有相同的基本控制环路，这些行为都有其遗传基础，但同时又受经验、知觉和体内平衡的影响，所有这些因素的共同结果就产生了不计其数的特异性行为表达。

潘克塞普的情绪理论探索了情绪在大脑内的组织机制，是神经生理学或神经科学领域最为深入的理论之一。

小结

本节介绍了三种情绪生理理论，分别是帕佩兹情绪理论、麦克莱恩情绪理论和潘克塞普情绪理论，其代表人物系统地研究了情绪的生理学基础，为更好地理解情绪产生的本质提供了科学证据。

复习思考题

1. 情绪生理理论与早期情绪理论之间有哪些异同？
2. 情绪相关的主要生理结构有哪些？

第三节　情绪认知理论

情绪认知理论并非一种理论，而是多种理论的集合，它们的主要特点是强调认知评价的作用，如意义评价、因果归因、应对能力评估等。对于同一个事件或者刺激，不同的个体常常体验到不同的情绪。不同的情绪可能涉及不同的生理过程和面部表情，而认知评价决定着体验到哪一种具体的情绪。

1　阿诺德情绪理论

美国心理学家阿诺德（Arnold，1950）提出了情绪的评价—兴奋学说。该理论认为，刺激情景并不直接决定情绪的性质，从刺激出现到情绪产生，要经过对刺激的估量和评价，情绪产生的基本过程是刺激情景—评价—情绪（见图 2.3-1）。同一刺激情景，由于对它的评估不同，就会产生不同的情绪反应。评价依赖于记忆和期待，新的事件或情境会诱发关于过去经验的情感的记忆。这些记忆和当前情境引起对未来的期待，想象将要发生的事件与我们的利害关系。评估的结果可能是对个体"有利""有害"或"无关"。如果是"有利"，就会引起肯定的情绪体验，并企图接近刺激物；如果是"有害"，就会引起否定的情绪体验，并企图回避刺激物；如果是"无关"，个体就予以忽视。

```
        评价              情绪           动作
生活事件—好的vs.坏的—喜欢vs.不喜欢—趋近vs.回避
       （有利的vs.有害的）
```

图 2.3-1　情绪产生的基本过程
来源：Reeve & Reeve，2001.

阿诺德（1950）认为，情绪的产生是大脑皮层和皮层下组织兴奋的作用和结果，因此她的理论被称为"情绪评价—兴奋理论"，该理论实际上包含着环境、认知、行为和生理等多种因素。阿诺德将环境影响引向认知，将生理激活从自主系统推向大脑皮层。

通过认知评价—兴奋的模式,把认知评价和外周生理反馈结合起来,并据此强调来自环境的影响要经过主体评估情境刺激的意义,才能产生情绪。

阿诺德旨在建构完整的情绪理论,包括情绪诱发、情绪体验和情绪行为、调节情绪的神经生理机制等,这实际上是现象学、认知和生理学的混合产物。随着认知心理学的发展,评价理论发生了很大的演变,并分为两大支派:一支是以沙赫特(Schachter)为代表的认知—激活理论,更多地研究生理激活变量和认知的关系;另一支是以拉扎勒斯(Lazarus)为代表的"纯"认知论,更多地从环境、认知和行为方面阐述认知对情绪的影响(孟昭兰,2005)。

2 沙赫特和辛格情绪理论

美国心理学家沙赫特和辛格(Singer)认为,情绪体验有两个不可或缺的因素:来自交感神经系统的生理唤醒和个体对这种生理唤醒的认知解释。当个体体验到生理唤醒的时候,会向周围的环境寻求解释,个体对生理唤醒的认知理解决定了最后的情绪体验(Schachter,1959,1964,1970;Schachter & Singer,1962),这就是著名的情绪两因素理论(见图 2.3-2)。

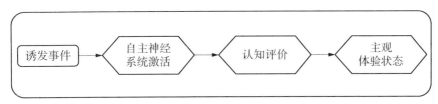

图 2.3-2 沙赫特和辛格的两因素理论模型
来源:Fox,2008.

沙赫特和辛格(1962)的肾上腺素实验证实了情绪两因素理论。在实验中,分别给两组被试注射能够增强生理唤醒水平的肾上腺素和起安慰剂作用的盐水溶液。然后,操纵被试对身体唤醒的不同解释。注射肾上腺素的被试中,第一组被正确告知唤醒水平会因注射而增强,出现手部颤抖、心跳加快、脸红等症状(正确告知组);第二组不被告知注射的副作用(不告知组);第三组被告知可能会有脚部麻木、身上发痒、头疼等症状(实际这均不是注射肾上腺素的症状,因此称为错误告知组)。注射安慰剂组的被试接受与不告知组同样的操纵。接着将被试置于预先设计好的情境中:惹人发笑的愉快情境或者惹人发怒的愤怒情境。随后的情绪评估显示,注射肾上腺素且正确告知症状的被试很少产生与情境相一致的情绪,注射肾上腺素但没有告知或错误告知的被试,会产生与情境一致的情绪。由此表明,情绪体验并不是仅由生理唤醒决定的,而是受到生理唤醒和对情境的认知解释的共同影响。沙赫特-辛格的情绪理论产生了很大的影响,确认了情绪理论中认知因素的地位。该理论虽然没有说明唤醒对情绪状态的作用方式,也没有说明唤醒和认知是如何整合的,但是对后来认知理论的发展具有重大的启示意义。

实际上,情绪状态是认知过程(期望)、生理状态和环境因素在大脑皮层中整合的结果。环境中的刺激因素,通过感受器向大脑皮层输入外界信息;生理因素通过内部器官、骨骼肌的活动,向大脑输入生理状态变化的信息;认知过程是对过去经验的回忆和对当前情景的评估,来自这三方面的信息经过大脑皮层的整合作用,才产生了某种情绪体验。

3 拉扎勒斯情绪理论

拉扎勒斯(Lazarus,1966,1970)建立了迄今为止最著名的情绪认知理论框架,形成了一个十分有影响的学派,是情绪认知理论的另一位杰出代表和集大成者。他认为,不能把情绪归结为单纯的生理激活、内驱力或动机等某一种单一变量,而将情绪定义为一种"反应综合征"(response syndrome)。他指出:"导致放弃情绪概念的某些建议,既非由于情绪生理记录仪器不够灵敏,也并非由于人们的内省缺乏准确性,而是由于'范畴的错误';情绪一词不能归属为一个物,而应归属为一种综合征,像一种病是一个症候群一样。"同时,他强调人与所处的具体环境对本人的利害性质决定会出现怎样的具体情绪;同一种环境对不同的人产生不同的结果,是因为它对不同人具有不同的意义,而这种意义是通过不同人的认知评价来解释的。拉扎勒斯在此提出了其情绪理论的核心主题:情绪是对意义的反应,这个反应是通过认知评价决定和完成的。

拉扎勒斯继承并发展了阿诺德的评价观点,并将阿诺德的利害评价扩展为一个更加复杂的概念化评价过程(Lazarus,1991)。如图2.3-3所示,"好或有利"的评价可以从概念上分为多种类型的益处,而"坏或有害"则可以分为多种不同形式的不利和威胁。评价的结果是产生不同类型的情绪。

拉扎勒斯认为,有机体经常搜索环境中需要的线索和需要逃避的危险,对每一个刺激物与自身的利害关系进行评估,如发生的事件与自己的幸福是否有关?事件与自己的目标是否一致?该事件与自己的自尊有多大程度的相关?这种评估是不断进行、多回合的,分为初评价和再评价(如图2.3-4)。初评价有三种类型:当刺激被评价为与自己无关时,评价过程立即结束;当刺激被评价为对自己有益时,这种评价表征为愉快、舒畅、兴奋、安宁等情绪;当情境被评价为有害或使人受伤、紧张时,产生失落、威胁或挑战的情绪。严重的紧张性评价表征为应激。再评价是初评价的继续,它经常发生在对威胁或挑战的评价中,包括对所选择的应对策略的评价,以及对应对后果的评价。

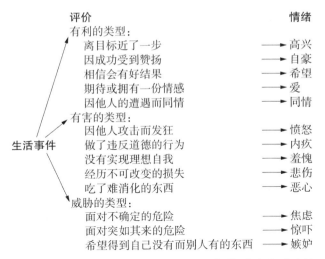

图 2.3-3　拉扎勒斯的情绪评价模型：有利、有害和威胁的评价产生不同情绪

来源：Reeve & Reeve, 2001.

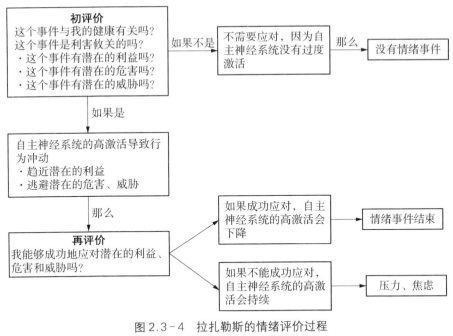

图 2.3-4　拉扎勒斯的情绪评价过程

来源：Reeve & Reeve, 2001.

情绪唤醒是通过对情境的再评价并在所产生的活动冲动中得到的，其中包括应对策略、变式活动和身体反应的反馈后果。这样，每种情绪均包括它自身所特有的评价、活动倾向和生理变化。三者构成一种有组织的情绪反应症候群，三者的具体组合构成各种具体情绪（孟昭兰，2005）。

应对（coping）是拉扎勒斯理论的另一个重要概念。个体存在寻找特定刺激并对其做出反应的倾向，这种反应倾向塑造了我们与环境的交互作用。刺激不断发生变化，个体也不断地应对它们，个体的认知和情绪反应也随之发生改变。拉扎勒斯将应对过程分为两类，第一种类型是对威胁或伤害采取直接行动，情绪是促成这种行动的重要部分。我们徘徊在成功和失败之间，这表明我们的认知和情绪也处于波动之中。第二种类型涉及再评价，是没有任何直接行动卷入的认知过程。在现实或者不现实的层面上，我们可以进行从积极到消极的再评价。所有信息都会被评价和再评价，因此我们的情绪生活中就出现了复杂的扭曲和转向。

拉扎勒斯的理论与阿诺德一脉相承，并且将评价过程发展为一个更加复杂的体系。评价不只是"好的"或"坏的"，而是一种"关系意义"（relational meaning）。评价负责将个人与环境或事件整合为一种关系意义。当关系意义影响到个人的欲望或动机，情绪会内附一种先天的行为倾向，应对过程可能与行为倾向一致或冲突，甚至支配控制。后来，为了强调动机在情绪中的作用，拉扎勒斯将自己的理论称为情绪的"认知—动机"理论。

小结

本节介绍了情绪认知取向最有影响力的三位代表人物及其主要观点，包括阿诺德的情绪评定—兴奋理论、沙赫特和辛格的情绪二因素理论和拉扎勒斯的认知—动机理论。该取向强调情绪产生过程中认知或评价因素的重要作用，有力地推动了对情绪本质问题的解答，并且在实践领域有广泛的应用。

复习思考题

1. 三种不同情绪认知理论有哪些异同？
2. 结合情绪认知理论，分析其在情绪调节中的应用。

第四节 情绪功能理论

与前述的情绪早期理论、生理理论和认知理论不同，以汤姆金斯（Tomkins）和伊扎德（Izard）为代表的情绪功能理论认为情绪是人类先天而来的适应系统，驱动个体做出行为调整以更好地适应环境。该理论取向强调情绪的动机和适应功能，并以此为基础建构了庞大的情绪理论体系。

1 汤姆金斯情绪理论

美国心理学家汤姆金斯（Tomkins，1962a，1962b）的理论主要论述情感（affect）。他认为情感反应是人类的原始动机，它具有先天的决定因素，并且与驱力系统相互作用，给它提供能量。情感不必受到时间和强度的限制，这给它带来无尽、多变的特点。他指出，情感和动机之间存在着强烈的联系。

汤姆金斯认为，情感主要表现在面部反应上。面部反应是一种先天的有组织的反应模式，自我意识到的面部反应就是情感，它产生的反馈可以是奖赏性的，也可以是惩罚性的。在没有面部反应反馈的条件下，人们能够从记忆中获得情感的面部反应。另外，他并不否认情感也反映在身体变化上，但也只是认为身体变化比面部表情的意义要小得多。

汤姆金斯（Tomkins，1970）假定存在八种原始的（天生的）主要情感：兴趣—兴奋、享受—快乐、惊奇—吃惊、苦恼—痛苦、厌恶—轻蔑、愤怒—狂怒、羞愧—耻辱、惧怕—恐惧，并假定每种情感都是在某种先天性的皮层下神经（丘脑）的控制下出现的一种面部肌肉反应，因而有相应的面部表情模式。他假设这些情感的激发是由中枢神经系统的神经放电率决定，并指出这一比率可能提高、降低或保持稳定。这些比率的不足或者变化，实际上助长情感的产生。

虽然汤姆金斯的情绪理论内容广泛，涵盖了对动机概念的分析到生理上的各种可能性，并强调先天因素的重要性，但它在很大程度上是推测性的，并没有很强的实验证据（Strongman，2003）。

2 伊扎德情绪理论

伊扎德关注人类情绪究竟是如何发生的，指出个体情绪发展的合理组织形式是在适应中发生的，不能以单一的视角去看待实际的情绪。情绪会根据环境的复杂程度发生分化，表现出不同的模式，难以用单一的指标加以描述。伊扎德（Izard，1991）认为情绪概念包含三个因素：情绪体验状态；脑和神经系统活动过程；情绪的外显形式——表情。

同时，伊扎德关注情绪的进化和适应功能，认为表情是人类进化过程中留存下来的适应痕迹，不但是人脑低级结构固定下来的预置模式，而且是大脑的产物。随着年龄的增长和脑的发育，儿童的情绪也随着增长和分化，并且每种具体情绪表现出不同的面部模式。儿童情绪在数目上的增长与大脑在体积上的增长相联系。脑的发育和心理过程的复杂化，与表情产生的生理机制的变化是同步的(Izard，1977，1978)。

伊扎德的情绪理论主要包括情绪分化与人格系统的关系，情绪与个体意识的关系，情绪系统及其过程，面部反馈假说四个部分。

情绪分化与人格系统的关系

伊扎德的情绪理论与认知评价理论相对立，明确提出情绪的功能问题，向情绪的副现象论提出了挑战。它发挥了关于情绪适应性功能的论点，提出情绪是基本动机的醒目命题(孟昭兰，2005)，因此又被称为动机—分化理论。伊扎德认为情绪是新皮质的产物，随着新皮质在体积上的增长，情绪的种类也不断增加，面部肌肉系统的分化也更加精细。他强调，生命的进化和情绪的分化是一致的，因为情绪在生存和适应上起着核心的作用(Izard，1978)。情绪是在认知—适应中分化发展的，其产生与特定的外部刺激情境相联系，不同的情绪可以由同一种环境刺激引发，相似的情绪也可以产生于不同的环境刺激。这种复杂性依赖于认知、理解、情绪、动作等各个系统发展的阶段和相互作用。

情绪动机—分化理论的成立需要这样一个前提：存在具有不同体验的独立情绪，这些独立的情绪同时也具有动机的特征。动机—分化理论的假设如下：(1)存在10种基本情绪：兴趣、愉快、惊奇、悲伤、愤怒、厌恶、憎恨、恐惧、羞耻和羞怯，它们组成了人类的动机系统；(2)每种基础情绪在组织上、动机上和体验上都有其独特性；(3)这些基本情绪可以引起不同的内部体验，这些内部体验对认知和行为都有特定影响；(4)情绪过程与机体的体内平衡、驱力、知觉和认知会发生相互作用；(5)体内平衡、驱力、知觉和认知对情绪也有影响。

伊扎德将情绪视为主要的动机系统，认为它是6个内部关联的人格子系统之一。另外5个子系统分别是体内平衡系统、内驱力系统、知觉系统、认知系统和运动行为系统。尽管伊扎德相信10种基本情绪在神经化学上、行为上和主观体验上是独立的，特别在来自面部和身体表达的反馈方面是独立的，但它们之间却存在着相互作用。人格系统的发展是这些子系统自身发展与系统差异之间联结不断形成和发展的过程。

情绪与个体意识的关系

情绪是构成意识和意识发生的最重要因素。情绪提供一种"体验—动机"状态，暗示对事物的认知—理解以及随后产生的行动反应。儿童最初的意识所接受的感觉材料来自内感受器和本体感受器，这些内源性刺激导致情绪体验发挥作用，成为意识萌发的契机。也就是说，意识的第一个结构在性质上基本是感情性的。早期婴儿(半岁以前)的知觉还不能提供足够的从外界而来的直接信息以产生意识，情绪作为动机乃成为意识萌发的触发器。每种情绪的主观体验都给意识提供一种独特的性质，随着情绪的分化发展，意识也同样在萌发。儿童对不同情绪的体验也就是最初的意识。

情绪系统及其过程

伊扎德将情绪定义为"……伴随神经系统的活动、神经肌肉活动表达和主观体验等成分的一个复杂的过程"(Izard，1991)。因此情绪包含三个相互关联的组成成分：神经活动、面部—姿势活动、主观体验。它们相互作用、联结，并与情绪系统以外的认知、行为等人格子系统建立联系，实现情绪与其他系统的相互作用。它还包含两个重要的辅助系统：网状激活系统，它放大或减弱情绪；内脏系统，它为情绪准备了场所并维持着情绪的活动。

伊扎德指出任何情绪都包括如下 3 个水平的活动：(1)电子化学活动或神经系统的活动，对基本情绪来说，这些活动是先天的；(2)情绪活动的输出可以通过支配横纹肌产生相应的面部—姿势模式，这些模式通常可以为个体自身和其他观察者提供有关情绪的线索和信息；(3)因为线索是有用的，所以必然存在着对相应脑区的信息反馈。这些活动的反馈信号进入意识状态，形成情感体验。情感体验可以进入认知系统并接受认知系统的调节。情感体验是情绪系统与人格其他系统相互作用的主要成分，对形成系统间的稳定和特定联结有重要作用。

情绪在人类进化和适应过程中发挥的重要作用预示着必然存在多种情绪产生的机制。然而，目前多数的情绪理论都关注认知过程（评价、归因和建构），并将认知作为情绪产生的唯一或者首要方式。伊扎德提出了不同观点，认为存在下述四种类型的信息加工，以不同的方式引发情绪(Izard，1993)，认知加工只是其中之一。

(1) 细胞的信息加工，发生在酶与基因的水平上，与感觉输入或建立在感觉输入基础上的认知加工过程没有什么联系，这一加工水平的信息是由自然选择所决定的，并有助于确定情绪的预先以及对特定情绪体验的相似性。这种类型的加工是心境和个体差异的重要决定因素。

(2) 肌体的信息加工，是基于生物学基础之上、由遗传编码的。它能通过内部感受器获得感觉数据，这种类型的加工依赖于生理驱力，如疼痛可以引起愤怒。

(3) 生物心理的信息加工，依赖于生理的信息加工和习得（认知）的信息加工之间的联系。这种类型的加工可能会涉及无意识与有意识的信息之间的相互作用，但肯定包括了遗传编码的材料与那些来自认知加工的材料之间的相互作用。这种类型的加工主要依赖于生物信息。

(4) 认知加工，主要依赖于已获得或习得的东西。当个体能够根据学习和经验产生心理表征对事件进行比较与区别时，认知加工就发生了。只有在这个时候，认知才具有激发情绪的作用。

在阐述这四类情绪产生过程的同时，伊扎德也指出这些过程的持续运行不仅仅是为了激发情绪，也有助于维持与人格有关的情绪背景。尽管认知和情绪是相互作用的，但它们是两种不同的过程，如果片面地从认知角度来研究情绪或认为情绪研究从属于认知研究，那么情绪研究将无法得到发展。

面部反馈假说

自达尔文和詹姆斯以来，心理学家开始讨论面部表情与情绪体验之间的关系，但直到 1974 年，莱尔德(Laird)采用肌肉—肌肉指令(muscle-to-muscle instruction)范式的研究发现，做出与呈现情绪一致的面部表情会增强相应的情绪体验，做出与呈现情绪不一致的面部表情则会降低相应的情绪体验。例如，悲伤时皱眉和噘嘴会导致更强烈的悲伤；尝试做出快乐的表情，则会减少悲伤。这就是面部反馈理论的调节作用假设，面部表情通过提供有关本体感受的、皮肤的以及血管的反馈信息调节情绪体验。然而，面部反馈的启动假设(the initiating hypothesis)认为，情绪特异性面部表情能够直接产生相应的情绪体验，不需要外部刺激。这也就意味着，在没有任何情绪的时刻，做出一个特定情绪的面部表情，将会产生相应的情绪体验。

伊扎德详细说明了面部的感觉反馈如何通过大脑皮层产生情绪体验。来自外部（巨大的噪声）或内部的（被伤害的记忆）刺激能够非常快速地提高神经放电率，从而激活皮层下的情绪程序（如恐惧）。这些程序通过向基底神经节和面部神经发送冲动产生特定的面部表情。大脑负责解释来自面部本体感受的刺激的反馈（哪些肌肉收紧、哪些肌肉放松、腺体分泌等），这些反馈在皮层整合并产生恐惧的主观体验。这时候，情绪状态才在大脑额叶皮层获得意识水平的加工，随后产生恐惧情绪的身体反应，如心血管、呼吸系统等被唤醒，以保持被激活的恐惧体验。

值得注意的是，伊扎德(1971)曾指出情绪可以在没有面部表情的情况下产生。因此，在将表情解释为情绪的产生原因时也需要格外慎重。

3 埃克曼情绪理论

美国心理学家埃克曼(Ekman)对面部表情进行了大量的研究，进一步加深了我们对情绪表达及其共通性的理解。尽管汤姆金斯、伊扎德等研究者对面部表情的研究做出了巨大的贡献，但埃克曼对这一领域的贡献却是无人企及的。

埃克曼主张面部表情反映了表达者的内部情绪状态，这种观点被称为情绪的外导假设(efference hypothesis)。该观点认为，基本情绪存在一种内在情感程序，当某一情绪发生时，该程序会向特异性的面部肌肉发出神经信号，进而产生特异性表情，因此情绪与表情关系密切。他还制定了面部运动编码系统(facial action coding system, FACS)，通过动作单元(action unit, AU)对面部表情进行客观的测量和计算。

埃克曼相信存在三种既相互区别又相互联系的情绪系统：认知、面部表情和自主神经系统的活动(Ekman, 1982, 1992)。他承认情绪受认知的调节，也强调面部表情表达的重要性，认为面部表达方式的改变能够改变一个人的情绪体验。他侧重于情绪在表达模式和生理模式上的变化,指出只用语言来解释情绪往往是不够的。某种特定的情绪在一种语言中可能很好分辨,但在另一种语言中则可能完全无法区分。

埃克曼指出情绪具有以下几种特征:每种情绪都具有独特的跨文化的信号;可以在物种起源的发展史中追溯面部表情的进化,具有跨文化的一致性;情绪表达包含多种信号;情绪的持续时间有限,每种情绪的面部表达模式都是独特的;情绪表达在时间上的变化反映了某种特定情绪体验的细节;情绪表达可以按照其强度进行分级,反映主观体验在强度上的变化;个体可以抑制自己的情绪表达,可以通过伪装欺骗他人;每种情绪都有对应的具有跨文化一致的情绪输出表现;每种情绪都有与之对应的自主神经系统和中枢神经系统的变化,这些变化也具有跨文化的一致性。

表情的普遍性和跨文化一致性

达尔文(1872)在《人类和动物的表情》一书中认为,不同的面部表情是天生的、固有的,并且能为全人类所理解。自20世纪60年代开始,埃克曼等设计了一系列实验,证明了面部表情的普遍性与跨文化一致性。埃克曼的经典研究以新几内亚的前语言文化群体为被试,首先由实验者讲一个简单的故事,然后呈现三张不同的图片,要求被试选择与故事中的情绪最为符合的一张面孔。结果发现,成人和儿童被试在几乎所有的情绪表情中都表现出了高度的一致性。在接下来的研究中,埃克曼等将相同的图片呈现给美国大学生被试,结果几乎所有被试都做出了正确的判断。根据这些实验结果得出结论,特定面部表情与特定情绪的关系具有普遍性。在表情的跨文化一致性的研究中,埃克曼等对来自10个不同国家和地区(纽约、新几内亚、阿根廷、婆罗洲、巴西和日本等)的被试呈现了30张不同情绪面孔的照片(高兴、恐惧、愤怒、悲伤、厌恶和惊讶等),要求他们辨认每张图片的情绪。结果表明,被试在识别这些情绪的照片时表现出高度的一致性(Ekman et al.,1987)。

抑制假说

达尔文在其著作《人类和动物的表情》中表现出了对情绪表情的兴趣,提出"一个中度愤怒,甚至激怒的人可能会借助身体动作来表达,但是……面部的肌肉是最不服从个人意志的,它们可能会出卖那些轻微的一闪而过的情绪"(Darwin,1872)。他认为,与强烈情绪相关的一些面部肌肉动作不受主观意志的控制,不能被完全地抑制或控制住。另外,他还指出一些特定的面部肌肉不能有意识地涉及或出现在情绪模拟中。

埃克曼(2003,2009)将这两种观点归结为抑制假说(inhibition hypothesis)。这一假说具有重要的理论和应用价值,但是尚未进行实证考察。在此基础上,埃克曼提出:当一种情绪被隐藏或者用其他表情掩盖时,真实的情绪会以微表情(micro-expression;呈现时间在1/25—1/5秒之间,通过人眼难以观察到的一种表情)的方式表现出来(Ekman,1985/2001)。当我们进行欺骗时,非言语线索如微表情等会摆脱我们的意志控制，泄露我们的真实情感。

小结

本节介绍了情绪功能理论的几种观点及其代表人物，从汤姆金斯、伊扎德到近来声望颇高的埃克曼，一脉相承地秉承了情绪的功能性和进化的观点，是情绪功能理论的主要提出和推广者，他们所提出的这些理论也是当前心理学、神经科学、计算机等多学科应用最广的理论来源。

复习思考题
1. 结合所学内容和生活经验，分析情绪的功能主要体现在哪些方面。
2. 尝试比较分析汤姆金斯、伊扎德和埃克曼理论的异同。

第五节 情绪心理建构理论

近十多年才逐渐形成体系的心理建构理论与传统的情绪理论有明显的区别，代表人物为罗素（Russell）和巴雷特（Barrett）。与传统情绪理论中的情绪概念（如高兴、愤怒、恐惧等）不同，心理建构理论用核心情感（core affect）和心理建构（psychological construction）等概念来解释情绪。该理论的主要观点是：人们的恐惧、愤怒、喜悦和悲伤等情绪体验，是对在较短时间内同时发生并相互融合的情感表征、身体知觉、对象知觉、评价观念和行为冲动的不同组合形式的整体体验。

1 罗素核心情感概念

罗素等（Russell et al., 1999, 2003, 2009）认为情绪心理表征的核心是一种愉快或不愉快的心理状态，即核心情感（core affect）。核心情感是所有情绪共有的，并在此基础上建构形成某种特定的情绪。核心情感可以用愉悦度与唤醒度表示，但在主观体验上是不可分割的，即个体知觉到的是一种融合的情绪体验。核心情感可以没有指向对象，以"自由漂浮"的状态存在，类似于心境，即作为某一情绪产生的背景或者准备状态。

尽管核心情感在个体日常生活中无所不在，但是，人们在用愉快或不愉快描述他们的经验时存在着不同程度的个体或群体差异，并且核心情感只是情绪心理表征的核心而非全部。愉快或不愉快并不能用于描述所有的情绪体验,因此,核心情感本身并不足以表征情绪的所有内容。情绪作为一种对事物的情感状态,也是一种意图状态。研究者认为,情绪的心理表征除了核心情感以外还包括以下三个内容:唤醒性内容表征、关系性内容表征以及情境性内容表征(Fitness & Fletcher, 1993; Mesquita & Frijda, 1992; Shaver et al., 1987; Shweder, 1993)。

唤醒性内容表征:情绪心理表征通常包括一些唤醒性成分,如感觉心理或身体处于活跃的、被唤醒的、专注的、卷入的状态。人们能够感受到不同的情绪体验,并能觉察到由此引发的特定心理、生理变化,因此,唤醒被认为是情绪体验不可缺少的成分。

关系性内容表征:表征情绪体验发生时情绪表达者与他人之间的关系。在要求被试使用情绪性词语进行自我报告的研究中,被试会用"主导性""服从性"等词语来报告自己的感受,因此,关系性内容可能是构成情绪心理表征的一部分(Russell & Mehrabian, 1977)。一项对美国人和日本人进行的跨文化研究发现,被试同样用"主导性""服从性"等词语来报告自己的感受,但表现出一定的文化差异,在北美文化中更加尊崇主导性,而在日本文化中更加尊崇社会和谐(Kitayama et al., 2000)。

情境性内容表征:情绪是个体经历过的一些心理情境,这些情境可能或曾经引发过个体的核心情感体验。主要的情境体验包括:新异的或超出预期的情境,促进或阻碍目标达成、与社会规则和价值相符或不相符的情境,以及个体主动发出的事件。这些情境与核心情感共同解释情绪不同分类之间的部分差异(Frijda, 1989),这些经验维度具有跨文化的一致性(Frijda, 1995)。

2 巴雷特概念行动理论

巴雷特(Barrett, 2006, 2009, 2012, 2013, 2014)提出情绪的概念行动理论(conceptual act theory, CAT),进一步发展了情绪的心理建构理论。CAT理论认为,自然世界中的物理变化(如个体身体内部产生的变化;外部世界的变化,如其他人面部肌肉动作、身体动作和物理环境等),只在接收者使用情绪概念知识将其归类为情绪(如愤怒、恐惧等)时,才会变为真实的。这些情绪概念知识源自语言、社会化的学习以及人的日常生活经验。巴雷特将这种归类行动称为情境概念化(situated conceptualization),意味着用来描述归类行动的概念知识是与情境紧密相连的、生成性的(enactive)、使接收者随时准备情境性行动的(Barrett, 2006, 2012, 2013; Barrett et al., 2014; Wilson-Mendenhall et al., 2011)。这种将接收的感官输入(来自身体内部和外部)与已经习得的知识结合,将归类性知识与接收者的大脑进行结合的过程正是意识的一部分。情境概念化过程具有即时性、持续性、强制性和自动化的特点,即个体在构建情绪的过程中很少会有主体性(agency)和控制感。

巴雷特等(2014)认为概念行动是具身的、以归类知识形式存在的先前经验,来自感受和运动神经元的激活,并向下影响身体激活以及它们的表征和感知过程。概念行动同时也是自我永存的,今天形成的经验可以继续影响并塑造未来经验的运动方向和轨迹。她假设大脑工作的原理应该是:看见某物、感受某物并进行思考的行动实际上对应了一次知觉、一种情绪和一次认知过程。所有的心理状态都是对内部身体感受与外部进入的感觉输入的具身概念化(embodied conceptualization)。这些概念化过程之所以是情境性的,是因为它们的产生高度依赖于与即时情境对应的情境依赖性表征。

小结

本节介绍了心理建构理论的两个代表人物罗素和巴雷特及其主要观点。心理建构理论强调核心情感而非基本情绪,运用情境概念来解释情绪的发生,成为引领当前情绪研究的新势力。

复习思考题

1. 核心情感与传统的基本情绪之间的主要区别是什么?
2. 巴雷特提出的情绪概念行动是自上而下还是自下而上的过程?

第六节　情绪社会建构理论

社会建构理论的观点在社会科学领域早已出现,但是在心理学研究中作为一种独特的理论观点却形成较晚。20世纪80年代中期,情绪的社会建构理论随着两本学术著作——《情绪的社会建构》(Harré, 1986)与《人的社会建构》(Gergen & Davis, 1985)的出版基本形成,所独具的魅力很快在情绪领域产生了较大影响。

在情绪的本质问题上,情绪的社会建构理论反对情绪的先天论,认为尽管情绪的种系发生基于一定的进化—遗传特质,但是情绪的体验内容和表达方式并不是遗传性习惯的遗迹,而是在社会文化系统中获得的,是与人当时的社会角色相适应的有用的习惯。在日常生活中,人们情绪活动中的多种成分及其选择性表现,表征的是一种"暂存性的社会角色"(transitory social role),即在特定情境中个人所遵循的社会所规定的行为反应方式,包括如何根据一定的社会规则以恰当的方式对某一情境进行评价、采取行为以及解释自己的主观体验和生理反应等(Averill, 1980)。

情绪社会建构理论很大程度上受到情绪认知理论的影响,它强调认知评价在情绪产生中的重要性,认为人们对环境的情绪反应依赖于特定的认知评价,这种评价不仅可以将个人与环境联系起来,而且可以促成个人对环境的情绪反应的分化。人们对环境的评价是特定社会文化的产物,是在社会学习体系的基础上形成的,由特定社会的文化传统信念、价值观和道德观系统所决定。因此,个体社会化的过程也是情绪社会化的过程。个体在社会化于某一特定社会文化体系的同时,也形成了对现实世界的态度体系。这种态度体系决定着个体对自身与各种环境刺激之间关系的评价,进而决定个体的情绪。该理论进一步强调,由于评价本身带有特定的社会文化色彩,由其决定的情绪反应具有社会伦理意义,是个体价值观念和道德立场的表达(乔建中,2003)。

1 梅斯基塔社会动力模型

心理学家梅斯基塔(Mesquita)认为情绪是一种动态文化现象。尽管多数心理学家认同特定情绪的部分特征如面部表情、语音、身体姿势、诱发事件、认知评价、动作倾向甚至生理唤醒具有跨文化一致性,但是情绪的主观体验成分在不同文化间具有较大差异。在系列研究的基础上,梅斯基塔提出情绪的社会动力模型,该模型强调两个方面:第一,我们大多数的情绪都发生在与文化、他人互动和人际关系中;第二,情绪反应都具有在某种特定社会文化情境中的功能性和动力性(Mesquita & Boiger, 2014)。

首先,该模型认为情绪产生于特定的文化、社会互动和人际关系中,并且反过来构成、塑造甚至改变这种社会互动和人际关系。这并不是说情绪产生于对社会事件的反应中,相反,社会互动和情绪构成了一个两者都不可或缺的系统(Barrett, 2013; Butler, 2011)。这一模型也并不否认情绪受生理或进化因素的限制,但更强调情绪生成的情境性(Mesquita & Boiger, 2014)。没有社会互动,我们无法对某种情绪做出恰当的描述。例如,当我们描述一对夫妇吵架时产生的情绪,如果只描述愤怒、厌恶、害怕等,而不对两人的吵架互动做出描述,就无法让人构想出这一场景中的情绪。

其次,情绪在其产生的特定社会和文化情境中具有功能性和动力性。以往关于情绪功能的观点强调情绪在进化中的重要作用,情绪社会动力模型中的功能性与现时的社会情境紧密相连,当情绪在某种环境中产生更好的结果时,其出现的频率便会越高。例如,当个体的性别角色与哭泣这一情绪反应相一致时,该反应则会经常出现。梅斯基塔和唐泽认为,功能性并不是情绪或情绪反应本身不变的属性。羞耻并不总是功能失调的表现,只有在那些强调个人成功和自我效能感的文化中,羞耻才被看作是功能失调(Mesquita & Karasawa, 2004)。同样,作为一种情绪管理策略的情绪压抑,也并不总是功能失调的表现,只有在重视真实、可靠的文化中,情绪压抑才被看作功能性失调(Butler et al., 2007)。

尽管情绪的社会动力观点强调个体间的情绪,但它并不排斥个体内的情绪。然而，这一模型并没有很好地说明个体内情绪是如何构成的。尽管越来越多的证据表明情绪是一种心理建构过程(Barrett, 2006, 2012; Russell, 2003)，情绪的社会动力观点也同样支持情绪由不同成分表征的观点，如认知评价、动作倾向、心理反应、行为反应等，这种观点认为无论情绪由心理建构表征还是由不同心理成分表征，都来自与社会环境的互动并在其中发挥其特定作用。这意味着，个体的情绪经验和行为随情境的不同而不同。例如，对自己的老板生气肯定不同于对自己的孩子生气；在日本文化中构建的愤怒模式必然不同于在欧洲国家的愤怒模式。这种观点为情绪的研究范式提供了新的思路，但无法解释所有的情绪现象。

2　帕金森情绪理论

以往的社会建构观点更多从长远的时间视角关注情绪的毕生发展，如生物进化(种系发生，phylogenesis)和历史变化(社会发生，sociogenesis)。但是情绪事件的持续时间不同，可以短到几分钟、几小时(例如生气)，也可以长达几个月(例如悲痛)或者几年(例如爱)。心理学家帕金森(Parkinson, 2012)提出情绪发展的时间尺度问题，认为不仅需要从宏观长远的个体或种系发生视角，也应该从微观发生(microgenesis)的视角考察实时、短暂时间尺度的情绪发展和变化。情绪研究的主题不仅要考察并揭示情绪是否是由社会建构的，而且更要阐释情绪在不同的事件点和时间尺度上发生的机制。在所有的事件点和时间尺度中，最关键的是即时的(moment-to-moment)情况。微观发生过程中可能产生的新事物会影响其他发展序列的进程。然而，至少从发展的角度看，情绪事件的微观发生机制没有引起足够的重视。

帕金森认为情绪的发展遵循等效性原则，不同的路径可以得到相同或相近的结果。换句话说，情绪是开放的系统，不是固定的行为模式、认知情感程序或文化原型。例如，儿童语言的学习，并不是来自直接地教导，而是来自模仿和试误。所以，儿童学习的感情表现方式通常与其所在的文化相适应。这种学习通过与已经社会化的监护人和对象的交互得以实现。因此，社会规范的内化也是必然的(Parkinson, 2012)。

梅斯基塔和帕金森代表着目前情绪社会建构理论的两种不同取向。梅斯基塔是即时性取向(synchronic)的代表人物，关注社会文化系统的层级在情绪形成中的作用。帕金森则是历时性取向(diachronic)的代表人物，关注时间进程中情绪反应的发展。此外，社会建构理论还有一些其他取向的研究，例如，梅森和卡皮塔尼奥关注情绪的社会建构的生物过程(Mason & Capitanio, 2012)，艾利特和派瓦关注计算机虚拟情绪的进展(Aylett & Paiva, 2012)，希金斯探讨了音乐在情绪建构中的作用(Higgins, 2012)。

小结

本节介绍了社会建构理论的两种主要理论及其代表人物。社会建构论关注情绪与社会文化和社会实践之间的关系,从文化和社会互动的视角理解情绪的产生和发展。

复习思考题

1. 社会建构理论与心理建构理论之间的主要区别有哪些?
2. 试从社会建构理论的视角分析情绪在社会文化发展中的作用。

第七节 情绪理论的总结与未来展望

不同情绪理论一直论战不休,但目前已基本达成两点共识:情绪是包含主观体验、外部表现和外周生理唤醒的心理状态集合体;情绪是任何人类心理模型的关键特征之一(Gross & Barrett,2011)。根据不同情绪理论的共性和个性,研究者将众多的情绪理论概括为四种取向:基本情绪取向、评价取向、心理建构取向和社会建构取向(Gross & Barrett,2011)。不同的情绪理论取向可以看作是一个连续谱,图 2.7-1 自左至右分

图 2.7-1 情绪四种理论取向的连续谱。该连续谱由情绪研究的一些代表性研究者组成。四种不同的颜色区域分别对应四种理论取向。(1)基本情绪理论(红色):MacDougall(1908/1921),Panksepp(1998),Buck(1999),Davis(1992),LeDoux(2000),Tomkins(1962,1963),Ekman(1972),Izard(1993),Levenson(1994),以及 Damasio(1999);(2)评价理论(黄色):Arnold(1960a,1960b),Roseman(1991),Lazarus(1991),Frijda(1986),Scherer(1984),Smith & Ellsworth(1985),Leventhal(1984),以及 Clore & Ortony(2008);(3)心理建构理论(绿色):Wundt(1897/1998),Barrett(2009),Harlow & Stagner(1933),Mandler(1975),Schachter & Singer(1962),Duffy(1941);Russell(2003),以及 James(1884);(4)社会建构理论(蓝色):Solomon(2003),Mesquita(2010),Averill(1980),以及 Harré(1986)。

来源:Gross & Barrett,2011.

别呈现出不同的理论取向及其代表人物。不同情绪理论取向之间的差异可以通过它们对一些情绪基本问题的回答体现出来，如表2.7-1所示。下面对四种取向的基本观点进行简要介绍和比较。

表2.7-1　四种情绪理论取向的核心假设

	基本情绪取向	评价取向	心理建构取向	社会建构取向
1. 情绪是特殊的心理状态吗	是	是	不是	不同模型之间不一样
2. 情绪是由特定的机制产生的吗？	是	不同模型之间不一样	不是	不是
3. 情绪有特定的脑结构吗？	是，每种情绪都有特定的皮层下回路	不是	不是	不是
4. 情绪有特定的外部表现吗（表情、声音、身体状态）	是	不同模型之间不一样	不是	不是
5. 每种情绪都有特定的反应倾向吗？	是	是，多数模型有特定的反应倾向	不是	不是
6. 主观体验是情绪必不可少的特征吗？	不同模型之间不一样	是	是	不是
7. 什么是全人类共通的？	情绪	评价过程	心理成分（如核心情感及其他表征）	社会情境的影响
8. 变异性在情绪中重要吗？	变异只是情绪的附带现象	不同模型之间不一样	是	是
9. 非人类动物是否有情绪？	是	一些评价过程是人和动物共有的	情感是人和一些动物共有的	不是
10. 进化如何塑造情绪？	特定的情绪得以进化	认知评价过程得以进化	基本的心理成分得以进化	文化和社会结构得以进化

来源：Gross & Barrett, 2011.

基本情绪理论（basic emotion theory）认为，像"愤怒""悲伤""恐惧"等情绪名词各自具有独特的机制，产生特定的心理状态和可测量的外部表现。每种基本情绪都是不可分解的基本心理模块。在多数的基本情绪模型中，每种情绪都是有特定的机制引发，并产生一系列的主观体验、初始反应倾向、外部表现和自主神经内分泌反应。

评价取向的情绪理论仍使用情绪词（如愤怒、恐惧、悲伤等）来描述那些具有特殊形式、功能和起因的心理状态，但是这些情绪词并不指代特殊的、固定的心理机制。20世纪50—70年代提出的一些评价模型（如 Arnold，1950；Lazarus，1966，1970），将评价看作是产生意义的情绪特定认知先行者（cognitive antecedents），如图2.7-1中所示黄色区域的左侧部分。这些评价模型将评价看作是一系列的转换开关，一旦进入某种评价模式，就会引发情绪（包含典型的情绪反应输出或者以特定方式与周围环境进行互动的行为倾向）。另外一些评价模型没有将评价看作是独立于情绪的情绪诱发原因，而是将评价看作是情绪的组成部分，如连续谱中黄色区域的右侧部分。情绪被看作是一系列与环境密切相关的松散联合的行为倾向，但是这种行为倾向并不一定被执行并产生行为结果。而在连续谱中黄色区域的最右侧，情绪被看作是体验世界的不同方式，着重强调情绪产生意义的行动（Barrett et al.，2007）。例如，愤怒是对攻击的体验，悲伤是对失去某人或某物的体验。这些评价模型并不涉及对情绪产生机制原因的探讨，也并不对情绪发生时伴随的情绪输出作预测，在解释情绪反应的多样性方面具有较大的自由度（Gross & Barrett，2011）。

情绪的心理建构取向不认同情绪是特殊的具有特定形式、功能并导致其他心理过程（如认知、知觉）的心理状态，认为情绪并不是由固定的机制产生，所有的心理状态都来自即时的、持续调整的建构过程。一些心理建构理论认为，情绪和其他心理状态一样，不仅仅是心理成分的简单相加，而且是它们的有机合成体，这种观点与评价观点（连续谱中黄色的右侧部分）存在联系。其他的心理建构理论（连续谱中绿色的右侧部分）认为情绪只是一些独立的心理成分，如罗素的愉悦度和效价（Russell，1980）。

情绪的社会建构取向将情绪看作是社会化遗物或者文化所预定的表现，由社会文化因素构建并受到个体的社会角色和所处社会情境的约束（Gross & Barrett，2011）。一些社会建构模型将社会因素看作是基本情绪反应的触发器，类似评价取向中引发基本情绪的认知评价因素。其他一些模型将情绪看作是社会环境和人本身所构建的社会文化产物，而非先天的。情绪是文化而不是个体内部心理状态的表现形式，某社会事件是否可以被看作是情绪取决于它所产生的社会影响。情绪的心理和行为成分与其社会意义和功能一同演化。情绪的意义及其独特性来源于情绪在某一社会情境下的功能意义。

本章所介绍的情绪理论基本都包含在上述四种取向之中。哪种理论最接近情绪的本质呢？评价者无论是采用不同的判断标准，还是持不同的理论取向，都会做出不同的判断。已有的各种情绪理论从不同的角度出发研究和阐释情绪，都在一定程度上促进了我们对情绪的理解。

回顾拉扎勒斯提出的"好"的情绪理论应该包括的12项主题，本章所介绍的各种情绪理论不同程度地包含了这些主题，并表现出以下特点或发展趋势：

首先，生物学主题贯穿于情绪发展的各种理论之中，尤其是近年来情绪研究与认知神经科学的结合是未来情绪研究的重要发展方向；

其次，近年来关于情绪本质的讨论反映出社会建构主义的主题开始贯穿于新的情绪理论中（如基本情绪理论与情绪社会建构理论的争论），"情绪究竟是否是真实的"这一问题（Barrett，2012）可能会引导未来的情绪研究；

第三，伊扎德尤其是埃克曼引领的对于面部表情的研究表明，情绪研究者目前对于表情尤其是面部表情愈发重视，相关的研究工作在数量和质量上不断增长。

小结

随着人们对情绪的认识越来越深入，情绪的本质面貌将更加清晰地展现出来。本节介绍了对以往不同情绪理论的比较和评价，以及在 10 个常见情绪问题上不同理论取向的独特观点。基于不同情境、方法和视角开展情绪研究得出的各种情绪理论，都在不断深化我们对情绪的理解。

复习思考题
1. 情绪理论的种类繁多，如何评价不同理论的优劣？
2. 你最欣赏哪一种情绪理论？为什么？

第 3 章

情绪的主观体验及评价

情绪的主观体验是个体对不同情绪和情感状态的自我感受,主观体验构成了情绪和情感的心理内容(彭聃龄,2011)。目前,对情绪结构的研究主要有分类取向和维度取向,情绪的主观体验在这两种取向中的内容和侧重点也有所不同。情绪的分类取向认为,情绪是个体对刺激的适应性反应,从进化中发展而来,是由若干种相对独立的基本情绪、情绪状态及在此基础上形成的复合情绪构成的,研究者致力于将情绪区分为几种彼此独立的的情绪种类。而情绪的维度取向则认为,情绪是连续体,在几个基本维度上高度相关,是一种较为模糊的状态,很难区分各种具体情绪(乐国安,董颖红,2013),研究者也致力于确定情绪的基本维度。

本章首先基于情绪的分类取向依次阐释基本情绪、复合情绪、情绪状态的主观体验与评价,再基于情绪的维度取向来阐释情绪的基本维度及其测量。分类取向的主观体验和评价更复杂、更详细,但系统性稍逊;维度取向的理论基础比较系统,其评价工具的结构相对清晰,但在维度的划分方面不如分类取向详细。另外,虽然对基本情绪的研究由来已久,但评价它们的系统的标准工具尚不多见,对情绪的评价多集中于情绪状态、一些常见的复合情绪以及情绪的维度方面。

第一节 基本情绪的主观体验与评价

情绪的分类取向认为每种基本情绪都具有独特的主观体验和适应功能,且具有跨文化的一致性,是人类和一些动物所共有的,是先天的且不学而能的,在情绪诱发上也存在共同的原型或模式(Sabini & Silver, 2005)。

1 基本情绪的主观体验

从进化角度来看，基本情绪是为了完成基本生命任务(fundamental life task)进化而来的，每种基本情绪都有其独特的主观体验、外部表现、神经结构和生理基础。关于基本情绪的种类，不同研究者的观点不尽相同(Diener, Smith & Fujita, 1995; Izard et al., 1993)。我国古代的《礼记·礼运》中提出"七情"说，即喜、怒、哀、惧、爱、恶和欲。《白虎道·情性》主张"六情"分类法，即喜、怒、哀、乐、爱和恶。中医《黄帝内经》的情志学说提出七情五志，其中，七情是喜、怒、忧、思、悲、恐、惊七种情绪的总称，五志是怒、喜、思、忧、恐五种情志。埃克曼(Ekman)的六种基本情绪分类引用最为广泛，即快乐、悲伤、愤怒、恐惧、惊奇和厌恶(Ekman, 1992)，如图3.1-1所示。在埃克曼所界定的六种基本情绪中，负性情绪占据了较大的比例，所受到的关注也更多。但也有研究者认为，某些其他情绪也可以被归入基本情绪，如害羞和蔑视、嫉妒和父母之爱(Sabini & Silver, 2005)，以及柔情(Kalawski, 2010)等。

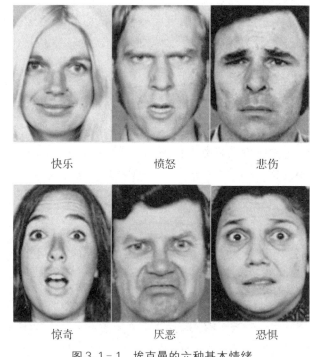

图3.1-1 埃克曼的六种基本情绪
来源：Ekman & Friesen, 1984.

在埃克曼的六种基本情绪中，**快乐**是典型的积极情绪，是个体所盼望的目的被达到，紧张被解除后继之而来的情绪体验。快乐的程度取决于愿望满足的意外程度，愿望满足得越出乎意料，个体体验到的快乐程度越强。下丘脑前额叶皮质、杏仁核、腹侧纹状体、额前回、后扣带回、颞叶、海马、丘脑和尾状核等均在个体体验到快乐时激活。**悲伤**是失去所盼望的、所追求的或有价值的事物而引起的情绪体验，其强度取决于所失去的事物的价值。前额叶皮层中部、额下回、颞上回、楔前叶、杏仁核、丘脑等区域在个体的悲伤体验中其活动性都有所增强。**愤怒**是由于目的和愿望不能达到或一再受到挫折逐渐积累而成的。当挫折是由于不合理的原因或他人恶意所造成时，很容易引发愤怒，对人们强烈愿望的限制或阻止以及不良的人际关系也是愤怒的来源。愤怒和杏仁核、额叶、扣带回有密切联系。**恐惧**往往是由于缺乏处理或摆脱可怕情境（事物）的力量和能力所造成的，比其他情绪都更具有感染力。当个体产生恐惧体验时，会激活海马、杏仁核、前额叶这三个脑区。**惊奇**与愿望或信念等心理状态有关，如果外部情境不符合个体的信念或预期，就会体验到惊奇（Wellman & Banerjee, 1991）。根据刺激不同，惊奇激活的脑区有所区别，负性刺激激活杏仁核右腹侧，正性刺激激活腹内侧前额叶（罗跃嘉，2011）。尽管上述脑区在不同种类基本情绪的体验中有所侧重，然而元分析的结果还是发现，一些基本情绪会激活相互重叠的大脑区域，处理不同情绪的脑区并不能完全区分开来。还有研究者依据情绪激活的脑区提出人类可能只有喜悦、悲伤、恐惧三种基本情绪（梁飞 等，2022）。

厌恶是一种独特的情绪，相关研究成果也比较丰富，既有从基本情绪角度的探讨，也有来自复杂情绪研究的结果。最初对厌恶的界定来自初级厌恶或核心厌恶，是由令人不愉悦、反感的事物诱发的情绪，有特定的面部表情、生理体验和行为倾向。引发厌恶的刺激通常涉及病菌感染的威胁，如腐败的食物和肮脏的场地，因此，厌恶的基本功能与防止疾病感染有关（吴宝沛，张雷，2012）。后来，研究者把厌恶定义为"道德违反诱发的情绪"，在原来基于核心厌恶的"基本情绪"界定上又进行了功能上的扩展。厌恶在个体发展早期是对物理刺激的厌恶，随后发展为对社会影响和新的道德目的的适应（Pole, 2013）。基于其定义，厌恶常被区分为身体厌恶和道德厌恶（Simpson et al., 2006）。关于引起厌恶的刺激，海特等（Haidt et al., 1997）最初分为食物、动物、身体产物、性、体表破坏、死亡和卫生七类，之后又增加了人际感染（人与人之间的感染，如穿他人穿过的衣物等）和道德冒犯两类（Rozin, Haidt & McCauley, 2008）。而泰博恩等（Tybur et al., 2009）则把厌恶来源划分为病菌、性与道德三大类。

从基本情绪的诱发来看，个体自身内部加工的唤起（如回忆个体某种强烈的情绪事件）和外部情绪刺激的唤起（如通过观看影片、听音乐等诱发情绪）过程都可以诱发相应的基本情绪。相比恐惧、愤怒和悲伤，愉悦最容易受到内部加工的影响（Salas, Radovic & Turnbull, 2012）。从基本情绪的年龄差异来看，成人偏好高兴的面部表情，并在高兴表情上的注视时间和次数显著高于幼儿。成人偏好注视情绪面孔的眼部,幼儿则偏好注视情绪面孔的嘴部。面部表情注意偏好的发展整体趋向于偏好积极情绪,这种发展变化与面部表情部位的注意偏好相关(谷莉,白学军,2014)。从基本情绪的性别差异来看,女性和男性面对相同的情绪刺激时,女性的体验并非一定比男性强烈,性别差异主要与情绪诱发材料主题的偏向性有关,女性更偏向于温馨、轻松和幽默的快乐主题。当恐惧视频的主题是"威胁"时,男、女被试在观看后都报告了高强度的恐惧。女性在视频主题为"黑暗"时,所报告的恐惧强度显著高于男性(靳霄 等,2009)。从基本情绪与其他感觉的关系研究来看,除视觉和听觉外,几乎所有被试都可以体验到由嗅觉引起的快乐或厌恶,约四分之三的被试报告嗅觉可以引起焦虑体验,只有一半的被试报告体验到悲伤和愤怒(Croy, Olgun & Joraschky, 2011)。

2 基本情绪的评价

基本情绪的评价以自我报告为主,包括单项测量和多项测量。

单向测量是对某种情绪的体验进行分级,可能是对情绪强度的划分,也可能是评价某种具体情绪的贴合程度;评价内容可以是单向评分(如"你感觉愉快吗"),也可以是双向评分(如从"非常愤怒"到"根本不愤怒");评价等级通常为五点、七点或九点的李克特量表(Likert scale)计分,如图 3.1-2 所示。单项测量更容易理解,并便于创建和管理(姜媛,林崇德,2010)。

悲伤: 1……2……3……4……5……6……7……8……9

一点都不　　　　　　　　　　　　　　　非常强烈

图 3.1-2　情绪自我报告的李克特九点量表(以悲伤情绪为例)

来源:姜媛,林崇德,2010.

另一种评价技术是把评价的内容转换为与所研究情绪的类似物,例如要求被试观看五个卡通脸谱,表情从自然到极为不悦,然后从中选出一个最能代表自己当前感受的脸谱,这种方式在被试不能用语言形容自己的感受时格外有效,比如幼儿或者语言不通者(姜媛,林崇德,2010)。

多项测量包括大量形容情绪状态的词汇,其中一类测量要求被试在符合自己当前感受的项目(情绪词)前画勾,另一类则要求被试评价自己所感受到的实时情绪程度的强弱。在早期的基本情绪评价工具中,普拉切克(Plutchik)以八个形容词分别描述八种基本情绪,制定了一个五点评分量表。常见的多项测量工具包括多重情绪形容词量表(multiple affect adjective check list)、基本情绪量表(Basic Emotion Scale, BES)等(姜媛,林崇德,2010)。

情绪区分度量表(differential emotions scale, DES)是一种多重情绪形容词量表,可以对多种相对独立的情绪进行评价。该量表是在分化情绪理论基础上发展而来的,用于测量个体的主观情绪体验。被试在三个情绪形容词组成的评价(如:很怕/恐惧/害怕,很生气/生气/有点生气)中对自己当前的情绪进行五级评分(姜媛,林崇德,2010)。最初有 30 个项目,测量 10 种基本情绪,随后的修订版 DES-IV 增加了羞愧和自我指向的敌意。

基本情绪量表包含 20 个形容词,用来评价测量快乐、悲伤、愤怒、厌恶和恐惧 5 种基本情绪,并分为特质(一般)和状态(过去一周)两个版本(Power & Tarsia, 2007)。

小结

本节基于情绪的分类取向对埃克曼的六种基本情绪进行阐述,每种情绪有独特的生理和神经基础。在六种基本情绪中,厌恶的研究层面比较丰富和复杂,既有基本情绪角度的研究也有复杂情绪角度的研究,且从对物理刺激的核心厌恶研究发展至道德层面的厌恶研究。基本情绪的评价以自我报告为主,包括单项测量和多项测量。

复习思考题

1. 基于埃克曼的基本情绪理论,快乐、悲伤、愤怒、恐惧、惊奇和厌恶这六种基本情绪所对应脑区会有所重叠,请参考教材内容和相关文献思考情绪与脑区的对应关系。
2. 请思考对于不同类型基本情绪适合采用哪些评价和测量技术。

第二节 复合情绪的主观体验与评价

复合情绪也称社会情绪,还可细分为依恋性社会情绪、自我意识情绪和自我预期的情绪。依恋性社会情绪涉及人与人之间的情感连接,如爱与依恋等。自我意识情绪是在基本情绪的基础上加入自我意识,如自我认知、自我反思等,进而产生的一种复杂情绪,如尴尬、嫉妒、羞愧、内疚、自大和自豪、道德情绪等。自我意识情绪往往涉及自我参与、自我卷入(冯晓杭,张向葵,2007)和自我评价。在面临机会选择或竞争情境时,个体对不同行为方式的后果做出预期,并根据自身的期望和价值取向调节对社会信息的认知加工,在上述加工过程中所引发的个体情绪即自我预期的情绪(徐晓坤等,2005)。本节阐释的复合情绪有爱与依恋、自豪、羞耻、敌意和道德情绪。

1 爱与依恋

爱与依恋属于积极情绪范畴,爱是在基本情绪社会化中由多种情绪结合而成的复合情绪,常分为激情爱(passionate love)和陪伴爱(companionate love)。

激情爱是一种强烈的情绪,被界定为一种迷恋和炽热的体验,是强烈的渴望与另一个人相结合的状态,可概括为一种"结合的渴望"。激情爱往往会引发愉快、痛苦、厌恶、恐惧、愤怒和悲伤等情绪体验,又可能与某些强烈情绪相混合,产生诸如欣快、幸福感、孤独感、妒忌、失望等。激情爱有爱的回报和爱的代价两种后果。大学生在恋爱中经常处于最良好的状态,常体验到自信、放松和幸福。医学检查结果也表明,处于恋爱中的个体免疫系统良好,常身处超常的健康中(Hatfield & Rapson, 2000)。

陪伴爱被描述为喜爱、亲爱或慈爱,是可发生于各种人际之间的爱,很少诱发强烈的体验,它是深切的依恋、亲密的接近和互相承担义务的复合体验,被定义为"与对象间的挚爱和温柔的亲密感"。典型的陪伴爱发生在母亲与孩子之间。在成人中,陪伴爱广泛地发生在夫妻之间,在亲密朋友之间也会出现。

爱的体验主要蕴含四种情绪原型:快乐、愤怒、恐惧和悲伤。鉴于复杂的社会情境和人际关系,激情爱和陪伴爱均可融入欢快、享乐、满意等正性复合情绪中,也可能卷入忧虑、怨恨、妒忌、内疚等负性复合情绪中。在爱情关系中,情侣之间的付出和索取被称之为爱情交换,解释这一过程的理论主要有社会交换理论、衡平理论、相互依赖理论、相互回应的动机管理理论等(黎坚,李一茗,2012)。

爱的评价

对爱这种复杂情绪的评价大多是通过问卷测量的方式得到的。研究者对激情爱和陪伴爱的评价发现,激情爱比陪伴爱的程度要更加强烈。陪伴爱的测量中包含更多责任感、亲密感和亲切行为的内容。具体的测量工具有激情爱量表(passionate love scale, PLS)、浪漫爱问卷(romantic love questionnaire, RLQ)、迷恋和依赖量表(infatuation and attachment scale, IAS)等。

激情爱量表是评价爱的情绪体验的典型自我报告测量工具。完整版本包括30个项目,简明版本有15个项目。该工具用来测量激情爱的认知、情绪和行为三个因素。其中,情绪部分包括爱情进展顺利时的正向感觉、进展不顺利时的负向感觉、渴望感情的交互等(Hatfield, Bensman, & Rapson, 2012)。PLS被认为是单维结构(Hatfield & Sprecher, 1986)。后来的研究者认为该量表是激情爱和迷恋的指标,与依恋也存在相关(Loving, Crockett, & Paxson, 2009)。

浪漫爱问卷分为两个分量表,其中6个项目测量陷入爱情之后所伴随产生的情绪体验和感觉,21个项目评估被试在恋爱中的主观体验。

迷恋和依赖量表有 10 个项目测量迷恋，10 个项目测量依恋，从迷恋和依恋身体的、行为的、认知的和情绪的四个角度进行测量(Langeslag, Muris & Franken, 2013)。

依恋的评价

依恋由英国生态学家约翰·鲍尔比(John Bowlby)提出，他认为依恋是抚养者与孩子之间的一种特殊情感连接，在维持婴儿的安全和生存方面具有直接意义，重要性不亚于控制饮食和繁殖的行为系统(鲁小华，崔丽钦，丛中，2007)。加拿大发展心理学家玛丽·安斯沃斯(Mary Ainsworth)发展了依恋理论，提出了陌生情境实验室测验程序，根据儿童在陌生实验室情境中对母亲的依恋行为把儿童划分为安全型依恋、焦虑—回避型不安全依恋、焦虑—反抗型依恋三种类型和八种依恋亚型。

陌生情境法(stranger situation)是评价亲子依恋的标准化程序，专门为 12—18 个月的婴儿设计，包括一系列三分钟的压力逐渐递增的情境。该方法对整个情境进行录像，并编码婴儿的各种反应，包括母亲离开和回来时的行为和情绪反应，与陌生人相处和交往的情形。程序使用 4 个七点量表评价婴儿的寻求亲近和接触行为、维持接触行为、反抗行为和回避行为。

依恋 Q-set(attachment Q set, AQS)是儿童依恋行为分类卡片的简称，用于考察家庭环境中 1—5 岁儿童依恋安全行为。依恋 Q-set 共有 90 个项目，提供了连续的测量尺度，代表依恋关系安全性的程度。其中一些项目描述与依恋有关的行为，另一些项目是儿童日常生活中常见的一般行为。Q-set 的中译本所建立的理想儿童行为指标和美国儿童依恋安全性指标之间有很高的相关，可通用于中、美两种文化，是一个有效评价中、美儿童与成人依恋关系的工具(吴放，邹泓，1994)。

成人依恋是指成人对童年依恋经验的再现，主要有自主型、冷淡型、专注型和不确定型四种类型。自主型属于安全型，其余三种类型都属于不安全型。成人依恋的评价方法主要有成人依恋访谈(adult attachment interview, AAI)、成人依恋问卷(adult attachment questionnaire, AAQ)和亲密关系体验问卷(experiences in close relationship, ECR)等。

成人依恋访谈是测量青少年和成人依恋表征的主要研究方法。这个访谈要求被试描述他们的父母，并用一些具体事例来解释和支持这些描述，包括描述父母对痛苦的典型反应，讨论目前他们与父母的关系，也让被试描述在童年时对其影响重大的死亡或受虐待的经历。被试所使用的语言和描述方式被认为反映了个体关于依恋的心理状态。AAI 将成人的依恋状态分为四种类型：安全—自主型、不安全—漠视型、不安全—沉迷型和不安全—悬而未决型。AAI 能够揭示部分在潜意识中的重要心理过程，但由于实施较为复杂，对评估者的访谈技术也有一定要求(侯静，陈会昌，2002)。

成人依恋问卷包含 15 个分量表，共 94 个项目。这 15 个分量表分别是：母亲不爱、父亲不爱、母亲嫌弃、父亲嫌弃；母亲角色倒置、父亲角色倒置、母亲消极纠缠、父亲消极纠缠;对母亲愤怒、对父亲愤怒、对母亲理想化、对父亲理想化;对死者悼念、对失去亲人恐惧和对父母影响的评价(李菲茗,傅根耀,2001)。

亲密关系体验问卷有36个项目,其中焦虑和回避分量表各有18个项目。ECR中文版具有较好的信度和效度(李同归,加藤和生,2006)。弗雷利等(Fraley et al.,2000)根据项目反应理论改进编制了包含两个分量表共计36个项目的ECR-R。两个分量表分别是回避(不喜欢与他人亲密、不喜欢依赖他人—他人模型)和焦虑(担心自己被拒绝和被抛弃—自我模型),这两个维度结合可构成依恋类型的组合。每个分量表各有18个项目,采用七级评分。ECR-R主要反映人们处理亲密关系的不同方式(Fraley, Waller & Brennan, 2000)。

除上述量表之外,还有一些评价工具也经常用来测量依恋,如类型量表(Hazan & Shaver, 1987)、状态性成人依恋风格测量工具(Gillath et al., 2009;马书采 等,2012)、老年人夫妻依赖问卷(翟晓艳 等,2010)等。

2 自豪

自豪是以自身内化的标准对归因于自己的成就进行评估时产生的积极情绪体验。与心理理论、自我参照、情绪、奖赏和记忆等相关的脑区的协同作用构成了自豪感的神经基础(沈蕾 等,2021)。评价是自豪情绪的核心过程,通常在目标达成或者任务成功完成时,在自我评价或他人评价基础上产生自豪(张向葵,冯晓航,Matsumoto, 2009)。

有研究者将自豪分为个体对整体自我的自豪和对特定行为的自豪,也分别称为α自豪和β自豪。在自我意识情绪理论中,自豪被分为真实自豪和自大自豪,真实自豪是对唤起自豪的事件进行内部的、不稳定的、可控的归因而引起的自豪;自大自豪是对唤起自豪的事件进行内部的、稳定的、不可控的归因引起的自豪(Tracy & Robins, 2004b, 2007a)。倾向体验真实自豪的个体与倾向体验自大自豪的个体有明显不同的人格特征。从大五人格因素来看,真实自豪与外向性、宜人性、尽责性及稳定性呈正相关,自大自豪与宜人性、尽责性呈负相关;除开放性之外,真实自豪和自大自豪与大五人格其他因素均存在显著相关。另外,真实自豪与自尊呈正相关,自大自豪与自尊呈负相关,与自恋呈正相关;真实自豪与羞愧呈负相关,自大自豪与羞愧呈正相关(Tracy & Robins, 2007a)。

自豪的识别具有跨文化的普遍性,但在自豪的情绪体验和表达上仍然存在明显的文化差异。例如,个人主义文化下的个体在描述自豪感时表达了更多的积极情感,并体验到更强烈的自豪情绪(Heine, 2004; Kitayama & Park, 2010; Mosquera, Manstead & Fischer, 2000)。自豪的情绪识别存在群体内优势,当自豪的表达者和识别者来自同一国家、种族或地区时,自豪的识别正确率更高(Elfenbein & Ambady, 2002)。社会比较在自豪感产生过程中具有重要影响。公开成就的个体比没有得到任何社会比较反馈的个体所报告的自豪程度更高。当个体出色完成任务时,会体验到更多自豪感,而当得知他人在同样任务上完成较差时,自豪感会进一步得到提高(Webster et al.,2003;Smith et al.,2006)。

自豪的评价

自豪作为一种自我意识情绪,其评价涉及自我评价过程,与自我价值的判断有直接关联,会受到防御机制的影响。自豪的测量可采用自我评定和非言语表达编码两种方式。自我评定包含自我意识情绪测验中有关自豪的项目和单独的自豪量表(马惠霞 等,2019)。常见的独立自豪量表为真实自豪量表和自大自豪量表(Tracy & Robins, 2007a;杨玲,王含涛,2011)。特蕾斯和罗宾斯(Tracy & Robins, 2007a)在以往研究的基础上编制了真实自豪和自大自豪量表,既可以测量自豪体验的主观情绪状态,也可以评价体验自豪的特质倾向。真实自豪量表和自大自豪量表都包括 7 个项目,均采用李克特五点计分。杨玲和王含涛(2011)对真实自豪与自大自豪量表进行了修订并初步考察了大学生自豪感的特点,修正后的中文版仍然是双维结构。该量表的测量结果发现,我国大学生的真实自豪得分显著高于自大自豪,且不存在性别差异,但有显著的年级差异。

自豪的非言语表达编码比自我评定更少受到自我意愿的控制,可以获得更为精确的测评结果。特蕾斯和罗宾斯(Tracy & Robins, 2007b)编制了非言语编码系统,主要由头部编码、上肢编码和躯干编码三个部分组成。自豪的非言语表达主要表现在微笑的面部表情上(Tracy & Robins, 2004a),并包括头部向后微倾、身体向外扩展、上肢举过头部或双手叉腰等相应的姿态表情,其中后三种姿态的识别率较高,也是自豪最基本最常见的表达方式(Tracy & Robins, 2004b, 2007a)。在体育比赛中取胜的运动员表现出头部后倾、胸部扩展、胳膊伸展、握拳等可识别的自豪表达特征,这一表达具有跨文化的一致性(Tracy & Robins, 2008)。

3 羞耻

羞耻是以某种程度的自省和自我评价为核心特征的情绪,是指向自我的痛苦、难堪、耻辱的复杂负性情绪体验;自我在这种体验中被审视,并被给予负性评价(高隽,钱铭怡,2009)。有关羞耻的界定主要从羞耻产生的原因和结果两个方面来描述。在羞耻产生的原因方面,认知理论强调羞耻是个体对已经发生的事件结果重新认知和评价的结果,是个体把消极的行为结果归因于自身能力不足时产生的整体自我的痛苦体验;当个体做出内部的、稳定的、不可控的和整体的归因时,羞耻感就会产生(Tracy & Robin, 2004a)。羞耻令个体体验到沮丧、无助、渺小感和无能力感,并试图隐藏、逃避或消失自我(Parrott, 1999)。功能主义从进化的视角和社会适应的观点来解释羞耻,把羞耻看作心理进化的产物,是一种有社会功能的情绪。在羞耻产生的结果方面,研究者从现象学的角度对羞耻概念加以界定,强调羞耻产生后的心理或行为反应,包括负向的主观体验、回避行为反应以及心理病理症状。

羞耻往往不是由某种具体事物引起,而是由个体自身对事件的解释所诱发的,个体感到羞耻往往是因为觉得自己受到了伤害(钱铭怡,戚健利,2002)。羞耻可以被公开的事件诱发,如众所周知的失败,也可能发生于个体的隐私事件,或发生于个体内心。羞耻的实验启动范式是在实验室情境下评价羞耻的程度,主要有简单任务失败范式(Chao, Yang, & Chiou, 2012)和回忆/想象范式(高学德,2013)。

羞耻的程度存在性别差异。国内研究者发现男性的羞耻程度比女性高,这可能与东方文化对性别的不同要求有关,男性更为重视面子、社会地位和自尊等,因而在个性羞耻和家庭羞耻方面的羞耻感得分较高(钱铭怡 等,2000)。相对应地,女性在上述方面并未受到过多的期盼和严格的要求,在羞耻的程度上也低于男性。

羞耻的评价

量表测评范式是羞耻评价中的主要范式,一般以自评方式进行,主要包括情境模拟技术、整体形容词核查表技术和问卷自评技术。情境模拟技术侧重于评价状态羞耻,整体形容词核查表倾向于测查特质羞耻,问卷自评技术更适合评价不同领域或类型的羞耻。不同测评技术与羞耻结构之间并不是一一对应的关系,每种方法由于其理论构念不同而导致测查内容具有某种程度的倾向性(高学德,2013)。

整体形容词核查表包含16个羞耻感形容词(如窘迫、羞辱、尴尬等),要求被试对每一个形容词符合自己的程度进行评价。为了解决量表的效度问题,有研究者减少了个人情绪问卷的项目数量,并借鉴了积极和消极情绪量表中的羞耻感的测查方法,使用6个形容词(自我意识的、愚蠢的、应受批评的、无助的、尴尬的和懊悔的)在李克特五点量表上来评价被试的羞耻感,新修订的羞耻感量表有较高的内部一致性(Brown et al.,2009)。

问卷自评技术是运用自我描述项目直接评价被试羞耻感的测评方法,项目大多来源于对特定时段羞耻感的总体评价或特定领域中的羞耻体验的自我报告。国内有研究者基于羞耻体验量表编制了适合中国被试的羞耻评定量表。钱铭怡等(2000)编制的大学生羞耻体验量表,包括个性羞耻、行为羞耻、家庭羞耻和身体羞耻四个维度,量表提供了大学生常模,并有两个总分,一个总分包括所有项目,另一个总分未包括家庭因素的项目;亓圣华等(2008)编制的中学生羞耻感量表由个性羞耻、行为羞耻、身体羞耻和能力羞耻四个维度构成。

4 敌意

敌意一般在少年时期之后才会出现,还有研究者认为敌意可能存在一定程度的遗传性(Yoon-Mi,2006)。敌意由情感、认知和行为三部分构成,其中情感部分包括憎恨、烦恼、生气和蔑视等。敌意可分为经验性敌意和表达性敌意,经验性敌意涉及经历敌意情绪的倾向,如憎恨和怀疑,且没有被公开表达出来;表达性敌意通过身体和言语攻击公开表达敌意情绪。敌意是愤怒、厌恶和轻蔑的结合,其中愤怒是敌意的主要成分。愤怒的意义在于激发人以最大力量去打击来犯者而产生攻击行为。轻蔑作为准备应付所面对的危险对手的手段而起作用,它是以"我比对手更强"的优越感而激活去应付对手的情绪体验。由心理和社会原因所引起的轻蔑,是在认知评价的基础上发生的,伴随复杂的妒嫉或怨恨而被诱发,并在对某对象具有极端不尊重的态度时,轻蔑都是重要的情绪构成物。厌恶和轻蔑均对引起情绪的对象持否定态度,都属于负性情绪,厌恶导致躲避倾向,轻蔑引起冷淡和疏远,它们不像愤怒那么激烈,不致导致冲动行为。然而愤怒、厌恶和轻蔑三者的结合,却能产生有独特色调和独特性质的敌意情绪体验(孟昭兰,2005)。

敌意是导致冠心病的一个高风险因素,并能有效预测心肌梗塞、冠状动脉疾病及由此产生的死亡率(Smith & Ruiz, 2002)。体验敌意的个体倾向于不喜欢他人,并且容易将这种情绪表达出来,敌意中的愤世嫉俗可能增加抑郁障碍的风险,敌对态度、行为所造成的紧张生活事件以及较低的社会支持是抑郁的有效预测指标。社会经济地位的高低与敌意有关,社会经济地位低的个体敌意的强度更高(Everson et al., 1997)。父母经常吵架、母亲过分干涉保护等家庭因素,个人情绪、社会适应、母亲意志、家庭气氛、师生心理交流以及神经质、精神质人格是中学生敌意问题发生的危险因素(王海霞,2010)。

敌意的评价

敌意的评价主要来自自我报告,常见的测量工具包含库美敌意量表(Cook-Medley hostility scale)、巴德敌意量表(Buss-Durkee hostility inventory)和症状自评量表(SCL-90)的敌意维度。

库美敌意量表是敌意评价中最常用的量表,也称愤世嫉俗型敌意量表。量表的得分是冠状动脉疾病最稳定的心理预测指标(Bunde & Suls, 2006)。该量表共计50个项目,被试做"是/否"回答,如:"大多数人从内心里不愿意站出来帮助他人""不要信任任何人,这才是安全的"(Vella et al., 2012)。量表中关于愤世嫉俗、敌意的影响和攻击性反应共有27个项目,反向计分的项目有3个。高分者倾向于憎恨、怀疑、愤怒和不信任他人,但不大可能会公开以攻击的形式表现出来。该量表已发展出青少年和成人修订版本。成人版本有23个项目,采用四点评分,从非常同意到非常不同意,分数越低敌意越高。

巴德敌意量表被认为是量表建构上最为谨慎的敌意评价工具,包括攻击、间接敌意、易怒、消极、怨恨、怀疑、言语攻击和内疚八个维度,共计75个项目,做"是/否"回答。后该量表被修订为攻击问卷。

症状自评量表包括敌意在内的 10 个维度,敌意维度包括厌烦、争论、摔物、争斗和不可抑制的冲动爆发等方面,项目内容涉及思维、情感及行为。

对敌意的评价除使用自我报告外,也有结合结构式访谈进行行为观察。在评估 A 型行为模式的结构访谈中,评分系统包括潜在的敌意、体验到的愤怒、声音模式和对于应答者行为的临床判断,潜在的敌意与表达性敌意的评价结果是相关的,其他结构也被用于评价敌意。然而,由于访谈花费时间较多,而且培训访谈者并保证信度和效度比较困难,因此自我报告评价敌意是比较常用的一种方法。

5 道德情绪

道德情绪是个体根据社会规范或行为准则对自己或他人的行为进行评价时产生的与个人或社会利益、福祉有关的情绪。当行为违反社会规范,损伤他人利益时,个体会体验内疚、羞耻等负性情绪;而当行为符合社会规范,有利于他人时,个体会体验自豪等正性情绪。对于哪些情绪能够被称为道德情绪,研究者并没有形成一致看法(陈英和,白柳,李龙凤,2015),经常被归入道德情绪的情绪类型也往往属于自我意识情绪,如自豪、内疚、羞耻等。道德情绪是与群体和个人利益紧密相连的情绪,既能促进个体道德行为和道德品格的发展,也能阻断不道德行为的产生和发展(Jones & Fitness, 2008),还可以促进亲社会行为(汤明 等,2019;张姝玥 等,2021)。从内涵上来说,个体违背道德规范时产生的情绪(如羞耻、内疚)或遵守道德规范时产生的情绪(如自豪)都可被称为道德情绪。不道德行为引起厌恶情绪体验,厌恶情绪反过来也能阻止可能发生的不道德行为,这一循环机制提高了个体的道德适应性(Jones & Fitness, 2008)。

在道德情绪研究领域,心理学家早期较多关注负性效价情绪,如害羞、内疚和困窘等。随着积极心理学的兴起,研究者开始将目光转移到积极情绪,如自豪、感激、爱戴等。在道德情绪影响下个体常会产生洁净行为和补偿行为。厌恶情绪的唤起能显著增加个体对违反洁净的行为的谴责。不道德的情绪体验会导致更多洁净行为,如在单词补笔任务中会更多使用有洁净意义的词汇,在物品偏好选择中更渴望获得与清洁有关的物品(Lee & Schwarz, 2010)。个体说谎后偏爱漱口,表现出对牙刷的偏好,做了坏事后更喜欢洗手,更愿意使用洗手液。经历了洁净行为之后,个体的道德判断准则也会因此发生一定的变化,如对他人的不道德行为会变得更宽容等(Zhong & Liljenquist, 2006)。个体在经历自身或他人真实或虚拟的不道德行为后,都渴望知觉或实际接触与洁净有关的概念和物体。

不道德行为会使个体对自我价值的知觉产生负面影响和负性情绪体验,进而威胁个体的道德同一性和内部自我价值平衡,处于这种状态的个体会倾向于通过其他途径重新找回失去的平衡,出现道德补偿行为(Jordan et al.,2010),如捐赠数目更多。补偿行为的根本目的在于修复不满意的自我道德形象。内疚和共情两种道德情绪是影响信任修复最重要的情绪因素,内疚能够促进受信方做出补偿行为,共情能够促进信任方宽恕他人(严瑜,吴霞,2016)。道德提升感是道德情绪研究的一个积极方面,指个体看到他人的道德行为时,欣赏他人的美德并感到自己的道德情操被提升而产生的一种积极道德情绪。道德提升感具有情感、身体、认知和行为等四个成分,可采用材料与情境进行诱发,使用标识词与量表进行测量(黄玺 等,2018)。

道德情绪的评价

道德情绪的评价有自我报告和实验评价范式。在自我报告方面基本是对道德情绪所诱发的各种情绪体验的评价,如分别对自豪、羞耻、内疚等的评价,该种类型的测量工具有内疚和羞耻倾向量表(王小凤,占分龙,燕良轼,2016)等。在对道德情绪的实验研究评价中,研究者一般先诱发道德情绪,然后再进行评价,常用的实验评价范式有行为回忆范式(Sachdeva, Iliev, & Medin, 2009)、实物成绩范式(Liljenquist et al.,2008)和情境设置范式(任俊,高肖肖,2011)。

小结

本节基于情绪分类理论阐述了几种主要的复合情绪,包括爱、依恋、自豪、羞耻、敌意和道德情绪。其中,爱与依恋属于依恋性社会情绪,而自豪、羞耻则属于自我意识情绪。道德情绪与自我的卷入息息相关,一些自我意识情绪与道德情绪重合。敌意也是研究者关注较多的情绪,除此之外,其他复合情绪如尴尬、感恩等也有一些研究结果。复合情绪包含多种基本情绪,在主观体验和测量评价上更为复杂。复合情绪的评价和测量多采用主观自我报告,量表法是常见的测量技术,由于复合情绪本身所包含内容的多样性,也可使用一些实验范式对其进行评价。

复习思考题

1. 请结合教材内容和相关参考文献对自我意识情绪和道德情绪之间的关系进行阐述。
2. 简述敌意的评价和测量技术。

第三节　情绪状态的主观体验与评价

在情绪研究中,依据情绪发生的强度、持续性和紧张度,可以把情绪状态分为心境、激情和应激。情绪状态未纳入之前的基本情绪和复合情绪的界定中,在本节单独阐述。

1 心境

心境是一种比较微弱、持久且具有渲染性的情绪状态,构成其他心理活动的"背景"并影响它们的功能执行。人们倾向于加工与当前情绪状态相一致的情绪信息,这被称为心境一致性。个体的学习或记忆与当前的心境状态有关。具有积极心境的个体总是对令人高兴的感知觉、注意、解释和判断产生偏好,也能从记忆中回忆起更多令人高兴的材料,而具有消极心境的个体的情况正好相反。然而,也有研究发现心境一致只出现在积极心境,有的发现其只出现在消极心境,甚至没有出现心境一致性,在自然情境和诱发情境中有时出现有时则不出现(郑希付,2004;陈莉,李文虎,2006)。记忆编码策略对心境一致性记忆具有调节作用,提取练习策略能够抑制心境一致性记忆(马小凤 等,2022)。

自心境一致性效应假说提出以来,心境与情绪信息的决策、判断的关系已逐渐成为研究的焦点。情绪在判断和决策中是重要影响因素,情绪甚至先于判断,人们使用情绪启发式获悉对风险和获益的判断。积极或消极情绪的想象会引导对兴趣信息的判断和决策,人们心中的客体和事件的表征紧随情绪的程度而变化。心境作为一种启动,影响决策者的风险知觉和冒险意图。决策者所做的判断往往与决策者当时的心境保持一致,焦虑情绪会促进对未来事件的悲观估计。愉悦心境会增加个体做出积极判断的倾向,悲伤心境会增加个体做出消极判断的倾向,诱发的心境与未来事件的效价存在一致性效应(张萍,卢家楣,张敏,2012;张蔚蔚 等,2012)。

心境的评价

心境的评价主要以自我报告的量表为主,常见的测量工具有心境形容词量表(ISO-item mood adjective check list,MACL)、心境量表(也称心理状态剖面图,profile of mood states,POMS)、简明心境量表(brief profile of mood states,BPOMS)和BFS心境量表。

心境量表也称心理状态剖面图,可以测试个体心境、情绪和情感状态,经过多次修订后形成了内容全面且信效度高的成熟量表,在国内外广泛应用于临床评估、药效学、运动等领域。量表由65个项目或形容词组成,包含六个分量表:紧张—焦虑、抑郁—沮丧、愤怒—敌意、疲乏—迟钝、迷惑—混乱以及精力—活力,前5个分量表得分越高心情越不好(负性量表),精力—活力的得分含义则相反(正性量表)。六个分量表的得分之和构成总分,总分也可单独使用,并且是一个应用很广的指标。每个分量表分别包括若干个形容词(如不愉快的、不称心的、恐慌的、厌倦困乏的、无精打采的等)。美国研究者编制了门诊病人和大学生两个 POMS 常模(王建平 等,2000)。

简式 POMS 问卷在六个分量表的基础上增加了"与自尊心有关的情绪"分量表,共计 40 个形容词。根据一周以来的心境在这些形容词上选择最符合自己情况的五种等级中的一种。此问卷可用于运动情境。该量表被译为多种语言,具有跨文化的有效性。研究表明,在比赛取胜与失败之后所测的简式 POMS 的分数除"疲劳"之外,其余六个分量表均有显著差异。用情绪状态的总估价(total mood disturbance,TMD)分来比较,同样发现运动员在输了比赛后的 TMD 分更高。情绪状态总估价(TMD)分数越高,表明情绪状态更消极,即心情更为纷乱、烦闷或失调。

在问卷中文版的修订中,因问卷项目均为形容词,文化差异小,被试报告的真实性比较高,且问卷简便、易用,适于临床使用。祝蓓里(1995)修订并建立中国常模的简式 POMS 量表,被认为是一种研究情绪状态及情绪与运动效能之间关系的良好工具,其中紧张、愤怒、疲劳、抑郁和慌乱代表消极情绪指标,精力和自尊代表积极的一面。廖八根,罗兴华和甘少雄(1998)根据原版 POMS 制定了适合我国文化背景的 POMS-R 量表,在男女柔道等多个运动队运用,显示有良好的监测效果。量表由紧张—焦虑、愤怒—敌视、疲劳—迟钝、精力—活动性、混乱—迷惑和抑郁—气馁组成,共 50 个项目,采用五点计分,"感到轻松"及"训练有效率"二项反向记分,根据"在上一周至现在该心境感觉怎样"如实回答(廖八根,罗兴华,2004)。

简明心境量表将 POMS 的 65 个项目精简为 30 个,每个项目均用一个描述心境的形容词表达。量表包括紧张、生气、抑郁、疲劳、活力和困惑六个维度,每个维度由五个项目组成,采用五点计分。量表具有良好的信效度,是测量个体心境状态简便易行的工具。在量表的使用和修订中,也有研究者将困惑和抑郁合并为一个新的维度(迟松,林文娟,2003)。

2 激情

激情是一种持续时间短、表现剧烈、失去自我控制力的情绪体验,通常由强烈的欲望和明显的刺激诱发。在激情状态中,个体会体验到很难克制的强烈的愤怒感、绝望感、喜悦感或者极度的悲痛感。激情伴随有机体状态的剧烈变化和明显的表情动作,有时甚至发生痉挛。处于激情状态中的个体常常不能意识到他在做什么,不能控制自己,不能预见行为后果,不能评价自己的行为及意义。

激情可以激发动机,增强幸福感,也能激发负性情绪,导致不灵活的固执,对获得和谐愉快的生活产生阻碍。激情的来源可以指向活动(如:弹奏钢琴)、个体(如一个浪漫的对象)或事件(如集邮)。根据激情内化入个体身份的方式的差异,激情有两种独立的类型,分别是和谐激情(Harmonious Passion)和强迫激情(Obsessive Passion)

(Vallerand et al.，2003)。和谐激情是指想自由从事活动的一种强烈愿望,来自激情自动内化到个体身份中,这种内化过程发生在个体愿意接受并认为激情是重要的而非给自己造成压力中。当个体具有较高的和谐激情时,他们会表现出更多的开放性,在参与活动时体现更少的防御性。在执行和完成任务的过程中,个体会体验到积极的结果。强迫激情是一种不可控的冲动参与激情,这个过程来源于内心的和/或人际的压力。当个体在强迫激情上程度较高时,个体更加敏感,对正在发生的活动具有防御性,会有经历冲突的风险,并体验负性情绪。在上述激情双元论的基础上,研究者提出两因素激情量表,共有6个项目,用来测量和谐激情和强迫激情(Marsh et al.，2013)。

3 应激

应激是出乎意料的紧张情况下所引起的情绪状态,人体把各种资源(首先是内分泌资源)都动员起来,应付紧张的局面。在应激状态下,个体会产生一系列情绪体验,如焦虑、烦躁、恐惧、自卑、自罪、害羞等。

应激的评价多集中于应激源和应激应对方式,对应激的情绪体验的单独评价较少。应激评定量表列出了导致应激的43种经历,包含个人生活的种种变化,既包含不愉快的经历,如丧偶、离婚等,也包含愉快的经历,如结婚或杰出的个人成就。工作应激源是导致组织参与者产生心理应激反应的情境、事件、刺激和活动,是工作应激的形成因素。在工作应激测量工具中,常用的主要有职业紧张调查表(OSI)、麦克林(McLean's)工作紧张量表、工作内容量表、职业紧张量表(OSI-R)等。国内也有很多研究者致力于工作应激量表的修订,并取得了一定的成果。其中使用较多的是王重鸣等(1993)修订的一套职业应激量表。赵翔等(2010)采用标准化程序编制适用于民航飞行员群体的心理应激问卷(psychological stress questionnaire of civil aviation pilots,PSQ-CCAP)。

小结

本节基于情绪发生的强度、持续性和紧张度,对情绪状态进行了阐述。在三种主要的情绪状态中,心境是研究较多的一个领域,其中心境一致性又是备受关注的焦点,有关心境的量表也较为多见。激情和应激涉及多领域的内容,除心理学情绪范畴之外,还包括心理健康、职业紧张和应激等。关于激情和应激的评价多与其关联的领域有关,因此不同领域的激情和应激测量工具差别比较明显,适用范围也有一定的局限性。

复习思考题

1. 何为心境一致性效应,其加工机制是怎样的? 请结合教材中的内容和相关文献进行阐释。
2. 应激的评价主要包括哪些内容? 应激测量工具常应用于哪些领域?

第四节 情绪的基本维度及其测量

情绪的维度主要指情绪的动力性、激动性、强度和紧张度等,这些维度的变化幅度具有两极性,每个特征都存在两种对立的状态。情绪的维度理论经历了从两维理论向多维理论的演变。在两维理论的环形模型中,核心情绪是连续的,有愉悦度(愉悦—非愉悦)和唤醒度(激活—非激活)两大维度(Russell & Barrett, 1999;Russell, 2003),愉悦度表明哪种动机系统被情绪刺激激活,唤醒度表明每个动机系统的激活程度。朗等(Lang et al., 2005)根据上述理论构建了国际情绪图片系统(IAPS)、国际情绪声音系统(IADS)以及英语词汇、短文等情绪刺激标准库。三维理论最早由冯特提出,从动机角度来看,将积极情绪与趋近动机直接联系,消极情绪与回避动机直接联系(Carver & Harmon-Jones, 2009)。情绪动机模型的提出使研究者重新审视除效价和唤醒之外的维度,并得到了支持证据。高趋向动机的积极情绪会窄化注意、记忆和认知归类等认知加工(邹吉林 等,2011)。

1 情绪的基本维度

在第 1 章的情绪的结构中已阐述了情绪的维度取向,概括来讲,情绪的主要基本维度有愉悦度、唤醒度、支配度和与动机相关的趋向—回避维度等。愉悦度又称效价,包括愉快(如高兴)和不愉快(如悲哀)。积极情绪和消极情绪可能紧密相关(Russell, 2003),也可能彼此独立(Larson & Steuer, 2009)。唤醒度包括低唤醒状态(如安静)和高唤醒状态(如惊奇)。支配度指影响周围环境及他人或反过来受其影响的感受,高支配度是有力、主宰感,而低支配度是退缩、软弱感。趋向动机指趋向于刺激,回避动机是避免刺激。愤怒作为一种特殊的负性情绪通常具有趋向动机的性质,但在某些情境下却与回避动机有关。大量研究发现愤怒与趋向动机的关联具有优先性与普遍性,而愤怒与回避动机的关联则是有条件的,受情境所制约(杜蕾,2012)。不同情绪在有些维度上一致,而在其他维度上又不一致。知觉相似的情绪之间可能有相同的动机方向但效价却不同(Harmon-Jones et al.,2011)。例如,果断和愤怒在动机方向上相同(均为趋向性情绪),但在效价上相反(果断是积极情绪,而愤怒是消极情绪)。情绪的动机维度模型认为,高动机强度的情绪窄化认知加工而低动机强度的情绪扩展认知加工(邹吉林 等,2011)。

2 基于情绪维度理论的评价和测量

基于情绪维度理论的评价和测量工作,一方面是构建各种标准化的情绪诱发材料数据库,另一方面是编制各种情绪维度量表。美国国家心理健康研究所(National Institute of Mental Health,NIMH)情绪与注意研究中心基于情绪研究的维度理论,编制了一系列经过量化评价的刺激材料系统,包括图片、声音(国际情感数字化声音系统,IADS)和英语单词等,用自我报告的方法对材料从愉悦度、唤醒度和优势度三个维度进行评分,建立了相对规范化的情绪刺激系统。这套系统问世以来,尤其是其中的图片系统,被广泛应用在有关情绪问题的研究中,如情绪处理过程的脑机制、情绪调节、情绪与注意、记忆等认知活动的关系等。在声音情绪的体验方面,已有一套中国本土化的声音刺激材料,对声音的愉悦度、唤醒度和优势度进行自我报告的九点量表评分,男女生对部分声音的情绪感受有所不同,可将声音聚类为六类,可引发愉快、悲伤、恐惧、厌恶等情绪(刘涛生 等,2006)。

情绪维度量表中比较有代表性的是PAD情绪量表。该量表是基于PAD情绪状态模型编制的,其中P表示愉悦度(pleasure),说明个体情绪状态的正负特性;A表示激活度(arousal),说明个体的神经生理激活水平;D表示优势度(dominance),说明个体对情境和他人的控制状态。根据这三个维度可以将情绪划分为八类。2008年,中文简化版PAD情绪量表首次在北京大学生中试用,考察其信效度(李晓明 等,2008)。

研究表明,PAD三个维度可以有效地表示正性负性情绪量表中的正性情绪和负性情绪,也可以很好地区分焦虑和抑郁,如梅拉宾(Mehrabian,1974)等利用这三个维度可以解释42种情绪量表中的绝大部分变异(浦江,2014)。PAD情绪量表可用于产品评估、情绪或心境状态的评价以及人格测量等(李晓明 等,2008),与很多其他人格量表和情绪量表可建立对应关系。

PAD三维情绪空间可以比较充分地表达和量化人类情感,也是情感计算研究的基础(刘烨,陶霖密,傅小兰,2009)。PAD情绪量表和PAD情绪状态模型可用来对情绪进行更精确的标注,在情感计算和系统仿真等方面起到了巨大的推动工作。在具有语言、表情和视线交互功能的情感智能教学虚拟人原型系统中,采用PAD中文简化版情感量表,得到了包括愉悦度、激活度和优势度三个维度的情感空间的情感体验描述,在此基础上设计的情感智能教学系统提升了用户在交互过程中的正向情绪及唤醒度和优势度(谷学静,王志良,2011)。依据基本情绪与 PAD 值的对应关系,有研究者分析了 14 种情绪 PAD 值的情感计算,形成了全信息情感理论(浦江,2013)。

情绪维度量表中另一个比较有代表性的是积极—消极情绪量表(positive and negative affect schedule,PANAS)。该量表是基于积极—消极情绪模型而建立的用于测量情绪状态和特质的研究工具,包括积极情绪和消极情绪 2 个分量表,各有 10 个项目,要求被试评价在一段时期或特定时间段内感受到某种情绪的程度,以五点计分。PANAS 简单易行,在临床研究中具有重要作用,能够很好地区分焦虑和抑郁两种情绪。

其他情绪维度量表还包括影响表格(姜媛,林崇德,2010)、多重情绪形容词量表(multiple affect adjective check list,MAACL)和激活—去激活形容词检测量表(activation-deactivation adjective check list,AD-ACL)等。

小结

本节从情绪的维度取向介绍了情绪的主观体验和评价。情绪主观体验的维度主要包括愉悦度、唤醒度、趋向—回避倾向、支配度等。对情绪主观体验的评价主要包括构建情绪诱发材料数据库和编制情绪维度量表。经过情绪维度评价的标准化的情绪诱发材料被广泛应用于情绪研究领域。PAD 量表、积极—消极情绪量表等情绪维度测量工具,可以同时测量多种情绪,比分类取向的情绪量表的适用性更广泛。

复习思考题

1. PAD 情绪量表中的三个维度分别代表什么含义,该测量工具在研究和实际应用中的作用如何?
2. 请简述情绪的维度理论在构建情绪诱发材料数据库中的应用。

第 4 章

情绪的外部表现及识别

"出门看天色,进门看脸色",我们往往通过对情绪的外在表现即表情来识别情绪。达尔文认为内在的基本情绪对应特定的外部表情,这在各个文化中都具有一致性。比如高兴的情绪在面部上对应的表现为嘴角上扬,眼角出现皱纹;而悲伤则会在面部上表现出嘴角下垂,内侧眼角上的眉毛上扬等,对这些基本表情的识别也具有跨文化的一致性,如面部嘴角上扬,眼角出现皱纹绝大多数情况下会一致地被识别为高兴(Izard, 1994)。

表情识别在社会交往中无疑具有十分重要的作用,在人机交互领域也有着重要的应用价值,如情感化教学系统(affective tutoring systems)、拟人化机器人(humanoid robotics)、情感化游戏(affective games)、情感计算(affective computing,参见 Gunes, Shan, Chen, & Tian, 2012)等。此外,表情识别在国家安全、司法实践、临床医学等多个领域也有着广泛的应用。

第一节 表　　情

如本书前面所述,情绪包括三个主要成分,即生理唤醒、主观体验和外部表现(即表情)。其中表情又分为面部表情、姿态表情和语调表情。这三种表情传达了在书面交流中所无法体现的丰富信息。

1　面部表情

内部情绪状态可以通过面部表情(facial expressions)来表现,因为面部光滑无毛,且人类进化出了直立的行走方式,因而面部可以完全暴露在他人视野范围,使得面部适合作为情绪交流的媒介(George, 2013)。"眼睛是心灵的窗户",内在的心理活动特别是情绪活动常常可以通过人眼的运动变化来表达。"眉目传情"从字面来理解也是对的。不同的眼神可以表达人的各种不同的情绪和情感,如高兴和兴奋时"眉开眼笑",愤怒时"怒目而视",惊讶时"目瞪口呆",悲伤时"双眼无神",等等。口部肌肉也是面部表情表达的重要部位,如对某人恨得"咬牙切齿",紧张得"张口结舌"。

面部表情研究是情绪研究领域的核心主题之一,主要探究面部表情的结构特征、生理基础、跨文化一致性等。最早关于面部表情的科学研究可以追溯到 19 世纪对面部表情解剖基础的研究(Russell, Bachorowski, & Fernández-Dols, 2003)以及对真笑与假笑的研究(Ekman, Davidson, & Friesen, 1990)。当代的表情研究开始于 1962 年汤姆金斯的相关研究(Russell et al., 2003)。基于达尔文提出的面部表情跨文化一致性,埃克曼及其同事确定了至少六种基本表情(对应六种基本情绪:喜、怒、哀、惧、惊、厌;Ekman, 1992a)并发展出来一套对面部表情肌肉运动(动作单元)进行编码的系统(Ekman & Rosenberg, 1997)。基本表情的表达及其特定的面部模式可能与对生存压力的适应有关,比如恐惧表情包括睁大的眼睛,这使得人们可以获得更多视觉信息输入以便更好地找到逃避危险的路径(Susskind et al., 2008)。

面部表情的出现是一个动态的事件(Frank, Ekman, & Friesen, 1993),通常包括面部肌肉动作出现(onset),接着动作强度增大,面部肌肉动作增大到一定程度后面部外观保持不变一段时间,达到一个表情动作幅度最大的(apex)平台期,然后是一个肌肉松弛的表情动作消退期(offset)。大多数表情持续的时间范围在 0.5—4 秒(Matsumoto & Hwang, 2011)。而另一种持续时间较短的所谓微表情其持续时间小于 0.5 秒或者 0.2 秒(Yan, Wu, Liang, Chen, & Fu, 2013;吴奇,申寻兵,傅小兰,2010)。

2 姿态表情

人们可以通过身体姿态来表现内在的情绪体验,比如紧握拳头表达愤怒、耷拉着脑袋表达垂头丧气或悲伤等。日常语言中,有许多通过身体姿态来描绘的情绪状态,比如"手舞足蹈"、(笑得)"前俯后仰""捧腹大笑""抱头痛哭"等。相比面部运动,身体姿态更为丰富和复杂。通过姿态表情进行情绪交流有很多的优势,比如可以远距离沟通。一些研究表明,通过姿态表情来识别他人情绪(如愤怒和恐惧)的正确率会更高(de Gelder, 2009)。

具身情绪理论认为,情绪和身体有着密切的关系。一些复杂情绪(如骄傲、尴尬)必须借助头和身体运动来表达(Niedenthal, 2007)。那么是否特定的身体运动和姿态对应特定的情绪呢?对这一问题有着长期的争议(Wallbott, 1998)。一些研究者发现特定的身体运动和姿态会伴随特定的情绪;另一些研究者却认为身体运动和姿态(不包括面部运动)只能表现情绪的强度(intensity 或 quantity),而无法表现情绪的具体内容(quality,即何种情绪)。情绪研究的代表人物埃克曼及其同事认为单纯观察身体姿态表情并不能得到是何种情绪的信息,但姿态表情可以提供情绪强度信息。在他们看来,没有特定的姿态可以充当特定情绪的外在表现形式(Ekman & Friesen, 1974)。

3 语调表情

"听话听音",在言语交流过程中,除了词语所表达的内容外,语调也能提供丰富的信息(如说话者的年龄、性别、家乡等)。语调表情通过言语的韵律(prosody of speech,语音音高、响度、节律等的组合模式)来表达情绪。人在高兴时,其语音通常更响亮、语速更快,而在悲伤时,其语音通常较低沉、语速较慢。而笑声、哭声、叹气、哈欠等诸如此类的语音也能够表达不同的情绪(Belin, Fecteau, & Bédard, 2004),这些均为语调表情的实例。

语调表情的分类观点认为特定的语音线索(acoustic cues)对应特定的情感状态,即语调表情与面部表情类似,也能够区分不同的基本情绪状态。比如婴儿的哭声,不同的哭声代表了婴儿不同的情绪状态,像害怕、饥饿、感到冷或痛、不舒服。但后来的一些研究发现,实际上婴儿的哭声仅仅是表达了其痛苦的程度(Russell et al., 2003)。而对笑声的研究发现,不止幽默能诱发笑声,愤怒也能诱发笑声(冷笑),为了表示对他人的服从也可以发出笑声(陪笑),因此不同的笑声跟自主报告的内部情绪体验并不对应(Russell et al., 2003);笑声跟性别、与互动方的熟悉程度等有关(Bachorowski, Smoski, & Owren, 2001)。

小结

本节简要介绍了三种表情类别,即面部表情、姿态表情和语调表情。

复习思考题

除了介绍的三种表情类别外,还有其他的表情类别吗?或者说内在的情绪体验还有其他的外在表达途径和方式吗?

第二节 表情的识别

识别(recognition)包括感知(sensation and perception)与分类(categorization)。心理学家对于人们如何识别客体及其对应的心理机制已有数十年的研究和探索(Cohen

& Lefebvre，2005）。从进化的角度看，人们必须迅速理解快速变化的周围环境以成功应对环境中的挑战（如生存威胁），慢半拍者在优胜劣汰的过程中将被淘汰。因此，人们会形成外部环境刺激的内部心理表征以迅速理解刺激的意义从而做出趋近或回避的决策。外部刺激可以分为远刺激（distal stimulus，物理刺激物本身，如一块石头）和近刺激（proximal stimulus，客观的物理刺激物在感官上的模式，如石头在视网膜上的光学成像）。人们知觉（perception）的功能是把近刺激转换为心理的知觉物（percept），并分门别类，进而实现对外部物理刺激的识别。研究者们认为分门别类的加工机制适用于所有类型的外部刺激，不管外部刺激类型是某个客体，还是客体的特征（如颜色），或者是面孔或者面部表情（Barrett，2006b），因此表情的识别也遵循同样的分类机制。

只有当人们能够识别他人的表情时，表情才具有交流的作用。那么人们是如何识别他人的表情呢？识别和知觉紧密联系在一起。知觉通常指相对较早期的心理加工（以刺激呈现为时间起点），加工的结果是获得视觉影像的特征和他们的整体结构，较大程度上依赖负责早期加工的感觉皮层的功能。因此，对于那些仅需对刺激的视觉特征、几何属性进行反应的任务（如判断同时呈现的两个面孔是否一样）更多地涉及知觉加工。而识别在时间进程上，相对知觉而言更晚。需要把存储在记忆中的过去知觉到的信息，与随后进入的刺激进行比较（如认出某张面孔是谁），这是识别。因此，识别除了利用知觉信息外，还需要额外的储存在记忆中的知识。以识别恐惧表情为例，我们需要把恐惧面孔的知觉特征与有关恐惧的知识联系起来，需要知道产生恐惧表情的运动表征的知识。要识别出所看到的表情是哪一种（是高兴还是恐惧或者其他类型的表情），还需要知道此表情和周围其他的刺激的直接或间接的关系（比如，在何时何地看到这个表情面孔，对此表情面孔的心理感受是怎样的等）。

研究表明，人们通过（无意识）模仿他人的表情动作，并从模仿时自身的情绪体验来推论（识别）他人的情绪表情（Holland，O'Connell，& Dziobek，2021）。在表情识别时，被试会体验到相同的情绪（程度上会较弱）并产生与待识别表情产生时相类似的生理唤醒，这被称为再经历（Niedenthal，2007）。感觉运动系统（sensory-motor system）在人们识别表情时有着至关重要的作用，当人们再次经历所识别的情绪时，感觉运动系统必须重构经历该情绪时类似的身体状态。识别者（observer）会体验到某种程度的相同情绪（Gallese，2006）。这印证了日常生活中常说的"情绪可以感染"（比如看到别人笑会诱发自己笑，参见 Provine，1997）。

为了理解他人情绪/表情而再经历或模仿对应情绪/表情的身体变化，这被称为身体标记（somatic markers，参见 Damasio，Everitt，& Bishop，1996；Dunn，Dalgleish，& Lawrence，2006）。研究者们认为在表情识别时，大脑的加工必须和身体的反馈（包括自主神经系统、身体感觉系统、内分泌系统所提供的反馈）结合在一起才能更好地识别表情。来自面部肌肉的反馈信息尤为重要。面部反馈假设（facial-feedback hypothesis,参见 McIntosh, 1996)认为,外部情绪刺激信息输入到皮层下运动控制中心后会自动激发(evoke)面部表情,皮层下动作控制中心发出面部肌肉收缩的指令(如嘟嘴、皱眉等),面部肌肉的运动信息反馈到大脑皮层,大脑产生有意识的情绪体验,从而达到对表情的识别(体验到的是什么情绪)。

表情识别的分类加工和其他客体的分类加工具有相似的功能,即快速存取和提取相应的情绪信息以迅速适应环境挑战从而做出快速的适应性反应,因此表情识别通常是一种自动化的加工,具有高优先性(Yantis & Johnson, 1990)。

1 面部表情识别

1.1 面部表情识别的行为机制

根据基本情绪理论,基本表情是天生的而非学习习得的类别,是在进化的过程中形成的,对表情的分类是一种全或无的方式(如某个表情属于愤怒就不会属于悲伤);而持情绪文化相对论观点的研究者则认为表情的种类是习得的,恐惧和愤怒等表情类别的概念就像鸟与家具等概念一样是习得的,表情类别的定义边界并不清晰,表情属于哪一类是根据其和表情原型的相似程度来确定的(情绪原型理论,prototype theory of emotion,参见 Russell & Fehr, 1987)。因此对表情的分类只能在程度上进行区别,如某个表情属于愤怒的程度更高,而属于悲伤的程度较低,因此该表情被识别为愤怒。

面部表情识别时利用了哪些面孔知觉特征信息? 进一步,成功的面部表情识别利用了哪些面孔特征信息? 研究发现对表情的检测(detection)利用了面孔的高频信息(细节),而对表情的识别分类利用了低频信息(最凸显的轮廓信息,Schyns & Oliva, 1999)。具体到基本表情识别上,愤怒、高兴表情的识别主要基于低频信息。随着观察距离的增加,空间频率信息将主要局限于低频信息(通俗理解,距离越远,可见的细节越少,通常只可见模糊轮廓),不同表情识别利用的空间频率信息差异限定了不同表情的交流范围。不同的空间频率信息对不同表情的识别具有不同的影响,不同的面孔局部对不同的表情识别也有不同的影响。眼睛对恐惧表情的识别具有重要作用,嘴唇对高兴和惊讶的识别均有重要作用(惊讶时通常嘴唇部位是张开的,而高兴时嘴角上扬),而鼻子下部和嘴唇部位对厌恶的识别很重要(Smith & Schyns, 2009)。

1.2 面部表情识别的神经基础

面部表情可以是内在真实体验情绪的不自主反应(involuntary expressions),也可以是外在社会规则所要求的自主的面部反应(voluntary expressions)。面部肌肉运动(包括面部表情)受两条功能可以分离的神经通路控制,一条通路控制自主的面部肌肉运动,另一条通路控制不自主的面部肌肉运动(Frank, Maccario, & Govindaraju,

2009)。脑损伤病人的研究发现,初级运动皮质(primary motor cortex)受损的病人无法按要求做出某种表情(如要求这样的病人做一个高兴的表情但病人无法做出来),却能产生自发的表情(看幽默视频可以自发产生高兴的面部表情)。与之相对地,脑岛(Insula)、基底神经节(Basal ganglia)、脑桥(Pons)等部位损伤的病人可以按要求做出相应的表情,却无法产生自发的表情(帕金森病人亦如此,参见 Smith, Smith, & Ellgring, 1996)。

当给被试看不同情绪图片时,不同情绪图片激活了被试大脑的不同区域(亦可参见第5章)。通常,愤怒激活了右侧眶额皮层(right orbitofrontal cortex)与前扣带回(anterior cingulate cortex);悲伤激活了左侧杏仁核和右侧颞叶(Blair, Morris, Frith, Perrett, & Dolan, 1999);厌恶激活了前脑岛(anterior insula)与边缘系统皮质—纹状—体丘脑联合部位(limbic cortico-striatal-thalamic, Phillips et al., 1997),恐惧激活了左侧杏仁核(left amygdala, Morris et al., 1996);高兴激活了左半球的侧、中额叶区域以及颞叶前回(anterior temporal lobe)等脑区(Ekman et al., 1990)。识别负性情绪(如厌恶)右侧前额叶皮层相比左侧有更大的激活,而识别正性情绪更多地激活左侧额叶(Urry et al., 2004)。负责表情识别的脑区是一个涉及大脑皮层和皮下结构的大网络,杏仁核在表情识别中起着核心作用(Fusar-Poli et al., 2009)。被动地观看表情面孔与主动地模仿相应表情所激活的脑区有所不同(Leslie, Johnson-Frey, & Grafton, 2004),被动观看更多地激活了右半球的前运动区(premotor regions)。

大脑对面部表情的加工究竟有多快呢?进化论观点认为人们对危险相关的表情的加工应该是非常快的,因为这直接跟生存相关。阿多佛(Adolphs, 2002a, 2002b)提出一个模型,认为面部表情信息的粗略表征(面孔低频信息)通过皮下丘脑—丘脑后结节通路(colliculo-pulvinar pathway)到达杏仁核,或者经过视觉皮层快速的前馈信息到眶额皮层(OFC)与杏仁核,这个过程十分迅速,可以在刺激呈现后的 120 ms 内完成。这一点得到 ERPs/MEG 研究的支持,视觉刺激相关的最早成分 C1 被发现受到不同面部表情的影响((Morel, Beaucousin, Perrin, & George, 2012; Pourtois, Grandjean, Sander, & Vuilleumier, 2004)。也有研究发现,随后的 P1 成分同样受到不同面部表情的影响(Vuilleumier & Pourtois, 2007)。而面部表情的识别(获取面部表情的意义与概念类别知识)则较晚,是在刺激呈现后 300 ms 左右(Morel, Ponz, Mercier, Vuilleumier, & George, 2009)。

2 姿态表情识别

2.1 姿态表情识别的行为机制

人们还可以通过他人的身体姿态来识别其情绪状态(de Gelder, 2006)。面部表情的识别,需要在近距离的面对面的条件下进行,但姿态表情的识别可以在比较远的距离进行,这扩大了我们进行情绪交流的距离和范围。达尔文认为一些特定的身体运动对应特定的情绪状态(de Gelder, Snyder, Greve, Gerard, & Hadjikhani, 2004)。长期以来,表情识别研究多采用面部表情作为情绪刺激材料(de Gelder & Hortensius, 2014),其实采用包括身体姿态表情在内的多种情绪线索可以更好地理解情绪。日常生活中,情绪出现时常常伴随着身体动作。

采用表情识别常用的迫选任务,并使用静态的身体表情姿势图片,研究者们发现人们对姿态表情的识别成绩显著高于随机水平(Atkinson, Tunstall, & Dittrich, 2007)。姿态表情可以由身体的多个部分来表达,其中最重要的是身体躯干姿势。有研究者(Coulson, 2004)采用计算机产生的人体躯干姿态图,要求被试把六种基本表情(喜、怒、忧、惧、悲、恐)分别对应到躯干姿态图上,结果表明身体姿态表情的识别跟语调表情的识别成绩差不多,某些姿态表情的识别成绩接近面部表情的识别成绩。

对舞蹈动作所表达的情绪的识别研究发现,表达惊讶、恐惧、愤怒、悲伤、高兴等情绪的舞蹈动作的识别正确率高于随机水平(Dittrich, Troscianko, Lea, & Morgan, 1996)。研究者采用运动学参数(kinematic features)如速度、加速度等,对身体运动(如行走、跑步)进行了分析,发现愤怒和悲伤的姿态表情比中性和高兴的姿态表情更容易识别(Bernhardt & Robinson, 2007)。肢体弯曲导致的腿部运动和姿势变化对愤怒和恐惧姿态表情的识别很重要,而头部的倾斜对悲伤姿态表情识别尤为关键(Roether, Omlor, Christensen, & Giese, 2009)。

研究者发现被试可以识别单一的一个步伐(stride)的情绪状态(采用运动捕获数据),进而认为步态(gait)对于识别情绪的维度(唤醒与优势度)是一个有用的线索(Karg, Kuhnlenz, & Buss, 2010)。而且步速对姿态表情识别具有重要作用(Roether et al., 2009)。一些研究采用全身运动姿态的光点图(whole body point-light displays),结果发现,人们很容易从这种生物运动模式中识别出姿态表情(Clarke, Bradshaw, Field, Hampson, & Rose, 2005)。

跟识别面部表情一样,对姿态表情的识别通常也是自动发生的,且较为容易(de Gelder & Van den Stock, 2011)。身体的结构(configuration)信息在姿态表情识别中十分重要。与面孔识别一样,身体姿态表情的识别也有倒置效应(inversion effects),然而身体姿态表情识别的倒置效应在不给出头部的时候却消失了(Yovel, Pelc, & Lubetzky, 2010),表明身体的整体形态(form)信息在姿态表情识别中起作用。

2.2 姿态表情识别的神经基础

有两块大脑区域被发现与姿态表情识别有关。人们在被动观看全身或身体部分时激活了枕中回(middle occipital gyrus)及颞中回(middle temporal gyrus)附近的区域

(Peelen & Downing, 2007)。另外一个大脑区域是梭状身体区(fusiform body area)，该区域与面孔识别的特异性区域梭状回(fusiform face area)有一定的重叠，对身体刺激具有特异性反应。

杏仁核在情绪识别中扮演着极其重要的角色。研究者们发现当被试观看恐惧的姿态表情时(全身)，杏仁核和梭状回皮质均有激活(Hadjikhani & de Gelder, 2003)；一些研究者采用威胁的体态表情的动态图像作为刺激材料，发现了相似的激活区域。威胁性的姿态表情跟生存密切相关(Pichon, de Gelder, & Grèzes, 2011)，研究发现，对威胁性的姿态表情的加工十分迅速并且可以不需注意的参与，一些皮质下结构在威胁性姿态表情的识别中起重要作用，如丘脑枕核(pulvinar)和上丘(superior colliculus)参与了威胁性姿态表情的快速检测(detection)和朝向(orientation)加工；上丘、丘脑核枕、杏仁核以及眶额皮层参与了威胁性姿态表情的情感信息的整合(Tamietto, Pullens, de Gelder, Weiskrantz, & Goebel, 2012)。

时间进程的有关研究发现，对恐惧体态表情的识别在刺激呈现后的 100—120 ms 时间范围内可以实现(ERPs 成分 P1 的峰值潜伏期为 112 ms)，表明体态表情的识别在视觉加工的早期即可以发生(Van Heijnsbergen, Meeren, Grezes, & de Gelder, 2007)。

3　语调表情识别

20 世纪，特别是 20 世纪 50 年代到 80 年代，能否只依赖语音信息识别情绪信息的问题引起了心理学家和精神病学家们的极大兴趣(Scherer, Johnstone, & Klasmeyer, 2003)。众多研究者致力于寻找基本情绪对应的特异性语音特征(Johnstone & Scherer, 2000)，但却只发现了唤醒水平与语言特征存在一定的关联，语音特征和效价并无明确的对应关系(Russell et al., 2003)。

3.1　语音参数与测量

声带以一种准周期(quasi-periodic)的方式振动产生音素(包括元音和辅音)，这种振动的基础频率称之为基频(fundamental frequency)，符号表示为 F0，对音高的识别具有重要作用。当前对情绪状态的识别主要关注对 F0 及其相关的物理参数的测量。上喉头的共鸣参数共振峰(formant)通常也是研究者对语音中的情绪信息进行测量的指标之一，快速变化的共振峰可以反映即时的情绪变化。语调表情的总体频率特征可以通过所谓的长程平均频谱(long-term average spectrum，计算整个语音片段中 30 秒或以上时间的平均能量)来反映，该指标十分稳定，缺点是不能像共振峰那样反映即时的短暂的语调表情。除了对频率进行测量外，对语调表情声强(intensity，对应心理量响度)的测量也得到了研究者的重视(Bachorowski & Owren,2008)。

3.2 语调表情识别的行为机制

大多数研究采用扮演范式(portrayal paradigm)对语调表情进行识别研究(Scherer,2003;Scherer et al.,2003)。该范式通常要求演员扮演或模仿各种不同情绪的声音说出固定的内容,然后让被试对所扮演的语调表情类型进行判断,再分析识别的正确率,即将判断的语调表情类型与事先要求扮演或模仿的语调表情类型进行比较,不仅可与概率水平进行比较,还可以得到判断的混淆矩阵(confusion matrices)。

研究发现对语调表情的识别准确率相当高。早期的一些研究发现语调表情的识别正确率可达到60%。一项对厌恶、惊讶、羞愧、感兴趣、高兴、恐惧、悲伤以及愤怒的语调表情识别的研究表明,平均识别正确率达到65%。另一项研究采用专业播音员模仿的恐惧、高兴、悲伤、愤怒和厌恶语调表情,让不同年龄组的被试识别,结果发现平均识别正确率为56%(Scherer et al.,2003)。研究者让被试对10种不同的情绪进行分类,发现平均可达81%的正确率;对于厌恶(通常厌恶面部表情的识别正确率并不是特别高,尽管高于概率水平),相应的语调表情识别正确率可以达到93%(Schröder,2003)。元分析的结果表明,语调表情的识别正确率显著高于概率水平(Juslin & Laukka,2003)。

语调表情识别所需利用的语音参数有F0的均值与标准差、语音平均能量、持续时间等(Scherer et al.,2003)。众多的研究发现愤怒和高兴的语调表情伴随着F0增加,声音的波幅更高(Johnstone & Scherer,2000),但愤怒和高兴语调表情在物理特征上也存在很多相似之处(Scherer et al.,2003)。语调表情的一个特殊之处是同一种表情存在不同实例,比如愤怒,有所谓的暴怒(hot anger)和生气(cold anger),这些相同语调表情的不同实例在物理特征上有极大的不同。一些研究发现,对他人语调表情进行识别,人们主要是根据自身对语调表情的情感反应,对听到的语调表情的过去经历以及听到的语调表情所处的背景来进行识别的(Russell et al.,2003)。

3.3 语调表情识别的认知神经机制

识别语调表情涉及哪些大脑的区域呢? 早期的定位研究发现语调表情的加工脑区主要是右半球(Ross,1981),具体为右上颞叶(right superior temporal structures),对应威尔尼克区(Wernicke's area)。研究表明颞叶上部、额叶下部以及皮层下结构如杏仁核与语调表情识别存在密切关联(Schirmer & Kotz,2006),其中颞叶的中上部皮层(mid superior temporal cortex,m-STC)得到了众多研究的验证,表明其参与了语调表情的识别(Ethofer et al.,2012)。研究者比较了各种语调表情(如笑声、哭声)和其他自然界的声音(如动物叫声、音乐、机械发出的声音)激活脑区的差异,结果都一致发现颞叶的中上部皮层有更大的激活。颞叶的中上部皮层对语调表情的激活甚至可以在无注意的情况下发生(Ethofer et al.，2006)。与面部表情识别的特异性脑区梭状回类似,识别语调表情也存在一个特异性脑区——颞叶语音区(temporal voice areas)。另外,右侧大脑颞叶上后部皮层(right posterior superior temporal cortex，p-STC)、右侧下额叶皮层(right inferior frontal cortex，IFC)也与语调表情识别有关(Wildgruber et al.，2005)。一些研究发现 IFC 跟工作记忆有关,因此有研究者假设在情感信息的编码过程中有工作记忆的参与(Mitchell，2007)。

当前对语调表情识别神经基础的研究已不再采用定位的观点,而是研究大脑神经网络的作用(Dirk Wildgruber，Ethofer，Grandjean，& Kreifelts，2009)。有研究通过对参与识别语调表情的大脑加工节点进行动态因果建模,认为语调表情信息在经过耳、脑干、丘脑及初级听皮层(A1)的加工后,从右侧的上颞叶(STC,进行基本的声学特征抽取和分析)流向左右两边的下额叶皮层进行识别(Mitchell，2007)。

对语调表情识别的时间进程的事件相关电位研究发现,语音特征的分析在刺激呈现的 100 ms 内即可完成,听觉 ERPs 成分 N1 的峰值在 60—80 ms 之间(Schirmer & Kotz，2006),而对表情的识别(分类)的时间相对较晚(Wambacq，Shea-Miller，& Abubakr，2004)。

4 表情的计算机自动识别

人的表情十分复杂,识别并不容易。如果要同时识别多人的表情,对个体而言更是一个十分困难的任务。但及时准确地识别他人表情具有非常重要的应用价值,因此,许多计算机科学家致力于开发出能自动对人类表情进行识别的算法。近年来,计算机视觉(computer vision)领域的研究获得了较大进展。这使得表情的自动识别,特别是面部表情的自动识别得到蓬勃发展。目前,自动面部表情识别算法已经具备了一定的可靠性和准确性,原本仅存在于实验室中的各种自动表情识别算法已经开始逐步走向商业化应用。

一般而言,一个典型的自动表情识别系统的执行步骤如下:

(1) 面孔检测与面孔追踪。该模块负责寻找视频或图片中面孔的所在位置,并将包含面孔图像的合适图像区域予以提取。通常包括面孔检测(face detection)与面孔追踪(face tracking)。面孔检测忽略不同图像间在时域上的相关信息,独立地对图像中的面孔进行定位,对面孔位置与数量的突然变化不敏感,而且不存在误差积累问题。其中,研究者于 2004 年实现的基于 haar 小波与 adaboost 算法的层级构架的面孔检测算法堪称面孔检测领域的经典(Viola & Jones，2004)。面孔追踪方法利用图像间的信息关联来对面孔在图像中的位置进行持续的追踪。该方法利用面孔图像序列在时域上的信息，相对于面孔检测方法，这些方法具有速度与准确性上的优势，如 AAM（active appearance model；Watson & Johnston，2022）和 CLM（constrained local model；Kaashki & Safabakhsh，2018）。

鉴于面孔检测与面孔追踪算法各自的特点，也有一些研究者开始尝试将这两种方法结合起来提高该模块的性能与速度。例如，研究者用面孔追踪方法对短时间内的面孔视频进行处理，以提高速度；然后利用面孔检测算法来周期性地对面孔追踪的误差进行修正，并处理视频中其他一些突然移进与移出视野的面孔（Morency, Whitehill, & Movellan, 2010）。

(2) 面孔配准（face registration）。在系统成功提取出面孔图像后，将执行面孔配准操作。该模块主要对提取出的面孔图像进行标准化，包括光照归一化、尺寸归一化，对图像进行对齐操作等。面孔配准模块具体执行哪些操作，与系统采用的特征提取方法等有关。特征提取方法分辨率越高，对表情越敏感，往往对面孔配准的要求越高。特征提取方法越具有不变性，对面孔配准的要求就越低。

(3) 特征提取（feature extraction）。在该模块，系统主要提取面孔中那些与表情有关的几何形状信息（如面孔中五官的相对位置）以及表情运动带来面部外观变化信息（如面部表情给面部纹理带来的变化等）。进行特征提取的方法可表达为面孔图片像素值的函数，这些函数大多对图像的空间特征（spatial features）或视频的时空特征（spatiotemporal features）进行提取。目前，许多利用深度学习（deep learning）的算法（如 Ngai, Xie, Zou, & Chou, 2022）实现了对面部特征提取的自动化，使得对特征的提取不再依赖于人的选择。

(4) 分类（classification）。分类模块使用机器学习的方法，对面部特征进行分析，得到表情最终所属的表情类别，或选择输出相应的后验概率和表情强度值等（Whitehill, Littlewort, Fasel, Bartlett, & Movellan, 2009）。常用的机器学习方法包括 SVM（support vector machine）、boosting 算法（如 Adaboost 或 Gentleboost）、K 近邻（K nearest neighbors）、多元 logistic 回归（multivariate logistic regression）、多层神经网络（multi-layer neural network）、深度学习（deep learning）等。通过对面部表情在时间上表达出的模式进行学习，这些分类方法还能判别出人的内部状态，例如，是真实感觉疼痛还是在伪装疼痛等（Bartlett, Littlewort, Frank, & Lee, 2014）以及通过追踪面部表情的变化，进一步评估一个人的情绪效价和唤醒水平，实现 AI 的"察言观色"（Toisoul, Kossaifi, Bulat, Tzimiropoulos, & Pantic, 2021）。

过去，自动面部表情识别算法大多针对的是宏表情。然而，人类除宏表情外，还有一种在压抑自身情绪时在面部泄露出的微表情（吴奇 等，2010）。这种表情可能成为解读人类真实意图及真实情绪状态的重要窗口。目前，对微表情的自动识别成为了表情识别领域的热点问题。在该领域研究初期，日本的研究者首先提出了一种利用 3D

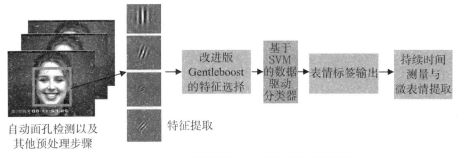

图 4.2-1 一个典型的面部表情分析与识别系统
来源：Wu，Shen，& Fu，2011.

梯度方向直方图（3D gradients orientation histogram）提取面部运动信息的方法，该方法能够表征动作单元（AU，参见 Ekman & Rosenberg，1997）的不同时相，因此这种方法为微表情的自动识别提供了可能（Polikovsky，Kameda，& Ohta.，2009）。此后，美国的研究者于 2011 年首次提出了一种新的表情视频分割方法，利用光流（optical flow）来计算光学应力（optical strain），实现了对宏表情和微表情视频的分割（Shreve，Godavarthy，Goldgof，& Sarkar，2011）。同年，芬兰研究者以 LBP-TOP 为特征提取方法，以 SVM 方法等为分类器，实现了对视频中的微表情进行效价识别的目标（Pfister，Li，Zhao，& Pietikainen，2011）。在中国，中国科学院心理研究所傅小兰团队率先以 Gabor 小波为特征提取方法，以 GentleSVM 为分类器，实现了一个对视频中的六种微表情进行识别自动微表情识别算法（Wu，Shen，& Fu，2011）。该团队在此基础上进一步于 2014 年提出了一种张量子空间辨别分析（discriminant tensor subspace analysis）的降维方法，通过将之与 ELM（extreme learning machine）相结合，实现了一种对分割好的视频中的微表情进行识别的方法（Wang，Chen，Yan，Chen，& Fu，2014）。

目前，深度学习技术日益成熟，自然微表情数据库陆续出现，例如，CASME（Yan，Wu，Liu，Wang，& Fu，2013），SMIC（Li，Pfister，Huang，Zhao，& Pietikäinen，2013），CASME Ⅱ（Yan et al.，2014），SAMM（Davison，Lansley，Costen，Tan，& Yap，2016），CAS(ME)^2（Qu et al.，2017），CAS(ME)^3（Li et al.，2022）。许多利用深度神经网络对视频中的微表情进行捕获和识别的方法也被开发了出来，例如，MDMO（Main Directional Mean Optical-flow，Liu et al.，2015），DSTCNN（Dural Temporal Scale Convolutional Neural Network，Peng，Wang，Chen，Liu，& Fu，2017），FDM（Facial Dynamics Map，Xu，Zhang，& Wang，2017），ResNet10（Peng，Wu，Zhang，& Chen，2018）和 ME-PLAN（Zhao et al.，2022），其中一些已经达到了实用化的水平，并在司法安全领域获得了应用。

计算机自动表情识别可以在人机交互、公共安全、执法、移动互联网和娱乐等领域得到大量应用,但要想真正将自动面孔表情识别方法实用化,则算法一定要能够处理诸如头部运动、局部遮挡、复杂光照等带给面部图像的影响。在自动表情识别领域,实现一个与人无关、与观察角度无关的稳健的自动表情识别系统依然是研究者面临的一个重大挑战。

小结

本节简要介绍了表情识别的一般原理,总结了对面部表情、姿态表情、语音表情进行人工识别的行为机制和认知神经机制,并介绍了面部表情的计算机自动识别。

复习思考题
1. 人们是如何识别他人表情的?
2. 表情识别的认知神经机制是什么?
3. 对着镜子笑是否可以增加愉快的体验?为什么?
4. 计算机如何识别表情?

第三节 表情识别的影响因素

研究发现,诸多因素会影响表情识别,包括年龄、性别等个体因素,文化、情境(context)等环境因素,刺激呈现时间、刺激所处情境等刺激相关的因素,以及疾病等因素。

1 个体因素

1.1 年龄对表情识别的影响

研究发现,儿童对面部表情的理解和识别能力非常差,但这种理解和识别能力在成长的过程中会不断提高(Vicari, Reilly, Pasqualetti, Vizzotto, & Caltagirone, 2000)。在个体发展早期,儿童把表情仅分成两类(感觉好、感觉坏),随着年龄的增加,儿童逐步发展出分辨不同表情的能力,直到青少年期完全获得识别各种表情的能力。

研究者考察了3—5岁学龄前儿童的表情识别能力,发现儿童对面部表情的识别正确率可以达到75%左右,并且对高兴和悲伤识别得最好(Walden & Field, 1982)。

研究发现,学龄前儿童对高兴、悲伤和惊讶能准确地识别,但对厌恶、愤怒以及恐惧的识别存在困难;5岁到8岁左右的儿童已经发展出了必要的表情识别能力,在8岁到13岁这个年龄段的儿童的表情识别能力并无年龄差别(Vicari et al.,2000)。研究表明,6—15岁年龄段的儿童就能很好地识别高兴表情,但要到14岁左右,儿童才能准确地识别厌恶、悲伤和惊讶表情(Kolb, Wilson, & Taylor, 1992)。事实上,14—15岁年龄段的儿童的表情识别能力已达到成年人的水平。

老年人的认知能力在退化,其表情识别能力也在退化(Ruffman, Henry, Livingstone, & Phillips, 2008)。研究发现,与青年人比,老年人较难识别恐惧和悲伤,但却更容易识别厌恶,而在愤怒、惊讶和高兴表情识别上没有差异(Calder et al., 2003)。有研究者测试了从6岁到91岁的1 000个不同年龄被试的表情识别能力,得到了一个倒U形的识别能力曲线,即青年和中年被试的表情识别能力最好,儿童和老年被试的表情识别能力相对较低;就基本情绪表情识别而言,对恐惧和愤怒表情的识别受到年龄因素的较大影响,而对高兴表情的识别却无明显的年龄差异,即使进行内隐测试得到的也是这种模式(Williams et al., 2009)。也就是说,老年人对负性表情的识别能力会衰退,而对正性情绪的识别能力保持不变,对微表情的识别也存在相似的模式(Zhao, Zimmer, Shen, Chen, & Fu, 2016)。

但是,不同的研究得到的结果却不尽相同。比如,研究发现,老年人对悲伤的识别能力降低,但对恐惧和愤怒的识别能力却没有变化(Suzuki, Hoshino, Shigemasu, & Kawamura, 2007);老年人对恐惧和悲伤表情的识别能力受损,却对愤怒、厌恶、惊讶和高兴表情均保持了与年轻人相似的识别能力(Keightley, Winocur, Burianova, Hongwanishkul, & Grady, 2006);与青年人相比,老年人除了面部表情识别能力比较差外,其语调表情、体态表情以及情绪词语等的识别能力也均有衰退(Ruffman, Halberstadt, & Murray, 2009)。

1.2 性别对表情识别的影响

研究表明,女性对表情的识别能力要好于男性(Wester, Vogel, Pressly, & Heesacker, 2002)。研究者们通过让被试识别计算机呈现的面部表情图片,同时考察识别速度和准确性,结果发现,对所有表情,女性被试的识别速度和准确性指标都要好于男性,并且对负性表情,女性的优势更加明显(Hampson, van Anders, & Mullin, 2006)。进一步的研究发现,性别和年龄因素上存在交互作用,具体表现为:与老年男性相比,老年女性识别恐惧和悲伤表情的能力更强;与年轻女性相比,年轻男性识别愤怒表情的能力更好(Williams et al., 2009)。

表情识别存在性别差异得到了众多研究结果的支持,但对出现这种现象的原因却存在着争议。有研究者比较全面地分析比较了表情识别女性占优势的两种原因:社会建构和生理因素。通过对婴儿期、儿童期和青少年期的面部表情识别的性别差异进行元分析,发现不同发展时期,都存在面部表情识别的女性优势,而且年龄越小,这种性别优势的效应量(effect size)更大(McClure, 2000)。这就意味着,表情识别的女性优势源于两性之间先天的神经生理差异,并非后天社会因素导致的,而且这种先天的神经生理差异在婴儿期即已有所表现,社会因素可能在发展的过程中起到了强化的作用(如女性在社会化的过程中习得了如何更好地观察他人的情绪线索)。

既然表情识别的性别优势具有先天性,那么男女两性在加工表情的大脑区域上应会存在差异。研究者(Thomas et al., 2001)采用 fMRI 技术研究了被试识别恐惧表情和中性表情的激活脑区,并分析了不同性别被试激活脑区的差异,结果发现,在多次观看恐惧面孔后,儿童被试中的男孩的杏仁核激活程度降低了,但女孩的杏仁核激活程度并无变化。研究者考察了被试识别高兴和恐惧表情面孔的激活脑区,结果发现男性被试的杏仁核激活具有不对称性,即男性被试的左杏仁核在识别恐惧表情面孔时激活更大,而右杏仁核在识别高兴表情面孔时激活更大;但女性被试在识别表情面孔时杏仁核激活却没有这种不对称性(Killgore & Yurgelun-Todd, 2001)。研究表明,男性识别表情时特定的大脑区域负责特定的表情类型,而女性在识别表情时有更多的大脑区域参与(Lee, Liu, Chan, Fang, & Gao, 2004)。这些结果提示男女在识别表情时,所涉及的加工脑区是有差别的,这进一步支持了表情识别女性优势是源于生理因素的假说。

从进化的观点看,表情识别的女性优势可以用所谓的主要照看者假说(primary caretaker hypothesis)来解释(Hampson et al., 2006)。根据该假说,女性作为后代的主要照看者,需要对婴儿的表情更加敏感,为了婴儿的生存,女性必须迅速而准确地识别其婴儿的需要。因为婴儿的需要在语言尚未发展起来的时候尚无法通过言语来表达,而只能通过表情,因此要求作为主要照看者的女性必须迅速准确地识别婴儿的非言语表情信息。那些能够做到这一点的女性的后代生存繁衍了下来,而不能做到这一点的女性的后代在进化过程中就慢慢地被淘汰了。研究也发现的确女性对婴儿的表情识别得更好(Babchuk, Hames, & Thompson, 1985)。

1.3 其他个体因素对表情识别的影响

不管是儿童还是成人,负责表情识别的脑区是类似的(Kolb et al., 1992),这意味着表情识别的跨文化一致性具备生物学基础。但研究发现,表情的识别也会受到个体经验的影响。研究者通过融合(morph)恐惧和愤怒面孔(比如各占一半),发现受到过虐待和体罚的儿童更可能把这些表情识别为愤怒,而且他们也能够更好地识别愤怒(Pollak & Sinha, 2002)。受过体罚和虐待的儿童之所以对愤怒表情敏感,可能是因为这样可以帮助他们快速觉察出看护人(如父母)的敌意以及为随后的结果(如挨打)提前做好准备。

研究发现，那些有着不寻常家庭成长经历（如受虐待、家庭成员有酗酒者）的个体觉察表情的能力很强，他们也能很好地觉察欺骗（O'Sullivan & Ekman, 2004）。失语症患者也被发现能够很好地识别表情（Etcoff, Ekman, Magee, & Frank, 2000），原因是他们不得不通过觉察非言语线索来补偿其受损的语言功能，从而使其非言语线索觉察能力得到了极大的提高。还有研究发现，家庭经济状况较差的非裔美国家庭儿童比白人中产阶级家庭儿童具有更准确地识别恐惧表情的能力（Smith & Walden, 1998）。这些结果表明，对某种表情的丰富经验能够增加儿童正确识别这种表情的能力。

个体共情能力的差异也会影响到对表情的识别。共情（empathy）是指设身处地站在他人的角度理解他人状态的能力（Chlopan, McCain, Carbonell, & Hagen, 1985）。共情能力对表情识别具有重要意义，通常人们会在识别某种表情时脸上产生对应的表情活动（Hennenlotter et al., 2005）。甚至当所要识别的表情在意识阈限之下时，仍可见面部肌肉的反应（Dimberg, Thunberg, & Elmehed, 2000）。

另外，表情的识别需要言语的参与（比如命名某种表情），因此，人们需要掌握相应的情绪词汇。研究发现个体的情绪词汇水平会影响对表情的识别（Herba & Phillips, 2004）。

关于对语调表情的识别，研究者发现不同来源的被试对语调表情的识别有不同的表现，大学生和社区招募的志愿者在正确率和错误模式上均有差异（Scherer, Banse, Wallbott, & Goldbeck, 1991）。

2 环境因素

2.1 文化因素对表情识别的影响

达尔文把动物和人的情绪进行了分类，并进行了跨文化的比较，发现不同文化下情绪的产生和识别具有跨文化的一致性。比如厌恶表情，不同文化下的人们产生的厌恶表情具有高度的相似性。这种一致性还可以从天生的盲人身上得到体现，天生的盲人无法通过视觉的学习或模仿某种表情，但对像厌恶这样的表情，天生盲人产生的厌恶表情跟正常视力的人们产生的厌恶表情同样具有高度的相似。这表明类似厌恶这样的基本表情是由生理因素所决定的。

研究发现，不同的情绪对应不同的主观报告的身体激活状态。研究者们让被试观看情绪词、情绪诱发短文、情绪诱发短片以及情绪面孔，然后要求被试在计算机屏幕上呈现的人体轮廓图中标出自己主观感觉到的对应的身体激活"增加"和"减少"的部位。结果表明，对于不同的基本情绪，通过这种主观报告所描绘出来的身体热量分布图也不同，且具有跨文化的一致性，即在他们的研究中，芬兰、瑞士、中国台湾被试所描绘出来的同一种情绪的身体热图具有一致性（Nummenmaa, Glerean, Hari, & Hietanen,

2014)。一项针对600万在线视频的研究中发现,包括愤怒、痛苦和悲伤在内的16种面部表情在144个国家和地区具有相似性(Cowen et al.,2021)。

自达尔文对面部表情的研究开始,研究者认为面部表情存在一些基本的类型(基本情绪观)。但到了20世纪初,一些研究者开始改变看法,认为面部表情既不是天生的也不是普遍的,而是极大程度上受到文化因素的影响("文化相对论",culture-relativistic)。到了20世纪60年代,表情普遍性(universal)的观点又开始流行,并得到了一些跨文化研究的支持。但20世纪末以来,一些研究者又开始怀疑表情普遍性的观点。

持表情普遍性观点的研究者认为,不同文化下的人们对面部表情贴标签(label)的方式具有一致性,不同文化下的人们表达同样的情绪具有同样的表情,但也承认特定文化下的情绪表露规则(display rules)可以相应地调控表情。不同的文化会有不同的表情表露规则,比如,日本文化提倡压制对地位比自己高的人的愤怒和厌恶(Ekman & Friesen,1971)。而在北美,男孩被要求不表现悲伤,而女孩被要求压制愤怒(Ekman,1992a,1992b)。持表情普遍性观点的埃克曼(1994)曾提出一个神经文化理论(neuro-cultural theory),认为基本情绪具有对应的特异的生理模式,并产生特定的表情,且这些表情具有跨文化的一致性。但是,通过社会学习(如表露规则的学习),最终的表情可以被修饰(modified)、夸大(exacerbated)、压抑(suppressed)或掩饰(masked)。

但当代的一些情绪心理学研究者对情绪是否仍具有其进化上的重要作用(生存适应)持怀疑态度。这些研究者认为,情绪(表情)的作用可能已经发生了变化,或者根本上已经不具有原来的功能(比如现代人如果再愤怒地露出牙齿,已经失去了警告或威胁对方的功能,因为在现代人与人的争斗中不太会有"咬一口"这种动作的出现,牙齿不再体现攻击能力)。现代社会情境下,表情更多地充当社会信息交流的产物。这会导致我们对表情的识别受到文化环境的影响,因为不同的文化下,社会信息交流有着较大的文化差异。

情绪究竟是如达尔文所认为的具有跨文化一致性,还是说是一种具有文化相对性的构想(construction)呢?社会建构主义(social construction)认为情绪具有文化相对性(Barrett,2006a),一种可能是:不同文化环境下的人们可能会以所处文化下的某些特定模范人物作为模仿对象。并且,某些情绪可能被特定的社会文化所强化,这种看法跟情绪的生物决定论的观点截然相反。情绪的文化相对性也有一定的依据,比如,在一些社会文化情境中可以表达的表情在另一些文化下却并不合适。像成年男性伤心地哭泣在东方文化下会被认为是不合适的,因为"男儿有泪不轻弹"。

要完全区分生理因素和文化因素对表情识别的影响较为困难,两者对表情的识别应该都有重要作用。从已有研究证据看,少数几种表情(如基本表情)应该具有跨文甚至是跨种群的一致性(如人与猩猩均有喜怒)。但表情的诱发刺激却显然具有文化的特定性,比如一些幽默或笑话在西方人看来可能觉得特别逗笑,但换到东方文化下可能就未必。正如有研究者(Griffiths, 2004)对埃克曼研究的评价所说的那样:(埃克曼的研究)"表明不同文化下的人们对使他们害怕的事物的反应方式是相似的,但并没有告诉我们不同文化下的人们是否对相似的事物(作者注:如某一特定的使人害怕的事物)具有相似的反应方式"。这一点是非常中肯的,笔者曾听过一个西方研究者讲述概念的有关研究,其中提到了"鸟专家"这一词汇,结果中国的学生都在偷笑,但西方研究者却莫名其妙。在中国文化和西方文化下,"鸟专家"的说法可以引起不同的理解。

2.2 情境对表情识别的影响

表情识别研究大多数关注面部表情的识别,即所谓的面孔聚焦范式(face-focused paradigm)。这一范式认为人为摆出的、静态的面部肌肉组合提供了足够的可资识别的情绪信息,并能把这种范式下得到的研究结果外推到日常生活情境中的表情识别。但表情总是出现在一定的背景情境(context)中,孤立的表情是没有的。研究表明,情境会对表情的识别产生影响(Gendron, Roberson, van der Vyver, & Barrett, 2014)。场景(scenes)、语音(voices)、身体(bodies)、其他面孔(other faces)、文化取向(cultural orientation)以及词语(words)等情境因素均会影响对面部表情的识别(Barrett, Mesquita, & Gendron, 2011)。

我们对表情的识别应该综合考虑各种情境因素。人们在识别愤怒背景下的厌恶面部表情时,其识别准确性从87%降到了13%(Aviezer et al., 2008)。语调表情的识别亦受到情境的影响,在一个热闹的聚会上听到尖叫可能会认为表达了正性的情绪,然而在一个漆黑无人的夜晚街道上听到尖叫,反射性地就会识别为负性情绪(如恐惧)。

语言也可以看成是一种情境(Gendron et al., 2014)。情绪知觉一定程度上是建构的,语言对情绪的识别具有重要作用,就像一个粘合剂(glue),把相似的情绪现象归为同一类。研究发现,对表情的识别,是否提供表情标签(各个表情的名称)对正确率有极大的影响,当不给被试提供表情的标签,被试对表情的识别正确率有显著的下降(Barrett, Lindquist, & Gendron, 2007)。这提示语言提供的情境(概念框架)对面部表情识别有一定的影响。

3 刺激因素

3.1 刺激呈现时间对表情识别的影响

表情的不同呈现时间对表情的识别正确率有不同的影响,研究发现,呈现时间

200 ms 以下的表情的识别正确率随呈现时间增长而增加,但 200 ms 以上的表情的识别正确率不再随呈现时间的增加而发生变化(Shen, Wu, & Fu, 2012);250 ms 呈现时长的表情的识别正确率和 500 ms 呈现时长条件以及自由浏览条件下的识别正确率均无显著差异(Calvo & Lundqvist, 2008)。表情识别的反应时指标上,呈现时间 200 ms 以下的表情的识别反应时和 200 ms 以上的表情的识别反应时有差异。脑电指标上,200 ms 以下的表情对应的脑电成分(N400)和 200 ms 以上的表情对应的脑电成分清晰地分为了两组(Shen, Wu, Zhao, & Fu, 2016)。血氧浓度变化指标上,识别长时程的表情(600 ms)导致的血氧浓度变化显著不同于识别短时程的表情导致的血氧浓度变化(申寻兵,2012)。

从记忆的角度可以解释呈现时间不同的表情的识别差异。呈现时间对记忆造成的影响不一样,人们对以每秒一个速率出现的客体的记忆跟长时客体的记忆没有差异,但对 1 秒内出现三个或以上(即呈现时间 300 ms 以下)的客体的记忆却相当差,基本上只能记住一半(Potter, 2012)。因此持续时间短暂的表情,其相应信息的记忆会较差,从而导致其识别较为困难。但呈现时间较长的表情的记忆可以不受影响(因为有充分时间进行加工),从而可以被较好地识别。

当表情呈现时间特别短以至于处于人们的意识阈限以下时(即没有意识到表情的出现),人们仍然可以对阈下表情进行加工。研究发现,给被试呈现 16 ms 时长的高兴、愤怒和中性表情,然后呈现 400 ms 的中性表情掩蔽,接着要求被试倒某种饮料,并喝掉一些,然后对饮料进行主观评价。结果发现,不同的阈下表情图片对被试倾倒饮料的量、喝掉的量均有不同的影响(跟实验前的生理性口渴水平存在交互作用),如果阈下表情没有被识别,那么就不会对倾倒、喝掉饮料的量产生任何影响(Winkielman, Berridge, & Wilbarger, 2005)。

3.2 刺激背景信息对表情识别的影响

自然条件下,面孔总是跟整个身体一起出现的。但如前所述,在面部表情识别的实验当中,通常都是把情绪面孔刺激单独呈现给被试。这促使研究者们思考,身体姿态对表情识别具有何种影响?研究者发现对面部表情的判断会受到姿态表情的极大影响。他们将恐惧和愤怒的面部表情和姿态表情进行面部—身体的组合,从而使不同部位传递的情绪信息出现一致和冲突两种情形。结果发现,对面部表情的识别正确性受到姿态表情的影响,并且更多地偏向以姿态表情类型作为判断面部表情类型的依据(Meeren, van Heijnsbergen, & de Gelder, 2005)。

姿态表情对面部表情识别的影响在情绪强度较大时体现得更为突出。研究发现,人们在识别强烈的表情时,通过识别体态表情判断他人的情绪状态比通过识别面部表情判断他人情绪状态更有效(Aviezer, Trope, & Todorov, 2012)。姿态表情联合面部表情的识别有助于对模糊情境情绪色彩的正确判断,比如惊讶的面部表情可以被识别为正性的,如惊喜,也可以被识别为负性的,如惊恐,但综合考虑姿态表情则可以消除这种模糊性。

4 疾病等因素

表情识别和大脑有着密切关系,大脑的损伤对表情识别会造成影响。把猴子的双侧杏仁核切除后,那些在平常会使它们变得情绪波动的刺激对它们不再起作用。比如原来使它们恐惧的刺激(巨大的声响、蛇等)已经不再使它们害怕(Brown & Schäfer, 1888)。这使研究者们很早即认识到,大脑的某些部位的损伤,会导致表情识别的障碍。

当前对大脑与表情识别的关系存在三种不同的看法。第一种观点认为右半球负责所有情绪信息的加工(Bowers, Bauer, & Heilman, 1993);第二种观点认为左半球负责加工正性表情或趋近刺激,而右半球负责加工负性表情或回避刺激(效价理论,参见 Davidson, 1992);第三种观点认为不同的脑区负责加工不同的基本表情(参见前面表情识别的认知神经机制相关内容)。因此,不同观点的研究者对脑损伤影响表情识别的分析重点各有不同。

在基本情绪理论的框架下,研究发现双侧杏仁核损伤导致了对恐惧表情识别能力受损,左侧杏仁核损伤导致愤怒和惊讶表情识别能力下降,右侧杏仁核损伤对表情识别能力没有显著变化(Adolphs et al., 2005; Adolphs, Tranel, Damasio, & Damasio, 1995);脑岛(insula)的受损会损伤厌恶表情识别能力(Gasquoine, 2014),而基底神经节的损伤也会导致厌恶识别能力受损(Calder, Keane, Manes, Antoun, & Young, 2000);腹侧纹状体(Ventral striatum)损伤会导致愤怒表情识别能力受损(Calder, Keane, Lawrence, & Manes, 2004)。

众多心理疾病伴随着表情识别障碍(Kring, 2008)。比如,精神分裂症病人对表情的识别存在障碍,与正常人相比,他们不能很好地理解他人面部表情所反映出来的情绪意义。研究表明,精神分裂症患者对所有类型的表情识别能力都明显低于正常对照组(Sachs, Steger-Wuchse, Kryspin-Exner, Gur, & Katschnig, 2004)。精神分裂症病人在识别负性表情时存在一定的障碍,不容易感知与识别他人负性表情(如愤怒),但精神分裂症病人对正性表情的知觉加工却没有损伤(Martin, Baudouin, Tiberghien, & Franck, 2005);研究表明,精神分裂症病人识别正性表情的正确率与正常被试无差异,但识别负性情绪尤其是较强烈负性情绪时其正确率显著低于正常被试(Bediou et al., 2005);另外,精神分裂症病人存在把中性表情(无表情)识别为有表情的倾向,对于中性表情,精神分裂症病人总是错误地将其判断为正性或负性。对缓解期的精神分裂症病人的研究重复了上述发现(Leppänen et al.，2006)。但有研究的结果却跟前述精神分裂症病人表情识别结果不一致,研究者应用信号检测论来确定表情识别的能力和反应判断标准,结果发现精神分裂症病人对于恐惧、悲伤等负性情绪的识别能力高于正常被试,而对于正性情绪(如高兴)的识别能力却比正常被试低;精神分裂症病人对负性表情的判断标准低于正常被试,对于正性表情的识别判断标准高于正常被试;精神分裂症病人存在对正性表情的特异性的损伤,不容易识别出他人的正性情绪,更容易把他人的面部情绪理解为负性情绪(Tsoi et al.，2008)。尽管如此,大量的研究还是表明精神分裂症病人在表情识别能力上普遍低于正常人(Paquin, Wilson, Cellard, Lecomte, & Potvin, 2014)。

自闭症谱系障碍个体(Autism Spectrum Disorder, ASD)对表情存在识别困难。在自闭症的诊断标准中,对表情的识别障碍是一个重要方面(APA, 2013)。自闭症儿童从面部表情、语调表情及两种形式的配对刺激中识别基本情绪均存在困难。有研究表明自闭症个体对负性情绪更难识别(Harms, Martin, & Wallace, 2010)。但自闭症个体究竟对哪些表情最难识别尚无定论,有研究发现,对自闭症个体而言,惊讶、恐惧和愤怒是最难识别的(Bormann, Kischkel, Vilsmeier, & Baude, 1995)。恐惧对于自闭症个体而言最难识别得到了重复(Humphreys, Minshew, Leonard, & Behrmann, 2007),但一些研究者却发现自闭症个体最难识别的是悲伤(Boraston, Blakemore, Chilvers, & Skuse, 2007)。采用动态表情研究自闭症个体的表情识别也发现了不一致的结果,有研究发现自闭症个体对动态的面部表情的识别成绩与正常对照组没有差别(Gepner, Deruelle, & Grynfeltt, 2001),而有研究通过将动态表情的速度变慢呈现,却发现自闭症个体的表情识别成绩反而高于对照组(Tardif, Lainé, Rodriguez, & Gepner, 2007)。

小结

本节简要介绍了影响表情识别的个体、情境、刺激和疾病等因素。这些因素都对表情识别的准确率产生影响。

复习思考题

1. 文化如何影响表情识别?
2. 身体对识别表情有什么作用?
3. 自闭症病人表情识别研究存在不一致的结果,你认为可能的原因有哪些?

第四节 表情识别相关理论与展望

在表情识别研究领域,很多研究者关心表情刺激的识别是否和非表情刺激的识别具有同样的机制(Duncan & Barrett,2007;Lazurus,1984;Pessoa,2008;Zajonc,1980)。如果"情绪"(emotion)和"认知"(cognition)是分离的心理过程,即两者具有不同的加工机制,那么对知觉与分类的认知机制的研究将无助于对表情识别的理解;但若表情刺激只是刺激物的一种,和中性刺激一样遵循同样的机制的话,研究者则可以从中性刺激物的识别机制来理解表情识别,而关于中性刺激的识别则已有众多研究(Moors,2007)。

关于表情(或情绪)识别,目前主要有四种理论,其中最具代表性的就是基本情绪理论(Ekman,1992b)。基本情绪理论认为,某些类别的表情触发了事先定义好了的情感程序,该程序引起特定的反应模式,从而将表情刺激分类为某个具体的表情类型。该理论更多地强调表情识别的自下而上的加工,表情识别更多地由表情刺激本身决定。与之相对的一个比较灵活的识别模型是评价理论(Ellsworth & Scherer,2003)。该理论认为,表情的识别是一个基于图式评估(schema evaluation)或者模式匹配(pattern matching)的过程,表情的分类是个体根据其自身的需要、目标、价值观及幸福感(well-being)等对表情刺激进行评价得出的。该理论综合考虑了表情刺激与个体需要之间的交互,认为表情识别是一个既有自下而上加工又有自上而下加工的动态过程(Pessoa,2008)。另一极具影响的理论为维度理论(Russell,2003)。该理论提出了一个非常普遍而经济高效的表情识别机制,即表情的识别分类基于最简单的正负性(valence)以及激活(arousal)的程度。近些年表情识别的建构主义理论得到了较多研究的支持(Barrett,2006b;Barrett et al.,2007)。该理论认为,表情(情绪)的种类并非一个自然天生的实体,而是人为的概念。语言提供了概念类别,因此语言情境对表情的分类有很大的限制作用(限制了赋予表情刺激以何种意义)。该理论更多强调表情识别的自上而下加工(强调语言知识、文化社会等因素对表情识别的影响等)。

在表情识别的神经机制上,勒杜(1998)曾提出表情的识别加工存在两个通路,第一条通路是"低位通路"(low road),丘脑和杏仁核直接连接;另一条通路是"高位通路"(high road),表情信息在经过丘脑加工后投射到大脑皮层,进一步加工后再投射到杏仁核。第一条通路绕过了意识觉知,自动加工表情信息,而第二条通路对表情信息是精细的有意识加工。包括额叶、颞叶在内的众多的脑区都参与了表情的识别,而且表情识别加工的脑区主要是右侧。

对表情识别的一个批评是实验当中被试需要识别的表情种类较少(Scherer,

2003),特别是按照基本情绪理论选择基本情绪作为实验材料通常只包含一个正性表情(高兴),这样可能会导致被试的心理加工是所谓的辨别(discrimination,在选择项中进行选择)而非识别(recognition,确实识别出来表情的种类)。

对表情进行识别的研究通常是在实验室中,安排一些被试被动地观看计算机屏幕呈现的情绪刺激(通常是一些孤立的表情刺激,如面部表情),然后记录其反应。而实际生活中的表情,远比实验室研究的情境要复杂,情绪的产生和识别离不开和他人的互动,表情也不仅仅是孤立的面部表情,面部表情和身体姿态表情是伴随产生的。因此未来的表情识别研究应当综合利用面部表情和姿态表情,在社会交互的情境下进行(de Gelder & Hortensius,2014)。把表情识别的研究从对单一个体的研究扩展到对互动的双方或者小群体的研究,将更好地理解群体情绪反应(比如新冠疫情突发时,许多民众恐慌性抢购囤积食物)的机制。将表情识别研究放在群体中的框架下将成为未来表情识别研究的重要发展方向。

小结

本节简要介绍了表情识别相关理论,并对今后进一步研究的方向进行了展望。

复习思考题
1. 你认为识别他人表情的能力是后天学习得到的还是先天遗传下来的?为什么?
2. 如何验证表情识别存在两条通路?

第 5 章

情绪的生理激活及其测量

任何情绪体验都伴随着一系列的生理唤醒(也称之为生理激活),并且这种生理唤醒会反过来增强我们的情绪体验。这种生理唤醒包括外周自主神经系统的反应、大脑脑区的活动变化以及体内一些神经化学物质的改变。过去几十年探讨情绪生理机制的研究者一直关心的问题包括:我们体验到的所有情绪(悲伤、高兴、愤怒、惊讶、恐惧等)是都伴随着相同的生理唤醒,还是每一种情绪会有自己特异性的生理唤醒?情绪是由特异性的外周自主神经反应引起的,还是由特定脑区活动决定的?抑或是外周自主神经反应和大脑活动共同决定我们所体验到的情绪?本章将系统地介绍情绪的自主神经反应、中枢神经反应、情绪活动过程的生物化学反应,以及测量情绪自主反应、中枢神经活动和生物化学反应的方法和指标及其心理学意义。

第一节 情绪的自主神经反应

自主神经系统(autonomic nervous system)是控制各种腺体、内脏和血管的神经系统。该系统控制的活动(如心跳、呼吸等)通常不受意志支配,所以也被称为植物性神经系统。自主神经系统由交感神经与副交感神经两个分支系统构成,不受中枢神经系统的支配,与情绪活动有密切的联系。当个体受到情绪性信息刺激时或机体处于某种情绪状态时,自主神经系统内部会发生一系列的生理变化,生理唤醒水平和器官激活程度都会明显不同于常态生理水平(Ekman, Levenson, & Friesen, 1983; Levenson, 1992, 2014)。测量这些变化的指标就是生理指标(physiological index),可以借助生理记录仪器(如生理多导仪)来记录,并作为测量情绪活动的客观指标。

1 情绪自主神经反应的测量指标

要理解情绪自主神经反应的模式和所代表的意义就要先了解相关的生理指标。通常研究者会选取单个或多个生理指标来测量情绪活动过程中自主神经系统的反应。克赖比希(Kreibig, 2010)的元分析提出常见的生理测量指标可以区分为四大类：(1)心血管测量，包括心率、血压和心率变异性等指标；(2)皮肤电测量，主要指标是皮肤电水平和皮肤温度；(3)呼吸测量，包括呼吸频率、呼吸变异性和呼吸潮气量等；(4)肠胃测量，主要是胃电。此外，有一些研究者将眼睛的瞳孔大小变化、眨眼、面部肌肉活动等也作为测量情绪自主神经反应的生理指标(易欣，葛列众，刘宏燕，2015；Van Boxtel, 2010)。每一大类生理指标中又包含多个具体的测量指标，本小节仅介绍研究者常用的、对不同基本情绪反应敏感的生理测量指标。

心血管参数测量(cardiovascular measures)

传统上，情绪状态下心血管系统的活动主要考查心率、血压、血管容积、脉搏等生理指标的变化，一方面表现为心跳速度和强度的改变，另一方面表现为外周血管的舒张与收缩的变化。用心动电流描记器和心电图仪可以把心脏活动的变化曲线记录下来，用血管容积描记器可以把外周血管容积的变化记录下来。

近三十年来，心率变异性(heart rate variability, HRV)作为评价自主神经系统功能的良好指标广泛应用于临床医学及情绪的生理心理学研究中，该指标能够很好地分离交感和副交感神经系统对心脏活动的影响(曹文静 等，2022；Kleiger, Stein, & Bigger, 2005；Montano et al., 2009)。心率变异性是指逐次心跳R-R间期(心电图两次相邻心跳中R波峰的距离时间，反映的是两次心跳的间隔)不断波动的现象，受交感神经和副交感神经活动的影响。心率变异性的分析目前应用广泛的是非线性分析法中的散点图法(杨伟，2021)、时域分析法(time domain analysis method)和频域分析法(frequency domain analysis method)。其常用指标有以下几种：(1)正常R-R间期标准差(standard deviation of normal-to-normal, SDNN)，SDNN是反映心脏自主神经系统调节平衡的重要指标，其降低主要提示交感神经活性增强(曹文静 等，2022)；(2)相邻R-R间期差值的均方根(root mean square of successive difference, RMSSD)主要反映副交感神经的活动性，其值降低表示副交感神经活动减弱；(3)低频谱段功率(low frequency power, LF)，该指标受交感和副交感神经系统的双重调制，但有研究者认为其主要受交感神经系统的调节(Tiwari et al., 2021)；(4)高频谱段功率(high frequency power, HF)，主要受副交感神经系统的调节；(5)低频与高频谱段功率比(ration of low frequency and high frequency, LF/HF)，主要反映交感和副交感神经系统的均衡性或平衡性(Terathongkum & Pickler, 2004；Thayer et al, 2012)；(6)呼吸性窦性心率不齐(respiratory sinus arrhythmia, RSA)是副交感迷走神经张力的一个重要测量指标。

皮肤电活动测量(electrodermal measures)

在情绪自主神经反应的诸多研究中,皮肤电系统的活动(electrodermal activity)是继心血管系统指标外最常被考查的生理测量指标,主要包括皮肤电导水平(skin conductance level,简称"皮肤电")和手指皮肤温度(fingertip skin temperature,简称"指温")。

皮肤电被认为是测定情绪的一种客观指标。采用生理多导仪设备将人体皮肤上两点连接到灵敏度足够高的电表上,电流流过产生电位差,这种电位差称为皮肤电(见图5.1-1)。皮肤电作为研究情绪变化的一个生理指标的原理是:皮肤具有一定的电阻,在情绪唤醒状态下,皮肤内血管的舒张和收缩及汗腺分泌等变化能引起皮肤电阻的变化,以此来测定自主性神经系统的情绪反应。皮肤电信号随着情感的不同有明显的变化(Scheirer et al., 2002)。如当人处在紧张的情绪状态时,皮肤电阻下降,皮肤电电流增加(Khalfa et al., 2002)。但将皮肤电作为情绪的生理测量指标时存在一些明显的局限:首先,皮肤电很容易受到外部因素(如外部温度等)的影响(Haag et al., 2004)。其次,它无法提供任何关于情绪效价的信息,只是表示唤醒水平。第三,皮肤电的结果有多种指向性,因此在分析时可能与其他心理过程混淆。第四,由于刺激呈现和皮肤电信号变化之间存在1—4 s潜伏期,使得采用该指标很难识别情绪唤醒刺激(Delphine et al., 2019)。此外,皮肤电基础水平的个体差异也非常明显,与个性特征相关,可分为高、中、低不同水平。基础水平越高者,越倾向于内向、紧张、焦虑不安、情绪不稳定、反应过分敏感;而基础水平越低者,越倾向于开朗、外向、心态比较平衡、自信,心理适应较好。因此,不同的个体在不同的时间段,其皮肤电位也会有所不同(Dawson, Schell, & Filion, 2007)。

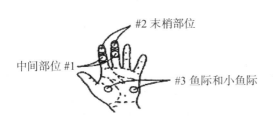 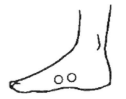

图5.1-1 皮肤电阻测量示意图

来源:蔡菁,2010;韩颖 等,2018.

指温的变化可反映自主神经系统的功能变化(McFarland, 1985;Kreibig, 2010),主要可以用来体现情绪效价(Kreibig, 2010;Levenson, 2014)。在正性情绪下,交感神经兴奋度下降,而副交感神经兴奋度增强,手指血管平滑肌舒张,手指血流增大,指温升高;而在负性情绪下,交感神经的兴奋度上升,而副交感神经兴奋度减弱,手指血管平滑肌收缩,手指血流减弱,指温降低(白学军 等,2016)。

呼吸测量(respiratory measures)

人体与外界气体交换的过程称为呼吸,情绪与呼吸变化活动存在密切关系(Ritz et al.,2002,2004)。呼吸的变化可通过呼吸描记器记录下来。根据记录曲线,可分析不同情绪状态下呼吸的频率和深度变化(Butler, Wilhelm & Gross, 2006; Krumhansl, 1997),具体测量指标主要包括呼吸频率(respiratory rate)、呼吸变异性(respiratory variability)、呼吸潮气量(tidal volume)、呼吸阻力(oscillatory resistance)和每分钟通气量(minute ventilation)等,目前研究重点关注不同情绪状态下的呼吸频率和呼吸变异性两个指标的变化。

呼吸频率是指单位时间内呼吸的次数,受到各种内源性因素(如年龄、性别与生理状态)和外源性因素(如紧张的环境)的影响。通常,正常呼吸频率为12—18次/分,且有稳定的节律。已有研究表明,呼吸频率和节律会随着情绪波动而改变(Von Leupoldt et al., 2010)。

呼吸变异性是指呼吸频率或强度的变化,一般用呼吸周期标准差和呼吸幅度标准差来表示呼吸率的快速变化。已有研究表明,颈内静脉呼吸变异性与同侧颅内静脉窦的狭窄相关,表明脑静脉回流量是影响颈内静脉呼吸时相管径变化的主要因素(汪迎晖 等,2022)。

胃肌电测量(electrogastrogram measure)

胃肌电活动可以作为情绪唤醒度的有效测量指标。研究者使用影片诱导范式首次发现,胃肌电的峰值振幅与被试主观评定的唤醒程度之间存在高度正相关($r=0.64$),但与情绪效价无关(Vianna & Tranel, 2006)。

瞳孔大小(pupillary dilation)和眨眼次数(numbers of eye blinks)

一些研究者发现,情绪刺激会影响瞳孔大小和眨眼次数。通常采用瞳孔计(pupillometer)或眼动追踪设备(eye-tracking)记录和分析个体处在不同情绪状态下的瞳孔直径变化和眨眼次数。研究发现相比于中性刺激,令人害怕的图片、好听或熟悉的音乐、哭声或笑声等情绪刺激都能引起瞳孔扩张(Bradley, Miccoli, Escrig, & Lang, 2008; Laeng, Eidet, Sulutvedt, & Panksepp, 2016; Snowden et al., 2016)。还有研究发现相比于积极情绪刺激,人们对消极情绪刺激更加敏感,更易产生瞳孔扩张,且扩张持续时间更长(袁加锦,李红,2012; Babiker, Faye, & Malik, 2013; Derksen, van Alphen, Schaap, Mathôt, & Naber, 2018; Oliva & Anikin, 2018)。

面部肌电测量(facial electromyography)

面部肌电测量是一种通过面部肌电图测量面部肌肉活动的技术。研究发现,那些在基本情绪(如快乐、惊讶、愤怒、悲伤、恐惧和厌恶)表达中发挥突出作用的特定肌肉的肌电活动在不同情绪状态下会有变化。例如,皱眉的肌电活动在消极情绪状态下会升高,而在积极情绪状态下会被抑制。面部肌电测量被认为是一种测量情绪类型的可靠方法(Van Boxtel,2010),并已应用于测量对视觉刺激的情绪反应(Bhandari et al.,2017)。

2 情绪的自主神经反应模式

交感与副交感神经活动和不同基本情绪的对应关系

如前所述,自主神经系统由交感神经与副交感神经两个分支系统构成。早在1929年,坎农(Cannon)提出交感神经是情绪的决定因素,情绪的自主神经传出活动模式仅限于交感神经活动增加、副交感神经活动降低的经典拮抗模式。但随着研究的进行,有研究者提出情绪的自主神经反应模式不仅仅限于经典拮抗模式,个体还能以共同活动模式或某个分支的单独活动对情绪刺激做出反应(李建平 等,2006;Rainville et al.,2006)。

贝恩特松(Berntson)等(1991)采用药物阻断方法,建立了交感与副交感神经活动张力在增强、不变、减弱三个维度上共九种可能的搭配模式(见表5.1-1)。

表5.1-1 九种自主神经活动模式

交感反应	副交感反应		
	增强	不变	减弱
增强	共同兴奋模式	交感单独兴奋模式	交感优势拮抗模式
不变	副交感单独兴奋模式	基线	副交感单独抑制模式
减弱	副交感优势拮抗模式	交感单独抑制模式	共同抑制模式

基于上述九种自主神经活动模式,研究者期望找到不同基本情绪与交感、副交感系统的对应关系。情绪神经科学家兰维尔(Rainville)领导的研究小组考察了自主神经功能调节活动模式与基本情绪的关系,包括被试在完成有关快乐、悲哀、愤怒和恐惧等情绪事件的自传体回忆任务时的心率、心率变异性、呼吸变异性等外周指标的变化(Rainville et al.,2006)。研究发现,心率、心率变异性和呼吸变异性在四种情绪发生时表现出不同的活动模式(见图5.1-2)。具体表现为:愤怒时心率上升,高频谱段功率不变,交感神经处于兴奋状态,而副交感神经无变化(交感单独兴奋模式);其他三种情绪(悲哀、快乐和恐惧)均表现为心率上升,高频谱段功率下降,提示交感兴奋与副交感抑制并存(交感优势拮抗模式)。其中,快乐和悲哀的高频谱段功率下降可能反映中

枢脑区对疑核(large cell nuclei)节前副交感神经元和交感运动神经元的抑制增强；恐惧时的高频谱段功率下降，可能主要源于呼吸性窦性心率不齐的减弱。此外，在呼吸变异性指标上，快乐比悲哀情绪条件更加稳定，表明快乐的自主神经活动相对稳定。还有研究指出，在观看悲伤材料时，被试心率降低的程度要高于愤怒和恐惧，这在一定程度上提示了人们处于悲伤状态时，副交感神经可能占据了主导地位（刘烨 等，2016）。

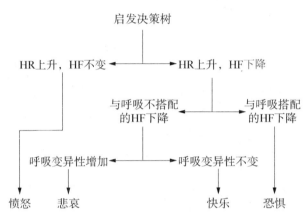

图5.1-2　四种情绪自主神经反应模式的启发式决策树
来源：蔡厚德，2012.

我国研究者李建平等（2006）利用心率变异性等指标也考察了五种基本情绪（悲伤、厌恶、愤怒、恐惧、快乐）和中性情绪所对应的自主神经活动模式，结果发现，每一种情绪的自主神经反应模式都不仅限于经典拮抗模式，还可以有副交感神经活动增强伴随交感神经活动减弱的拮抗模式、共同激活模式、共同抑制模式以及四种非伴随活动模式。不同情绪在各种反应模式的分布上不同。其中，悲伤和中性情绪更多地表现为经典拮抗模式（30.3% vs. 32.5%）；而厌恶和快乐情绪更多地表现为以副交感神经活动增强伴随交感神经活动减弱的拮抗模式（30.2% vs. 33.3%）；愤怒和恐惧情绪则主要表现为经典拮抗模式和共同激活模式（31.2% vs. 30.3%），二者比例接近。

不同情绪诱发范式下的情绪自主神经反应模式

在实验室中研究情绪体验的生理机制，离不开可靠有效的情绪诱发和控制方法。情绪诱发方法是指"在非自然和严格控制的条件下唤起个体临时性情绪状态的策略"（蒋军，陈雪飞，陈安涛，2011；郑璞，刘聪慧，俞国良，2012；Baños et al.，2006）。目前，有关不同基本情绪是否存在特异性的、稳定性的自主神经反应模式还缺乏一致性的结论，原因主要是各研究中情绪诱发方法（如图片、音乐、视频、自主回忆等）、情绪维度以及情绪测量统计方法的不同（谢韵梓，阳泽，2016）。情绪诱发效果的检测依赖于个体的主观报告或量表检测，之后基于主观报告或量表测量结果对诱发的不同情绪状态下的多个生理指标进行分类。由于不同诱发范式诱发的情绪的可靠性和情绪唤醒度高低可能存在较大差异，因此尽管被试主观报告是同类情绪（如都是愤怒情绪），但体现在客观的生理指标上则可能出现较大差异。因此，本部分将介绍几个经典研究，说明在不同情绪诱发方式下，被试处于不同基本情绪状态下的自主神经反应模式。

有指导的面部操作任务（facial action task）诱发情绪　美国心理学家埃克曼等开发面部表情操作诱发情绪的方法，首次系统考察了惊奇、快乐、悲伤、愤怒、恐惧和厌恶等六种基本情绪的自主神经反应，发现人类不同情绪的自主反应存在明显的分离。他们让被试根据指导语做不同基本情绪状态下的面部表情（如恐惧表情下，提高眉毛并聚在一起，提高上眼睑，同时将嘴横向拉伸），同时记录被试的心率、左右手温度、皮肤电及前臂屈肌的肌张力（Ekman et al.，1983）。结果发现，愤怒、恐惧和悲伤情绪使得个体的心率显著快于惊奇、高兴和厌恶情绪，悲哀相比于恐惧、厌恶和愤怒有更高的皮肤电，个体愤怒时的指温显著高于恐惧和悲伤情绪。埃克曼等随后进行了一系列的研究。他们主要发现愤怒、厌恶、恐惧和悲哀四种负性情绪的自主神经反应之间存在比较可靠的差异：愤怒、恐惧、悲伤三种情绪相比于厌恶引起了更显著的心率加快；愤怒比恐惧引起了指温的更大升高；悲哀比其他三种负性情绪引起更大的外周血管舒张，血液到达外周的速度更快（Levenson，Ekman，& Friesen，1990；Levenson，1992），悲伤比其他几种情绪引起了更大的外周血管舒张。并且，这些变化具有职业、年龄、文化和性别的一致性（Levenson et al.，1992）。其他一些研究者采用有指导的面部操作任务诱发情绪也验证了上述研究结果（Sinha，Lovallo，& Parsons，1992）。埃克曼等的研究首次详细区分了几种情绪（厌恶、愤怒、恐惧、悲伤）的自主神经反应，而非只将情绪分为两类或三类，为后续研究者考察情绪的特异性（emotion-specific）自主神经反应提供了新的视角。近期研究表明，与女性厌恶面孔相比，男性厌恶面孔产生的皮肤电反应明显更大，比女性厌恶面孔产生更大的心率减速；男性厌恶面孔被认为比女性厌恶面孔有更高的唤起性（刘烨 等，2016）。此外，还有研究者通过让被试观看不同的表情符号，发现与接触中性图片相比，被试在观看不愉快和愉快的图片时会产生更大的皮肤电和更高的心率（Bradley，2009；Gantiva et al.，2019）。一些研究者通过让被试观看积极、中性和消极的表情符号，发现与中性表情相比，快乐和愤怒的表情会引起更高的唤醒度（Gantiva et al.，2021）。

文字/图片情绪诱发　该方法是让被试连续观看具有强烈情绪色彩的图片或文字以产生所需要的目标情绪状态，诱发出来的情绪持续时间极其短暂（Lang & Bradley，2007）。有研究者考察了被试观看不同正负效价和唤醒度的情绪图片时的呼吸、皮肤电和心率，发现随着图片愉悦度的增加，吸气时间延长，平均吸气流量减低，胸式呼吸增加；随着图片唤醒度的增加，吸气时间和总呼吸时间缩短，平均吸气流量、每分钟通气量、胸式呼吸和皮肤电活动增加(Gomez et al.，2004)。皮肤电和心率的变化通常与情绪紧张度具有正向对应关系(Kreibig,2010;Levenson,2014)。史密斯(Smith,2006)采用快速呈现情绪图片的方法,发现当呈现负性情绪图片时,皮肤电活动显著上升,当呈现正性或中性图片时,皮肤电活动显著下降,而指温一直都与情绪效价具有较好的正向对应关系,情绪体验的效价越高,指温也越高(白学军 等,2016)。一些研究者发现被试被高情绪唤醒度(不管是正性还是负性)的图片诱发情绪时的瞳孔直径变化显著,并且瞳孔直径变化时皮肤电也明显变化(Bradley et al.，2008)。有研究者进一步发现,瞳孔在负性图片启动中扩张最大,其次是中性图片,正性图片中最小,正性和负性图片所诱发的瞳孔大小的差异显著(Laukka et al.，2013)。目前常用的情绪图片诱发材料是由美国国立精神卫生研究所建立的标准化的国际情绪图片库、英语情感词/短文系统,中国研究者建立了本土化的中国情绪图片库、词库等,为情绪诱发研究提供了更多材料选择(白露 等,2005)。

电影片段情绪诱发 该方法是通过观看电影或录像剪辑来诱发被试特定的情绪状态。在观看电影或录像剪辑时,要求被试在观看过程中不要抑制产生的情感,让情感自然地流露(Marston et al.，1984)。如帕隆巴等(Palomba et al.，2000)和巴尔达罗等(Baldaro et al.，2001)以不同内容的影片诱发被试情绪的研究发现,暴力威胁和外科手术内容的影片使得被试具有不同的反应,前者使被试心率明显加速,而后者则使心率减慢。演示外科手术的电影引起心率降低可能是因为副交感神经单独活动,或副交感神经活动占优势。让被试观看受损严重的肢体或受伤流血的影片时,皮肤电水平升高,心率下降(Codispoti, Surcinelli, & Baldaro, 2008)。但一些研究者使用影片诱发范式的研究发现,呼吸活动在正负性情绪状态下无显著差异,但情绪唤醒度影响呼吸活动,表现为相比于低唤醒情绪,被试在高唤醒情绪中的呼气时间更短,吸气时间占呼吸总时间比例更高,平均呼气流量和每分钟通气量更大(Gomez et al.，2005)。目前,每分钟通气量随着情绪唤醒度的上升而增大,已经得到了较为一致的证明,被认为是呼吸系统中最可靠的用于衡量情绪唤醒度的指标(Gomez, Shafy, & Danuser, 2008)。近期,有研究者采用多变量模式分类技术来诱发被试五种不同的情绪(恐惧、满足、悲伤、喜悦、中性),发现在电影条件下,皮肤电响应和心率可以显著区分情绪(McGinley et al.，2017)。此外,让被试观看消极/积极和高/低唤醒电影(分为威胁、损失、成就和娱乐相关的电影与中性电影),发现在所有电影中都出现了性别差异,且在与威胁相关的电影中最为突出:尽管效价和唤醒评分相同,但女性比男性表现出更多的面部肌肉反应和呼吸反应,并显著激活交感神经(包括射血前期、其他心血管指标和皮肤电增加),而男性表现出共同激活的交感/副交感反应(包括呼吸窦性心律失常增加)(Wilhelm et al.，2017)。

录音、音乐情绪诱发 研究发现,各种声音(如鸟叫、婴儿哭泣、炸弹爆炸等)的录音以及音乐等都可以作为情绪诱发的材料。谢韵梓等（Lynar et al.，2016）使用激动、高兴、恐惧以及悲伤四种不同类型的音乐材料进行试验，通过记录皮肤电并同时使用情绪自评量表，发现音乐对积极情绪的诱发效果比较好，对消极情绪的诱发效果比较差。一些研究人员让被试听两首规定的音乐作品（一首古典音乐，一首爵士乐）和一首他们自己选择的"令人振奋的"曲目，结果发现在聆听低唤醒度的古典音乐时，平均心率变异性反应最高，这也被评为最放松曲目；在聆听自选曲目时，平均心率和皮肤电反应最高，喜悦度和参与度评分也是最高。让被试在黑暗和中等照明条件下进行视觉方向跟踪任务，并在频繁的正弦波标准声音中呈现任务无关的、激发负性和中性的情绪的新声音。结果发现，新声音会引起双向的（即副交感神经抑制导致的虹膜括约肌的放松和交感神经激活导致的虹膜扩张肌的收缩）瞳孔扩张（Widmann et al.，2018）。有研究发现，驾驶引起的压力已被证明会增加心血管并发症的机会，并且与交通事故有关，而音乐听觉刺激可以改善由驾驶引起的非线性心率变异性变化（Alves et al.，2019）。

自传式回忆/想象情绪诱发　回忆和想象情境诱发是通过让被试想象某种情境来达到情绪内部诱发的目的。这种方法需要被试有意识的合作，且会受到预期的影响。赖特（Wright）和米舍尔（Mischel，1982）提出想象情绪诱发方法，被试基于指导语想象一些悲伤、愉快、中性等情景，这些情境可以是纯想象的也可以是过去生活中的真实经历，要求被试身临其境式地感受和思考这些景象。研究者们采用该情绪诱发方法发现，愤怒和恐惧情绪会伴随收缩压的升高，但舒张压的升高只是在愤怒时出现（Sinha et al.，1992）。有研究者进一步考察了回忆个人情绪性事件时心血管测量指标的变化，发现整体上情绪回忆使得血压、心率、总外周阻力（total peripheral resistance）显著增强，而心搏指数（stroke index）显著下降；此外，收缩压在负性情绪中显著高于正性情绪（Neumann & Waldstein，2001）。一些研究者采用多变量模式分类技术来诱发被试五种不同的情绪（恐惧、满足、悲伤、喜悦、中性），发现在回忆条件下，舒张压可以显著区分情绪（McGinley et al.，2017）。谢韵梓等（2016）发现回忆对消极情绪的诱发效果普遍较好，其中一个重要原因可能是回忆与个体现实生活中感受到的情绪紧密联系，生态性高，而我们往往在对生活中的负性事件进行回忆时感受会更强烈持久。

真实情境性情绪诱发　一些研究者在实验室模拟情绪诱发的真实情境，通过对情境的操控来诱发或改变被试的情绪体验。比如在实验室里让被试进行演讲，诱发其焦虑情绪，发现被试的指端脉搏容积下降、心率显著增加、血压显著增加和呼吸频率下降（Egloff et al.，2002，2006）。研究发现，相对于进行中性或积极主题演讲的被试，进行消极主题演讲的被试的皮肤电、心率变化最显著，并且在演讲中犯下了更多的错误。研究还发现，悲伤条件下的皮肤电比高兴、厌恶时的皮肤电都低（Britton et al.，2006）。

气味情绪诱发 在气味诱发的研究中通常让被试有意识或无意识地闻某种气味,以此诱发被试的情绪。研究发现,嗅觉刺激能够诱发被试积极或消极的情绪,影响个体的认知加工和行为(Chebat & Michon, 2003; Lin, Cross, & Childers, 2015)。研究采用异戊酸、苯硫酚、吡啶、左旋薄荷、乙酸异戊酯和桉树脑六种气味诱发被试情绪,随着正性和负性情绪的唤醒程度的增高,被试的皮肤电水平也随之增高(Bensafi et al., 2002)。由于嗅觉刺激通常比较难精确地诱发出某一特定的情绪,诱发出的往往是几种正性或负性情绪的组合情绪,因此,目前嗅觉刺激诱发情绪的研究还处于起步阶段。

触觉情绪诱发 触觉是人类感知世界的重要感觉通道,其情绪功能受到越来越多的关注。有研究发现,被恋人抚摸可以感受到愉悦,并伴随着心率降低(Triscoli et al., 2017)。研究者还用刷子对被试进行轻抚引发了被试愉悦感觉,心率变异性也随之增强(Triscoli et al., 2017)。还有研究发现,母婴皮肤接触对母体和早产儿的副交感神经活动产生有利影响,当基础心率变异性值较低时,对新生儿的影响更明显(Butruille et al., 2017)。目前,触觉情绪信息的研究均属起步阶段,还有许多问题亟待解决。例如,个体在发出触觉动作时,可以将种类丰富的情绪信息蕴含其中,但因触通道的特殊性,这些情绪信息往往"隐藏"于动作中。未来研究中或许可借鉴心理物理学的方法,先对表达者不同情绪效价的触觉动作中速度、力度、触摸距离、触摸时程等进行定量分析,并结合对施力模式(如拍、摸)、施力部位的考察,确立触觉情绪效价信息的操作定义,进而扩展至确定其他更具体的情绪类别(杨廙 等,2022)。

组合情绪诱发 为了更有效地诱发目标情绪,有研究者试图将两种或两种以上的情绪诱发方法组合在一起使用,以提高情绪诱发的程度,进而探讨情绪激活状态下的自主神经反应模式。如采用音乐盒和回忆个人生活事件两种方法来引发被试的积极和消极情绪,结果发现与积极情绪相比,消极情绪下收缩压更高(Gendolla et al., 2001)。还有研究者采用国际情感图片系统的图片和古典音乐诱发快乐、悲伤和恐惧三种基本情绪,记录被试的呼吸,结果显示呼吸指标在图片和音乐结合诱发条件下显著增加,其次是图片诱发情绪条件,而单纯的音乐诱发方式引发的生理变化并不明显(Baumgartner et al., 2006)。

3 情绪自主神经反应模式的特异化

情绪心理生理学研究已确定正、负性情绪间的自主神经反应模式是不同的,存在"负性偏向"现象,即负性情绪较正性情绪有更大的自主神经激活(Cacioppo et al., 2000; Larsen et al., 2008)。这种"负性偏倚"具体表现为以下几个指标。(1)心血管系统指标上,多数研究发现被试观看负性情绪刺激(如战争、枪支的图片或视频)诱发负性情绪时,相比于观看正性和中性情绪刺激,心率减慢的程度会更大(Anttonen & Surakka, 2005; Gomez et al., 2005; Hubert & de Jone-Meyer, 1991; Palomba, Angrilli, & Mini, 1997; Simons et al., 1999; Codispoti, Surcinelli, & Baldaro, 2008; Bianchin & Angrilli, 2012)。在收缩压指标上,采用音乐诱发范式和回忆诱发范式的研究发现,相比于正性情绪,被试在负性情绪中收缩压显著升高,而舒张压则无变化(杨宏宇,林文娟,2005)。(2)皮肤电系统指标上,研究者使用四段音乐片段(圣桑的"动物狂欢节"、巴赫的"创意曲"第八首、穆索尔斯基的"荒山之夜"、舒曼的"第四交响曲")诱发被试高低唤醒度的正性和负性情绪,发现被试在高唤醒的负性音乐中的皮肤电更高(Kallinen, 2004)。采用图片诱发的研究进一步验证了上述结果,发现与高唤醒的正性图片相比,高唤醒的负性图片诱发的皮肤电显著更大(Balconi et al., 2012)。(3)呼吸系统指标上,刘烨等(2016)的研究发现,除了悲伤和中性情绪,愤怒、惊奇、恐惧、喜悦的呼吸周期都显著缩短,而且所有情绪的呼吸频率间期缩短,心率加快。除此之外,对5种基本情绪的两两比较发现,在情感语音表演时,惊奇与喜悦、愤怒的生理反应模式相似,表现为呼吸和心率加快;悲伤的呼吸周期明显长于恐惧和喜悦,且心率也慢于愤怒、惊奇和恐惧。(4)瞳孔指标,最近的一项研究发现瞳孔在负性图片中扩张最大,在正性和中性图片中变化较小。婴儿被试的研究也同样发现,负性情绪诱发的瞳孔直径最大。

目前依然还有一些研究质疑情绪的"负性偏倚"。例如,有研究者采用影片和图片诱发范式,发现相比于负性情绪,正性情绪诱发了更高的皮肤电(Gomez et al., 2005; Bernat et al., 2006)。尽管如此,但目前大多数考察情绪的自主神经反应的研究均发现了情绪自主神经反应的"负性偏倚"的现象。正如卡乔波等(Cacioppo et al., 2000)所说,"情绪特异性的自主神经反应模式充满了不确定性,但效价特异性的自主神经反应模式可能是存在的"。

利文森指出,在自主神经传出活动层面,情绪的自主神经反应是灵活可塑的,如果将多种对情绪变化具有高敏感性的外周生理指标(如心率、皮肤电)有机结合起来,或许能够更敏感、更准确地刻画人类不同情绪状态下的具有特异性和稳定性的自主神经反应模式,最终得到准确一致的结论(Levenson, 2011, 2014)。但需要指出的是,自主神经系统的活动可能并非情绪产生的中枢神经机制,只是对情绪起支持和延续的作用(Kreibig, 2010)。

小结

目前主要从心血管系统、皮肤电系统、呼吸系统、肠胃系统、瞳孔和面部肌肉等六个方面考察情绪的自主神经反应,得到了一些非常有意义的研究结果:心率和血压对不同效价的情绪变化比较敏感但结果并不稳定,受情绪诱发方式的影响;皮肤电与情绪唤醒度关系密切,两者基本成正相关;呼吸反应的测量和分析比较复杂,情绪的呼吸反应模式尚需要进一步研究;肠胃系统(胃电)和瞳孔的情绪变化反应模式也需要进一步探讨;面部肌电能够较好地反映视觉刺激的情绪类型,但仍需进一步研究。总之,每一种基本情绪似乎都有自己特异性的变化,并且不同情绪间的自主神经反应模式存在某些差异。若综合使用多种对情绪变化具有高敏感性的外周生理指标(如心率、皮肤电),有望更灵活、更准确地刻画人类不同情绪状态下的具有特异性和稳定性的自主神经反应模式。

复习思考题
1. 简述常用的测量情绪的自主神经反应的方法和指标。
2. 简述情绪特异性的自主神经反应模式。

第二节 情绪中枢神经反应

随着正电子放射断层扫描(positron emission tomography,PET)、功能性磁共振成像(functional magnetic resonance imaging,fMRI)和脑磁图(magnetoencephalography,MEG)、脑电图(electroencephalography,EEG)、事件相关电位(event-related potential technique,ERP)等高时间和空间分辨率技术的发展,心理学和认知神经科学研究者采用这些技术系统考察人类情绪活动的中枢神经机制。以往诸多研究发现情绪由大脑中的一个回路控制,包括前眶额皮层、腹内侧前额皮层、杏仁核、下丘脑、脑干、扣带回皮层、丘脑、海马、伏隔核、脑岛及感觉皮层等。不同脑区活动的特异性激活和失活可能表明它们在情绪加工中起到不同作用(Damasio et al.,2000;Rudrauf et al.,2009)。

1 情绪中枢神经反应的测量方法

高时间分辨率测量方法
脑电图是利用高灵敏度生物信号放大器,把通过电极记录下来的脑细胞群的自发性、节律性电活动接收放大后,描记出来的类似于正弦波的连续曲线。脑波的周期是从波峰至下一个波峰(或从波谷至下一个波谷)的时间,其单位为赫兹(Hz)。1929年德国精神病学家汉斯·贝格尔(Hans Berger)首先记录到了人脑的脑电波,此后诸多研究者开始探讨人脑的脑电波,并逐步形成了人脑脑电图。脑电波是一些自发的有节律的神经电活动,其频率变动范围在每秒 1—30 次之间。脑电的频段范围为 0.5—100 Hz,但一般与认知有关的频段范围为 0.5—30 Hz。目前,这些神经电活动相对比较一致地可划分为五个波段,命名为即 δ 波(delta band)、θ 波(theta band)、α 波(alpha band)、β 波(beta band)和 γ 波(gamma band),分别对应于不同的认知加工,如表 5.2-1 所示。脑电图信号处理中最直观的是观察其脑电地形图和进行功率谱分析。在这些方法的基础上又发展出了许多新的方法,如 3D 频率地形图、3D 电流密度地形图、事件相关同步(event-related synchronization)、事件相关去同步(event-related desynchronization)、时频分析(短时傅里叶变换和小波变换)等。其中,事件相关同步和事件相关去同步反映的是脑电图的各节律成分和事件出现的同步性,随着事件出现突然增加称为事件相关同步,反之降低则称为事件相关去同步。情绪具有短暂性和易变性的特点,而脑电图具有高时间分辨率、无创性等优异性能,能为研究情绪提供较为精确的时间信息,适合用于探索和研究情绪的电生理基础和中枢神经活动(梁飞,李红,王福顺,2021)。

表 5.2-1 各频段频率范围和对应的认知特性

波段名称	频率	幅度值	频次/秒	认知特性
δ 波	0.5—3 Hz	20—200	1—3 次	慢波,当个体处在婴儿期或智力发育不成熟时以及成年人在极度疲劳和昏睡状态时,可出现这种波形。
θ 波	0.5—3 Hz	100—150	4—7 次	慢波,成年人在受到挫折和抑郁时以及精神病患者常伴随这种波形。
α 波	8—13 Hz	20—100	8—13 次	快波,它是正常人脑电波的基本节律,如果无外加刺激,其频率相当恒定。人在清醒、安静或闭眼时该节律最为明显,睁开眼睛或接受其他刺激时,α 波消失,α 波有三种状态:慢速 α 波(8—9 Hz),中间 α 波(9—12 Hz),快速 α 波(12—13 Hz)。
β 波	14—30 Hz	5—30	14—30 次	快波,当精神紧张和情绪激动、亢奋时出现此波,当人从睡梦中惊醒时,原来的慢波节律可立即被该波所代替。
γ 波	>35 Hz	<2		属于脑波的高频成分,对信息在脑中的接受、传输、加工、综合、反馈等高级功能和人脑的认知活动具有重要作用。

高空间分辨率测量方法

正电子放射断层扫描技术是给被试服用不同种放射活性物质(如,葡萄糖、蛋白质、核酸、脂肪酸),标记上短寿命的放射性核素(如 F18,碳 11 等),这些物质在脑内被活动的脑细胞吸收,通过对该物质在代谢中的聚集,来反映某一脑区活动的情况。

功能性磁共振成像是在磁共振成像（magnetic resonance imaging，MRI）的基础上发展起来的，它具有非侵入性、无辐射、高空间分辨率等特点。研究情绪的神经元机制的主要障碍之一是难以将可观察的行为与正在进行的神经活动联系起来（Dolensek & Gogolla，2021），而功能性磁共振成像技术可探测到深部脑区的活动，因此常被用以探索基本情绪的大脑基础和中枢神经活动（梁飞 等，2022）。

脑磁图是一种对人体完全无接触、无侵袭、无损伤的脑功能图像检测技术。脑磁图检测过程中测量系统不会发出任何射线、能量或机器噪声，而只是对脑内发出的极其微弱的生物磁场信号加以测定和描记。在实施脑磁图检测时，脑磁图探测器不需要固定于患者头部，对患者无需特殊处置，所以测试准备时间短，监测简便、安全，对人体无任何副作用及其他不良影响。

2 情绪的中枢神经系统反应模式

不同基本情绪的脑电图(EEG)脑波激活模式

情绪活动可以引发大脑皮质电活动的变化，不同的基本情绪会有不同的脑电图脑波激活模式，早期研究主要集中在 30 Hz 以下的低频成分。

θ 波节律涉及情绪和认知的加工。最早，斯滕伯格（Stenberg，1992）让被试想象自己过去愉快和不愉快及中性事件，发现相比于想象中性事件，右侧额叶 θ 波活动增强及枕叶 β 波活动变化（愉快条件下增强，不愉快条件下降低），且 θ 波活动主要定位在一侧额区，反映了情绪刺激边缘加工的不对称性。扎姆勒等（Sammler et al.，2007）发现，愉快音乐相比于不愉快音乐诱发情绪时，额中（frontal midline）的 θ 波活动增强，表明额中 θ 波调节情绪加工。与中性刺激相比，负性刺激诱发了儿童更大 θ 振荡功率的增加（Jiang et al.，2017）。阿拉等（Ara et al.，2020）在 25 名被试听音乐并对诱发愉悦感的体验程度进行评分时，发现右颞和额叶信号之间 θ 波段的相位同步随着被试体验到的愉悦程度而增加。

情绪的脑电图研究多数考察额叶、颞叶和顶叶 8—13 Hz 的 α 频带，发现情绪负荷可能与左右额叶和前颞叶的 α 波活动有关，当某一皮质区的 8—13 Hz 的 α 波活动增强时，则意味着该区域的皮质活跃性减弱。因此，当某个脑区的 α 波振幅减小，即能量值降低时（去同步化过程），该脑区发生更为强烈的与情绪有关的活动。施密特（Schmidt）和特雷纳（Trainor）(2001)通过脑电图首次发现额区 α 波（8—13 Hz）活动能够区分情绪效价（valence）和情绪强度（intensity）。他们采用音乐诱发情绪方法诱发被试开心、愉悦、悲伤和害怕情绪，发现听正性情绪的乐曲时，左前额会产生较强的脑电活动，而听负性情绪的音乐时，右前额则产生较强的脑电活动，前额可能与情绪加工存在关联。进一步发现，尽管额区脑电图活动的不对称性并不能区分情绪强度，但发现额区脑电图活动在情绪间呈现递减趋势,表现为害怕＞开心＞愉悦＞悲伤。萨洛等(Sarlo et al.,2005)让被试观看手术场景、蟑螂、人类打斗和自然风光等四段影片,诱发被试的中性和负性情绪,发现负性情绪被诱发时α波频段活动较强,且右后脑会产生强烈的脑电活动。与不愉快的图片相比,在对愉快的图片的反应中,α波段振荡在右额反应更强(Weinreich et al.,2016)。

β波活动,特别是颞叶的β波活动可能涉及情绪加工。负性情绪与正性情绪相比,颞叶的β波(16—24 Hz)活动更强烈(Ray & Cole, 1985)。正性情绪与负性情绪相比,右侧颞叶有较大的β波(26—45 Hz)激活(Schellberg et al.,1990)。有研究者把β波活动分为更细的几个波带:β_{13}(13.5—16.45 Hz)、β_{16}(16.6—19.45)、β_{19}(19.5—25.45 Hz)、β_{31}(31.5—37.45 Hz)、β_{40}(37.4—41.7 Hz)。结果发现,β_{13} 出现在额区和中央区,睡眠时相比清醒时情绪的大脑不对称性更大;在额区、中央区和枕区,快乐比悲伤在高β频带上激活更显著,β_{19} 在额区引起更大激活,β_{25} 在快乐时右顶叶比左顶叶的激活更强烈;在两种情绪中,β_{40} 在右中央和顶区也有显著激活(Crawford et al.,1996)。最近也有研究发现,顶叶脑区的β振荡与触觉信息的愉悦表征有关(杨禀 等,2022)。

在对40 Hz节律与刺激及事件的同步性研究获得重大发现后,γ波节律(30—65 Hz)在情绪研究方面也有许多重大发现。米勒等(Müller et al.,1999)让被试观看情绪性图片,并把γ波细分为三段更窄的频带:γ_{40}＝30—50 Hz,γ_{60}＝50—70 Hz,γ_{80}＝70—90 Hz,分析发现被试观看负性情绪图片时,左半球γ波能量比右半球能量高;而呈现正性图片时,右半球 γ_{40} 能量比左半球高,并且右半球 γ_{40} 在正负性情绪刺激下都高于中性刺激。凯尔等(Keil et al.,2001)采用129导的脑电图设备采集10名被试观看国际情绪图片系统的图片,对不同情绪刺激下的γ波进行分析,发现与中性图片相比,在80 ms左右负性图片刺激下出现早γ波(30—45 Hz)活动增强,而500 ms左右发现正性和负性图片刺激下晚γ波(46—65 Hz)活动都显著增强。且晚γ波主要激活在大脑右半球。凯尔等主张早γ波节律可以作为检测负性情绪的指标之一,晚γ波节律反映大脑皮层对情绪视觉目标的处理。

我国研究者贾静和刘昌(2008)的研究发现悲伤影片较多地激活了额区α波,愉快影片较多激活了枕区的α波,而δ波、θ波、β和γ波的最大能量或最大能量对应的频率,在不同的脑区都受到情绪的显著影响。他们使用中国古典音乐诱发被试情绪,发现无论是悲伤情绪还是愉快情绪下,δ波、θ波、α波、β波和γ波的能量都减弱,但减弱的脑区不同;悲伤情绪与愉快情绪相比,θ波、α波、β波能量增强,但增强脑区不同,δ波无差异,γ波能量在中央区减弱。

不同基本情绪的脑区激活模式

有研究者首次采用激活似然估计(activation likelihood estimation,ALE)元分析方法,分析以往脑成像的多项研究,发现五种(高兴、悲伤、愤怒、恐惧、厌恶)基本情绪各自存在特异性的激活脑区,同时两两间也基本存在显著的区别脑区,如图 5.2-1 所示(Vytal & Hamann, 2010)。激活似然估计脑区激活一致性分析发现,高兴情绪激活 9 个重要集群,其中最大集群($4\,880\ mm^3$)位于右侧颞上回(right superior temporal gyrus, STG);悲伤情绪激活 35 个重要集群,其中最大集群($3\,120\ mm^3$)位于左额内侧回(left medial frontal gyrus, medFG);愤怒情绪激活 13 个重要集群,其中最大集群($2\,408\ mm^3$)位于左侧额下回;恐惧情绪激活 11 个重要集群,其中最大集群($5\,616\ mm^3$)位于左侧杏仁核;厌恶情绪激活 16 个重要集群,最大集群($14\,208\ mm^3$)位于右侧脑岛和右侧前额下回。激活似然估计脑区激活辨别力分析发现,两两情绪之间的重要集群和最大集群也都存在显著性的差异。其他研究者的元分析也进一步证实每种基本情绪都与不同的大脑活动模式相关,如恐惧与杏仁核和岛叶的激活有关,愤怒与眶额叶皮层有关,厌恶与前岛叶、腹侧前额叶皮层和杏仁核的激活有关,快乐与前扣带皮层的激活有关,悲伤与内侧前额叶皮层和尾侧前扣带皮层的激活有关(Celeghin et al., 2017)。

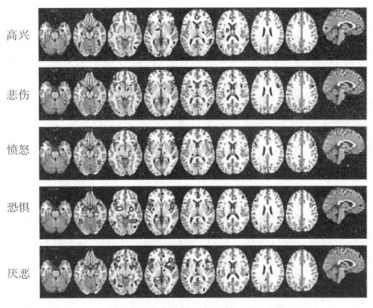

图 5.2-1 不同基本情绪的脑区激活似然图
来源:Vytal & Hamann, 2010.

津琴科等(Zinchenko et al., 2018)的元分析发现动态面孔表情识别也激活了上述脑区以及小脑(cerebellum),验证和支持了动态面孔表情处理的神经网络。研究表明在动态面孔表情处理的神经网络中存在一个核心的神经网络,即颞-枕联合区(Foley et al., 2012; Haxby et al., 2000),包括梭状回(fusiform gyrus, FG)、颞上回(superior temporal gyrus, STG)、颞中回(middle temporal gyrus, MTG)、颞下回(inferior temporal gyrus，ITG)、枕中回(middle occipital gyrus，MOG)和枕下回(inferior occipital gyrus，IOG)等。由核心神经网络向外延伸的被称为扩展的神经网络，包括核心脑区之外的广大皮层和皮层下的相关脑区，前者涉及顶下小叶(inferior parietal lobule，IPL)(Sarkheil et al.，2013)和额下回(inferior frontal gyrus，IFG)(Sato et al.，2012)等，而后者主要与杏仁核(amygdala)有关(Sato et al.，2010)。核心脑区主要负责早期的视觉分析和刺激的运动加工，而扩展的神经网络则与个体的情感处理、面孔模仿、刺激的动态表征等有关(Haxby et al.，2000；张琪 等，2015)。

刘俊材等(2022)的元分析与津琴科等(2018)的动态面孔表情元分析一致。研究发现动态面部表情识别引起了双侧梭状回和颞中回，左侧枕中回、小脑、杏仁核和额下回，右侧颞上回和枕下回的激活。此外，研究表明，双侧海马旁回，左侧颞上回和颞下回以及右侧枕中回、额上回、额中回、额下回、中央前回、顶下小叶、小脑、杏仁核、豆状核和脑岛也处于活跃状态。其中双侧颞上回、颞中回、梭状回，左侧颞下回、海马旁回、杏仁核以及右侧额下回、中央前回、豆状核对动态信息敏感；双侧颞上回、颞中回、梭状回、小脑和杏仁核，左侧颞下回和枕中回，右侧额下回、额中回、中央前回、脑岛和顶下小叶对情绪信息更活跃；而右侧颞中回、枕下回和小脑对正性情绪信息更敏感；双侧颞中回和杏仁核，左侧颞下回，右侧颞上回、额上回、枕中回、梭状回、中央前回和海马旁回则对负性情绪信息更活跃。

下面具体介绍在情绪加工过程中起核心作用的脑区及其作用。

边缘系统 较早期的情绪研究发现，一些情绪受边缘系统的调节和控制。边缘系统是位于大脑半球到间脑并延伸到中脑的一个较大的、非均匀的、最原始的神经结构，包括丘脑、下丘脑、海马和杏仁核。著名的奥尔兹和米尔纳(Olds & Milner，1954)的动物按压杠杆实验采用颅内点刺激法证明了边缘系统是情绪体验产生的中心。刺激人的边缘系统也会产生类似的反应(Panksepp，1986)。但随着研究手段和技术方法的革新，研究者对边缘系统在情绪体验中的作用聚焦到了杏仁核。勒杜等(LeDoux et al.，1990)首先提出情绪中枢连接结构，不仅突出了杏仁核在情绪反应中的关键作用，同时也对边缘系统其他部分在情绪反应中的功能进行了重新定位。

杏仁核 杏仁核位于颞叶中部，与海马前部相连，是由至少13个具有复杂内外联系的子核组成的结构。以往诸多研究发现，杏仁核是与恐惧相关的重要边缘结构(Anthony et al.，2014；Isosaka et al.，2015；Reynaud et al.，2015；Han et al.，2017)，几乎参与了所有的负性情绪，比如恐惧、愤怒和惊讶(Barrett et al.，2018)。如研究表明，眶额皮质、杏仁核与愤怒情绪可能存在相关关系，而眶额皮质和杏仁核之间的相互作用与愤怒的调节有关(梁飞 等，2022；Gu et al.，2019)。此外，元分析表明惊讶诱发的大脑区域主要在皮层下，包括杏仁核和纹状体，以及一些皮层区域，如腹内侧前额叶皮层和扣带皮层(Behrens et al.，2009；Bartra et al.，2013；Gu et al.，2019)。

右侧杏仁核的灰质体积与特质愤怒相关,这与杏仁核作为处理愤怒的核心区域的作用非常吻合(Wang et al.,2017)。

下丘脑 下丘脑位于第三脑室下部,视交叉后部,脑垂体上部。下丘脑与情绪有密切关系。动物实验证明,用微电极刺激动物(猫)的下丘脑腹内侧核,会引起动物强烈的情绪反应,产生明显的情绪性行为,如愤怒而凶猛地扑向实验者。刺激动物下丘脑的不同部位,可观察到两种不同的情绪行为模式:①斗争或发怒,表现为吼叫、嘶叫、露爪、耳朵后侧、竖毛等;②逃避或恐惧,表现为瞳孔扩大、眼光扫来扫去、左右摇头,以至最后逃走。如果切除下丘脑以上(保留下丘脑)的全部脑组织,上述情绪反应仍然存在。可见,下丘脑是情绪及动机性行为产生的重要脑结构。美国心理学家奥尔兹和米尔纳(1954)用"自我刺激"的方法,证明下丘脑和边缘系统中存在一个"快乐中枢"。实验者在老鼠的下丘脑背部埋上电极,另一端与电源开关的杠杆相连。老鼠只要按压杠杆,电源即接通,在埋电极的脑部就会受到一个微弱的电刺激。老鼠经过反复学习,逐渐形成了操作性条件反射。由于通过按压杠杆获得电流对脑的刺激,能引起快乐和满足,所以老鼠不断地按压杠杆,通过"自我刺激"来追求快乐。老鼠按压杠杆的频次可达每小时5 000次,并能连续按压杠杆15~20小时,直到筋疲力尽、昏昏欲睡为止。如果在下丘脑以外的脑部埋下电极,则没有出现上述情形,或者快乐效果不明显。由此推断,老鼠的下丘脑中存在一个"快乐中枢"。

海马 海马结构可以接受来自内嗅区、隔核、扣带回、灰被、下丘脑、丘脑前核、中缝核、蓝斑、脑干网状结构等纤维传入,传出主要是经穹窿到乳头体,与许多皮质区和皮质下中枢发生联系。近来有研究表明海马体对情景恐惧处理至关重要,通常是参与情境性恐惧条件反射的主导区域(Stubbendorff & Stevenson,2020)。

网状结构 网状结构位于脑干内部、两耳之间,是一种由白质和灰质交织混杂的结构,主要包括延髓的中央部位、桥脑的被盖和中脑部分。美国心理学家林斯利(Lindsley,1951)指出:网状结构的功能在于唤醒,它是情绪产生的必要条件。网状结构靠近下丘脑部分,既是情绪表现下行系统中的中转站,又是上行警觉激活系统的中转站。网状结构靠近下丘脑部位接受来自中枢和外围两方面的冲动,向下发放引起各种情绪的外部表现;向上传送可使某种情绪处于激活状态,并经过大脑皮层的活动产生主体的体验。

前额叶皮层 前额叶皮层主要通过背外侧部、腹内侧部和眶部来执行和发挥不同的作用,存在情绪偏侧化效应,左侧与积极情绪有关,右侧与消极情绪有关。苏阿尔迪等(Suardi et al.,2016)的研究报告记住快乐的自传事件主要与三个神经部位激活有关,包括前扣带皮层、前额叶皮层和脑岛。近期,雷震等(2021)发现,对愤怒、快乐韵律进行特异性加工的脑区分别为左侧额极/眶额叶、左侧额下回。情绪加工的神经模型指出,内隐的或自动化的情绪调节主要依赖于内侧前额叶和前扣带回皮层,而外显的或主动的情绪调节主要依赖于外侧前额叶皮层,后者包括背外侧前额叶和腹外侧前额叶(Etkin et al.,2015;Phillips et al.,2008;Rive et al.,2013)。

扣带回 扣带回通过丘脑前核群接受许多皮质区的纤维传入,传入纤维可投射到海马、杏仁核、隔核、丘脑前核及前额叶皮质区等,投射到脑干的纤维可达上丘脑、中脑中央灰质、蓝斑、中脑被盖等。通过海马和穹窿影响下丘脑,下丘脑则通过乳头丘脑束和前脑前核影响扣带回。前扣带回对负性情绪的评价起主要作用(Eisenberger,2003)。前扣带回是扣带沟和胼胝体之间的皮层(Vondem Hagen et al.,2009),根据功能可以将其分为背侧前扣带回、腹侧前扣带回。背侧前扣带回主要负责注意调节,腹侧前扣带回负责加工情绪的突显性、动机信息以及调节情绪的反应(Bush,Luu,& Posner,2000)。

大脑皮层 人类的情绪多是在大脑皮层的控制和调节下产生的。对情绪的调节不是发生在大脑皮层的某一个区域,而是不同区域协同活动的结果(Fischl et al.,2004)。戴维森(Davidson,1992)发现大脑两半球对情绪的控制和调节存在一定的差异。他采用脑电记录系统记录被试的脑电活动,让被试先看能唤起愉快情绪的视频,如动物图片"小狗戏花"和"大猩猩洗澡",接着看唤起厌恶的视频,如三级伤残尸体和可怕的残肢等。脑电结果表明,愉快的影片使左半球的脑电活动加强,而厌恶的影片使右半球的电位活动加强。

3 情绪中枢神经反应模式的特异化

元分析结果表明每种情绪载体都有自己可靠的特异性激活区域(刘俊材,冉光明,张琪,2022)。

额区 EEG 不对称现象

许多情绪研究者力图找到不同的基本情绪与大脑区域之间的对应关系,但直到目前为止尚未取得一致性的研究发现(Kroupi, Yazdani, & Ebrahimi, 2011)。戴维森(Davidson,1990)的情绪动机模型认为,左侧额区的活动与正性情绪有关,而右侧额区活动与负性情绪有关,这种"额区脑电不对称"现象一直在情绪研究中占主导地位。有研究者综述了近 70 篇考察情绪和额区脑电关系的研究,发现在不同的情绪诱发方式下都能够观察到这种额区脑电活动的不对称(Coan & Allen,2004)。但也有一些研究者并没有观察到这种现象,如有研究发现双侧脑电的活动主要是与负性情绪相关(Dennis & Solomon,2010)。正如一些研究者在采用样本依赖(subject-dependent)和样本独立(subject-independent)方法分析情绪性音乐视频诱发被试情绪的研究中所提到的"被试的年龄、个性、文化背景、偏好等会影响被试的脑区活动模式",情绪的脑电活动模式是复杂的,需要考虑个体差异性(Kroupi et al.,2011)。

情绪加工的大脑偏侧化现象

情绪脑电的研究结果表明大脑加工可能存在情绪偏侧化现象。已有研究发现被试在不同的情绪状态下,其大脑的左、右半球、前部与后部的脑电活动存在明显差异。有研究者考察了 θ、α1、α2、α3 节律的同步和去同步化随情绪图片唤醒度程度的变化(Aftannas et al.,1998,2002)。结果发现三种不同唤醒度(高、中、低)的图片引起左前部和双侧后部皮层的 θ 波产生明显的同步化;α1 节律在枕部出现较大同步化;高唤醒度图片引起大脑右半球后部的 θ、α1 节律的同步化;α3 节律在左半球前部的同步加大。克劳斯等(Krause et al.,2000)的研究采用影片诱发被试的厌恶、悲伤和中性三种情绪,同时记录和分析被试大脑的窄波频带 θ 波(4—6 Hz)、θ 波(6—8 Hz)、α 波(8—10 Hz)、α 波(10—12 Hz)的变化,发现相比观看悲伤和中性影片,观看厌恶影片引起更大的早 θ(4—8 Hz)波段节律的同步化,且前额皮层比枕部皮层同步化程度更高;被试在看中性影片时,α 波在枕部皮层呈现去同步化效应。矶谷等(Isotani et al.,2002)采用快乐和悲伤的音乐作为情绪诱发刺激,发现中性与正性情绪相比,α2、β2、β3 在额叶右侧 B6 区、右侧 B6 区和额叶中间 B10 区有更强烈的激活;而负性与正性情绪相比,θ 波在颞叶边缘的 B36 区有更强的激活。科斯塔等(Costa et al.,2006)同样采用影片诱发情绪的方法,考察同步化指标(synchronization index,SI)分析脑波节律(0.5—41 Hz)对正负性(悲伤和高兴)情绪的区分。结果发现,相比于中性影片,正负性情绪性影片均引发了所有脑波节律的同步化指标的增强,并且悲伤影片引起额区脑波的同步化的显著变化;而高兴影片主要是引起额区和枕区脑波的同步化。其他一些采用影片诱发情绪的研究结果发现,诱发烦躁情绪时,大脑右半球的 α 波比左半球低,且前颞叶皮质活跃性最高;而诱发愉快情绪时,则结果相反(Ekman,Davidson,& Friesen,1990;Davidson et al.,1992;Jones & Fox,1992)。克劳福德(Crawford,1996)在被试觉醒和催眠状态下诱发愉快和悲伤情绪,对被试大脑前额区(F3F4)、中央区(C3C4)和顶区(P3P4)的 11 个脑电图窄波频带进行分析,发现低频 α 波(7.5—9.45 Hz)在顶区出现左、右半球差异,而高频 α 波(9.5—13.45 Hz)无差异。相比于积极情绪状态,诱发被试的悲伤情绪时,其右顶区的 α 波(7.5—9.45 Hz)活动显著降低(Crawford,Clarke,& Kitner-Triolo,1996)。有研究者也发现,放松冥想时会产生喜悦情绪状态,这种喜悦状态常伴随着前额和中央区的同步化增强,尤以左前额区最明显;这种主观情绪体验与 θ 波变化相关(Aftanas et al.,2004)。以上研究结果表明,正负性情绪与大脑偏侧化之间存在普遍联系,右半球更多地参与负性情绪活动,而左半球更多地与正性情绪活动有关。

采用高空间分辨率技术的研究也发现大脑对情绪反应存在偏侧化现象。有研究者考察了脑内两侧杏仁核对情绪刺激的反应,发现大脑两侧的杏仁核在情绪加工中的功能可能不一致,即存在杏仁核的情绪偏侧化现象。如施耐德等(Schneider et al.,

1997)最早分别采用正电子发射断层扫描和脑功能核磁共振技术的研究都发现:当诱导出悲伤情绪时,左侧杏仁核明显激活。元分析研究证实,左侧杏仁核对愤怒刺激的激活增强(Bertsch et al., 2018; Krauch et al., 2018)。有许多研究发现杏仁核也与其他负性情绪(如悲伤、压力等)有关(Lévesque et al., 2003; Posse et al., 2003; Siep et al., 2019)。但也有一些研究发现左侧杏仁核还可能也参与高兴等正性情绪。施耐德等(1997)的研究发现高兴的面部表情也激活了左侧杏仁核。另外,右侧杏仁核也可能与消极情绪有关。有研究者给被试呈现听觉情绪刺激——笑声和哭声,让他们自我诱导产生相应的情绪,发现双侧杏核激活,但右侧更显著(Sander & Scheich, 2005)。有研究者让被试观看日本能剧(Noh theater)中的悲伤面孔和中性面孔,发现观看悲伤面孔时右侧杏仁核显著激活(Osaka et al., 2012)。从目前研究看,无论是积极情绪还是消极情绪几乎都引发了左侧、右侧或双侧杏仁核激活。巴斯等(Baas et al., 2004)对54项fMRI和PET研究的元分析发现,左侧杏仁核的激活显著多于右侧杏仁核。韦杰等(Wager et al., 2008)对65项脑成像研究的元分析也得出同样结论,即杏仁核功能偏侧化偏向左侧,且与消极情绪高度相关。有研究者们发现,右杏仁核与边缘区域的功能连接与大脑快速察觉到的预期一致的愤怒情绪线索有关(Dzafic et al., 2019)。情绪加工涉及的边缘系统除杏仁核外,海马、下丘脑等也都参与了情绪加工。因此,关于杏仁核是否存在大脑情绪加工的偏侧化,还需要与其他脑区联系起来进一步研究。

恐惧、厌恶、悲伤负性情绪加工的神经环路

由于不同情绪存在正负效价、唤醒度等差异,因此,不同情绪可能会诱发不同脑区的激活,但也存在脑区的重叠激活。以往许多研究重点探讨和区分了恐惧、厌恶和悲伤三种基本情绪加工的中枢神经机制。

恐惧 恐惧情绪加工对人类的生存和适应具有重要意义(Pessoa & Adolphs, 2010; 冯攀, 冯廷勇, 2013)。耶胡达和勒杜(Yehuda & LeDoux, 2007)总结以往研究提出了恐惧情绪加工的中枢神经环路(如图5.2-2),认为恐惧加工的中枢神经机制主要涉及以下几个脑区:杏仁核、海马、前扣带回、内侧额叶皮层、眶额皮层。其中,杏仁核、前扣带回和眶额皮层在恐惧情绪的形成和表达中起重要作用;海马是恐惧记忆与巩固的神经基础;前扣带回、内侧前额叶是恐惧情绪的调节中枢;同时,内侧前额叶在条件化恐惧消退中发挥着重要作用。托马斯等(Thomas et al., 2019)对新生儿的研究表明,杏仁核—脑岛的连接与恐惧有关。我国研究者雷震等(2021)探究了外显和内隐情绪加工条件下恐惧情绪韵律加工过程中的大脑皮层神经活动,发现对恐惧韵律进行特异性加工的脑区为右侧缘上回。克歇尔等(Köchel et al., 2013)认为右侧缘上回与注意、警觉功能密切相关,其研究采用恐惧、厌恶、中性的非言语声音,发现当被试加工恐惧声音时(例如恐惧或痛苦引发的尖叫),右侧颞上回和双缘上回侧的激活显著增加,这些脑区的交互作用反映了人类恐惧情绪加工的基本神经机制。

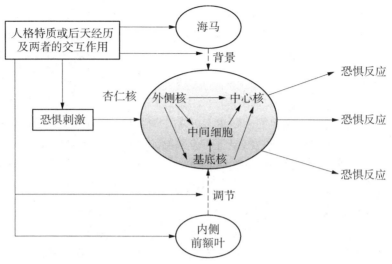

图 5.2-2　恐惧情绪加工过程的神经机制
来源:冯攀,冯廷勇,2013.

厌恶　厌恶是由令人不愉悦、反感的事物诱发的一种自然的防御情绪,是为了保护自己免受潜在污染源的伤害(Oaten et al.,2018)。负责厌恶加工的主要脑区有脑岛、基底神经节,相关脑区包括前扣带回、杏仁核和丘脑。除此以外,丘脑(Aleman, Swart, & van Rijn, 2008)、内侧前额叶等也参与厌恶加工(Phillips et al., 1997)(综述见:黄好,罗禹,冯廷勇,李红,2010)。厌恶情绪加工神经环路如图 5.2-3 所示。

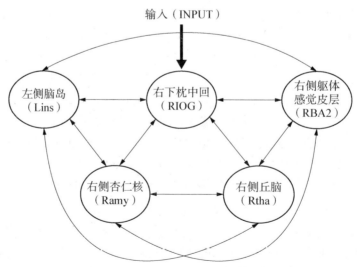

图 5.2-3　厌恶情绪加工的动态因果模型环路
来源:Tettamanti et al., 2012.

考尔德等(Calder et al.，2000)直接研究一名左侧脑岛、壳核及苍白球受损病人，发现该病人不能够识别厌恶情绪，不能识别言语声音表达的厌恶情绪(如呕吐声)，不能对厌恶情景产生厌恶情绪，厌恶感受性显著降低。但该病人识别恐惧、愤怒、悲伤等其他负性情绪的能力与正常人一样。基底神经节参与厌恶加工的证据主要来自对基底节受损病人的研究，包括亨廷顿病人(Huntington's disease)、帕金森病人(Parkinson's Disease)和威尔逊病人(Wilson's Disease)，这三类病人在基底神经节上都存在不同程度或部位的损伤。哈耶斯等(Hayes et al.，2007)考察了亨廷顿病人在7类不同情绪任务上的表现，这些任务分别是：(1)情绪场景产生任务；(2)非言语情绪声音识别任务；(3)情绪词语分类任务；(4)情绪图片分类任务；(5)厌恶敏感性测试；(6)嗅觉测试；(7)味觉测试。在情绪词语分类任务和厌恶敏感性测试任务中，亨廷顿病人与控制组不存在显著差异，但在其他任务中的厌恶加工能力都表现出不同程度受损。亨廷顿病人对言语输入的厌恶加工能力没有受损，而其他类型的厌恶加工能力受损，这可能是由于亨廷顿病人关于厌恶的言语知识保存完好，只是厌恶感受性受损，因此基底节可能与厌恶感受相关。研究发现，无论是体验厌恶情绪还是观看他人厌恶表情都显著激活了前扣带回，杏仁核在厌恶加工中也有激活(Aleman, Swart, & van Rijn, 2008; Phillips et al.，2008)。杏仁核和脑岛在某些情绪加工中存在共变关系(Trautmann, Fehr, & Herrmann, 2009)，而脑岛是厌恶加工的重要结构，因此杏仁核也可能参与厌恶加工。近期，进一步表明后脑岛(posterior insula)和前脑岛(anterior insula)之间存在明显的功能性分离，其中后脑岛比前脑岛更多地参与初级道德厌恶水平，而前脑岛比后脑岛更多地参与二级道德厌恶水平(Ying et al.，2018)。也有研究者发现，被试在观察厌恶的面部表情或阅读含有厌恶内容的文字时，左前脑岛的同一区域都会做出反应(Ziegler et al.，2018)。

悲伤 悲伤是种系发展演进中形成的一种基本情绪。前额叶皮质、扣带前回和杏仁核在悲伤情绪加工中起主要作用。其他区域如颞叶、顶叶、基底神经节、丘脑、下丘脑等也参与悲伤情绪的加工。研究发现：悲伤的表达如人的哭泣或动物的哀嚎由导水管周围灰质回路所控制(Panksepp, 1992)。在人脑中，这一回路包括中脑、内侧丘脑、隔区、视前区和前带状束皮，刺激该回路可引起或加强哭泣，损伤该回路的相关区域，可减少甚至消除哭泣或哀嚎。

一项采用正电子发射断层扫描技术的研究中，研究者要求被试观看愉快或悲伤的面部表情图片并体验由此引发的心境。结果发现，悲伤诱发时，前额叶左侧较之右侧区域脑血流更大(Schneider et al.，1994)。有研究者采用脑电技术考察了用快乐、悲伤、愤怒、恐惧和厌恶5种不同效价的情绪面孔诱发被试的情绪，发现悲伤诱发时，被试右侧额叶激活最高(Esslen et al.，2004)。关于杏仁核与悲伤之间的关系，博格特等(Bogert et al.，2016)发现悲伤等负面情绪与左侧前扣带回、额中回的激活和眶额皮质的抑制有关;还有研究发现,当母亲们看到自己孩子悲伤的面孔时,她们的杏仁核和前扣带皮层表现出激活(Kluczniok et al.,2017)。研究发现悲伤诱发任务的结果确定了两个主要的脑网络模块:一个认知模块和一个情绪模块,以及它们的中枢区域:左背外侧前额叶皮层和左前额叶内侧极。这些中枢区域并没有在悲伤后调节它们的相互功能连接,但是它们通过一个中间区域(亚属前扣带回皮层)来调节(Ramirez-Mahaluf et al.,2018)。

小结

本节系统地介绍了测量情绪中枢神经反应的常用方法,包括正电子放射断层扫描、功能性磁共振成像和脑磁图、事件相关电位等高时间和空间分辨率技术。也介绍了情绪的中枢神经系统反应模式,包括不同基本情绪的脑电波激活模式和脑区激活模式,并详细论述了不同情绪加工过程中起重要作用的各个脑区及其作用。研究发现额区脑电不对称现象、情绪加工的大脑偏侧化现象以及不同情绪诱发下脑区重叠激活现象等,它们表明杏仁核、下丘脑、前额叶皮层等脑区在情绪加工中起到不同作用。总之,中枢神经各部分的功能既是定位的,又接受皮层的影响与控制,每一种基本情绪都有自己特异性的变化,并且不同情绪间的中枢神经反应模式是有差异的。

复习思考题

1. 简述不同情绪中枢神经反应测量方法的异同。
2. 展开论述情绪加工过程中激活脑区模式及其作用。

第三节　情绪的生理化学反应

内分泌系统(endocrine system)由内分泌腺和分布于其他器官的内分泌细胞组成。内分泌系统与神经系统经常被视为两个彼此独立的系统,但实际上二者是紧密联系、密切配合和相互作用的两大生物信息传递和调控系统。下丘脑支配着内分泌细胞集中的诸多腺体,构成了几个激素轴系统,包括下丘脑—垂体—肾上腺轴、下丘脑—垂体—甲状腺轴等,对全身进行情绪的神经内分泌调节。

1　情绪生理化学反应的测量方法

不同情绪状态会显著引起肾上腺、甲状腺和脑垂体分泌的各类激素的变化。了解对这些激素的检测方法和技术,有助于理解情绪是如何影响神经内分泌系统激素变化的。

肾上腺激素的检测 肾上腺皮质分泌的激素按其功能分为盐皮质激素、糖皮质激素和性激素三大类。盐皮质激素由球状带合成,是 21 碳皮质类固醇,以醛固酮和 11 - 脱氧皮质酮为代表,主要功能是调节体内水盐代谢。糖皮质激素由束状带合成,也是 21 碳皮质类固醇,以皮质醇与皮质酮为代表,主要功能是影响体内蛋白质、糖、脂类代谢。皮质醇是体内最主要的糖皮质激素,在肾上腺皮质内合成。皮质的合成和分泌受下丘脑—垂体—肾上腺轴的负反馈机制的调节。性激素由网状带合成,包括雄激素和雌激素,主要功能是维持第二性征和正常的性腺功能,其中雄激素为 19 碳皮质类固醇激素,包括脱氢表雄酮及脱氢表雄酮硫酸酯、雄烯二酮和少量睾酮;而雌激素为 18 碳皮质类固醇激素,主要有雌酮和雌二醇。雌激素同时也分泌孕酮,孕酮为 21 碳皮质类固醇。

皮质醇测定 皮质醇可以分别从血液、尿液和唾液中测定。目前临床上可以有效检测血清总皮质醇、尿游离皮质醇、唾液皮质醇等。检测的方法有许多种,如竞争蛋白结合法、高分辨色谱分析法、放射免疫分析法、电化学发光免疫分析法、荧光分析法、浸渍片法等(Appel et al., 2005; Leung et al., 2003)。

(1) 血浆皮质醇测定。血浆皮质醇能根据肾上腺功能变化及时反映血清总皮质醇变化情况及皮质醇昼夜节律性。在正常生理条件下,皮质醇的分泌早晨最高,午夜最低,通常采血以上午 8—9 时为正常值,正常值 175—550 nmol/L。常用测定技术是竞争法原理和电化学发光法。

(2) 尿游离皮质醇测定。尿游离皮质醇是血中游离皮质醇经肾小球滤过而来,尿中游离皮质醇与血液中游离皮质醇含量成正比。故测定尿游离皮质醇可反映血液中游离皮质醇水平。一般说来,尿游离皮质醇正常值为 55—250 umol/L。现在尿游离皮质醇检测最常用方法是萃取 24 小时小便后用电化学发光免疫分析法检测。

(3) 唾液皮质醇测定。皮质醇容易穿过细胞膜扩散进入唾液,细胞内扩散使唾液皮质醇浓度不受唾液流速的影响。一般而言,成年人的正常唾液皮质醇水平在 1—8 ng ml/L(2.75—22.07 nmol ml/L)之间,比血液中的皮质醇水平约低 100 倍(Khan et al., 2019)。唾液皮质醇能有效反映血浆皮质醇浓度,唾液皮质醇与血浆皮质醇昼夜节律水平变化完全一致(Nunes, 2009; Riad-Fahmy, Read, & Walker, 1979; Yaneva et al., 2004)。相对于血浆,测定唾液能给评估大脑皮质醇水平提供一个更直接的指标。近年来唾液皮质醇的测定已在国内外广泛开展,测定唾液已被证明有几个主要的好处:首先,它允许在很短的时间间隔内进行快速采样,从而能够连续监测皮质醇水平;此外,唾液中的皮质醇也以游离状态存在,与血液中的皮质醇不同,后者约 90% 与蛋白质结合。由于成人的正常唾液皮质醇水平比血液中的水平低 100 倍,因此检测技术需要高灵敏度和选择性检测(Khan et al.，2019)。

醛固酮测定 醛固酮(Aldostercne)为肾上腺皮质激素中的盐皮质激素,能调节人体内电解质的平衡和维持体液容量的恒定。其分泌也是昼夜节律,上午10时最高,午夜最低,分泌入血后,与血浆皮质类固醇结合球蛋白结合很少。目前临床上主要采用的醛固酮测定方法是放射免疫法、发光免疫分析法和高效液相色谱法(陈宇琼,李国祥,黄火强,2013)。

甲状腺激素的检测 血液循环中TSH、FT4、FT3三种典型甲状腺激素(thyroxin)的浓度与甲状腺功能关系密切,在甲状腺激素测定中具有重要参考价值。传统的甲状腺激素测定多采用放射免疫(RIA)法,近年来化学发光法或电化学发光分析法逐渐成为甲状腺激素的主要测定方法(朱立,连小兰,2003;胡蓉,2012)。

脑垂体素的检测 脑垂体分泌的激素主要包括促肾上腺皮质激素和促甲状腺激素(thyrotropin, thyroid stimulating hormone)。

促肾上腺皮质激素检测 促肾上腺皮质激素是腺垂体分泌的微量多肽激素,是肾上腺皮质活性的主要调节者,其释放的频率和幅度具有昼夜节律性。血液中的促肾上腺皮质激素水平在清晨觉醒之前可达到高峰,而半夜熟睡时则最低。临床检测促肾上腺皮质激素的技术主要有放射免疫法、电化学发光法等。

促甲状腺激素检测 促甲状腺激素的功能主要是促进甲状腺细胞增生,使甲状腺能够生长成正常状态,还能够促进甲状腺合成和分泌甲状腺激素。其浓度呈昼夜节律性变化,清晨2—4时最高,下午6—8时最低。现在医学检测促甲状腺激素浓度的技术有免疫放射分析、酶免疫分析、荧光免疫分析和时间分辨荧光免疫分析及电化学发光免疫分析(宋立军,2012;Dufour,2007),以及近年来为顺应现场快速检验医学发展的需要出现的微流控芯片检测技术、微粒子免疫检测法和免疫胶体金法快速检测法(王婷婷,陆汉魁,2016)。

2 情绪的化学反应模式

内分泌腺激素 情绪过程中的许多生理变化都同内分泌腺的活动有关,其中肾上腺与情绪的关系最为密切(Blomstrand & Lofgren,1956),它实际上是情绪内脏反应的最主要来源。肾上腺既受自主神经系统所支配,又受中枢神经系统的直接调节。肾上腺由皮质和髓质两部分组成,这两部分通过两条神经内分泌途径对情绪行为发生影响:一是下丘脑—垂体—肾上腺皮质系统,二是下丘脑—交感神经—肾上腺髓质系统。

下丘脑—垂体—肾上腺皮质系统 下丘脑和脑垂体既是神经系统的一部分,本身也是内分泌腺。情绪产生时,下丘脑发放促肾上腺皮质激素释放因子(corticotropinreleasing factor)调节垂体前叶促肾上腺皮质激素(adrenocorticotropin)的分泌量,而促肾上腺皮质激素又控制着肾上腺皮质类固醇的分泌和血液深度。下丘脑—垂体—肾上腺皮质系统轴功能障碍可能导致神经递质分泌功能变化,导致大脑兴奋性异常,也有可能促使抑郁情绪的产生(孔素丽 等,2021)。下丘脑—垂体—肾上腺皮质系统轴与情绪健康密切相关,如阿佩尔曼等(Appelmann et al.,2021)发现不良童年经历会造成下丘脑—垂体—肾上腺皮质系统轴失调,当面临压力时,个体皮质醇反应迟钝,进而增加成年后健康状况不佳风险发生的可能性。此外,有研究表明,高强度间歇训练会增加健康年轻男性的疲劳和困惑感,这可能会影响他们的情绪状态,如增加紧张焦虑、抑郁、沮丧、愤怒敌意等负面情绪。这种负面影响似乎与下丘脑—垂体—肾上腺皮质轴激活、促肾上腺皮质激素和皮质醇循环水平的增加有关(Martínez-Díaz & Carrasco,2021)。

皮质醇的分泌与个体的心理状态有关。一些研究认为消极情绪与皮质醇之间关系密切,恐惧、焦虑、无望、失控的情境可以造成皮质醇的释放(Buchanan, al'Absi, & Lovallo, 1999),因此皮质醇又被称为"压力荷尔蒙"。从生理学上来讲,不同效价的情绪唤醒,都会引发机体肾上腺素和皮质醇的释放。在急性应激情况下,动物和人类个体的肾上腺都会释放出肾上腺素,动物还会释放皮质酮而人类则会释放皮质醇,并且释放的激素会影响后续记忆,尤其杏仁核中去甲肾上腺素(noradrenaline,也称norepinephrine)的释放,提高了对高度情绪唤醒经历的长时记忆的巩固过程(李雪娟、张灵聪、李红,2017)。短暂的消极情绪与皮质醇之间存在显著的正相关关系,而短暂的积极情绪与皮质醇之间存在显著的负相关关系(Joseph et al.,2021)。有研究者让86名女性在承受压力源时应用了认知重新评估或表达抑制,重新评估组报告了更高的积极影响,而抑制组比对照组经历了更多的不愉快,并且表达出更高的皮质醇水平。此外,皮质醇水平在个体大脑和情绪调节之间起着不可忽视的桥梁作用。机体使用情绪调节策略后也能成功激活大脑内侧前额叶皮层及相关脑区,而活跃的内侧前额叶皮层会促使下丘脑—垂体—肾上腺皮质系统轴生成皮质醇激素,最终,升高的皮质醇反应会对个体的情绪体验产生积极影响(孟瑶、陈苡蓉、周仁来,2019)。

下丘脑—交感神经—肾上腺髓质系统 肾上腺髓质系统受交感神经系统控制。在对情绪性刺激发生反应时,交感神经同时刺激内脏器官和肾上腺髓质。通过神经的作用,内脏器官立即进入应激状态。肾上腺髓质分泌的肾上腺髓质则分泌肾上腺素(epinephrine)、去甲肾上腺素、多巴胺(dopamine)等能够促进生理应激反应,这些激素统称为儿茶酚胺。去甲肾上腺素对感觉唤醒有选择性影响,主导高级情感情境,如使受惊吓的个体特别敏感。多巴胺系统则控制着运动、认知、情感、摄食、内分泌调节等多种功能(孟娇龙、姜雪峰,2022),更多参与正性心理活动过程,主要对急迫状况预期进行调节。因此,人类的正性情绪性反应与高水平多巴胺的活动有关。有研究发现,用现代摇滚音乐或负性情绪图片诱发被试紧张、焦虑、苦闷和紧迫感等消极情绪,除造成被试的血压、心率发生明显变化外,去甲肾上腺素、皮质醇、促肾上腺皮质激素也明显增加;而用古典音乐诱发被试安宁、平静、放松等积极情绪,以及采用中性情绪图片诱发情绪时,刺激后机体血浆的肾上腺素(plasma epinephrine)、去甲肾上腺素、皮质醇、促肾上腺皮质激素水平则无明显变化(Gerra et al.,1998;Gerra et al.,2003)。

神经肽(neuropeptide) 肽是两个或多个氨基酸通过肽键连接而成的化合物。神经肽对情绪具有调节作用,但不同神经肽的作用有所不同。有些神经肽在激活和抑制具体情绪上起着执行作用,而另一些则只起辅助作用,如对神经整合过程起加强或延续时间的作用。此外,一些神经肽在外周和中枢神经之间起协调作用。由于自主神经系统可以反映情绪的变化,而神经肽能够极大地调节和促进躯体各种自主性神经系统的改变,引起包括躯体温度和心血管等的变化,因此,在自主神经系统和中枢神经系统间的神经肽物质,对情绪的识别与调节发挥了重要作用(靳宇倡,吴静,2016;张霞,雷怡,王福顺,2022)。由于神经肽的多样化系统在情绪控制中作用复杂,这里只介绍与情绪关系较为明晰的下丘脑神经肽、垂体肽、内阿片肽。

下丘脑神经肽 与情绪相关的下丘脑神经肽主要包括促皮质激素释放激素和促甲状腺激素释放激素。从下丘脑神经元释放出来的促皮质激素释放激素,首先激活脑垂体肾上腺素的应激反应;同时,靠近促皮质激素释放激素的神经元通过脑干启动先天脑环路,促使加强整合中枢应激反应。促皮质激素释放激素的主要作用是激活对恐惧、焦虑的反应,并分离痛苦反应。去甲肾上腺素对促皮质激素释放激素也有直接的抑制效果,而促皮质激素释放激素神经元对去甲肾上腺素有兴奋影响。促皮质激素释放激素神经元能促使神经紧张肽被耗尽而导致心理抑郁。

垂体肽 与情绪相关的垂体肽包括血管升压素和促肾上腺皮质激素。血管升压素能够调节记忆、选择性注意和一般性的认知活动。由于血管升压素的外周效应可使血压增高,因此被研究者认为具有情绪色调的性质。例如,由于受睾丸酮的控制,血管升压素在提高雄性的攻击行为中增加激动性,是发怒的基础。当血管升压素处于低水平时,产生正性情绪改变,直接与评价情绪刺激相联系。但血管升压素处于低水平,也有可能导致情绪和认知异常。

内阿片肽(opioid peptide) 内阿片肽主要可以分为脑啡肽类、内啡肽类、强啡肽类、内吗啡肽类四大类。内阿片肽在体内分布广泛,除广泛分布于中枢神经系统外,在其他组织和器官也有分布,如肾上腺、消化系统等。内阿片肽有抑制负性情绪和促进正性情绪的作用。大脑中的脑啡肽浓度很高,这种多肽与压力反应过程中的大脑功能有关,尤其是在海马体和前额叶皮层中(Blum et al.,2020),它使人产生幸福、愉快、兴奋和轻松的感觉。脑啡肽还能解除负性痛苦情绪,不仅能够解除躯体疼痛,还能去除社会性失落引起的痛苦。内啡肽是已知的最强有力的类鸦片物质。一般认为,愉快状态能刺激内啡肽使免疫系统起作用,即内啡肽能成为快乐的信号而可以导致体内平衡，使躯体免疫力提高。但内啡肽的功能不同于社交聚会及美食引起的快感或性兴奋，而是有很强的鸦片麻醉成分(Lu et al.，1992)。

神经甾体 神经甾体是有活性作用的甾体激素，如糖皮质激素、盐皮质激素、孕激素、性激素等。据临床观察发现，妇女的忧郁、焦虑、易怒常发生在孕酮较低的经前期，且孕酮相应增多的怀孕期负性情绪则大大降低，而孕酮减少的分娩后期易急躁忧郁。糖皮质激素可直接参与负性情绪的发生，也可通过5-羟色胺及皮质激素释放激素(corticotropin-releasing hormone)等激素发挥作用。对发情雌性小鼠研究表明，急性孕酮治疗组的小鼠接触被病原体感染的雄性气味的时间显著减少，证明孕激素可以提高病原体厌恶，并增强对病原体线索的回避(Bressan & Kramer，2021)。

雌激素 以往神经科学研究发现，卵巢激素影响情绪加工的脑区和情绪行为的产生，其中卵巢激素中的雌激素会影响女性的情绪行为(陈春萍，程大志，罗跃嘉，2012)。雌激素受体(estrogen receptor)分布于整个大脑，包括海马、杏仁核、丘脑和内嗅皮层等。这些脑区是情绪体验的关键脑区，因此雌激素可能会对情绪具有间接的影响(Gasbarri et al.，2012；孟娇龙，姜雪峰，2022)。通过对处于自然月经周期的女性的神经影像学研究结果证实，杏仁核是情绪处理的关键结构，更重要的是，它的活动受到卵巢激素浓度的影响(Osório et al.，2018)。在月经周期中，雌激素的生理性波动可以影响在编码时和处理情绪信息时的记忆(Pompili et al.，2016)。一项跨年组的研究发现，绝经期女性相比于年轻女性在情绪面孔加工中杏仁核活动明显降低，而改变体内雌激素水平时，这种趋势则逆转(Pruis et al.，2009)。此外，雌激素能够影响情绪的唤醒，改变个体情绪体验的强度。有研究者对经前烦躁症群体进行研究发现，在经前期有较高的抑郁、焦虑和压力，以及较低的情绪调节和耐受性，经前雌激素水平与经前烦躁症女性的焦虑和压力呈负相关，该关联仅在雌激素受体α-Xbal的G携带者中显著(Yen et al.，2018)。对28000名围绝经期综合征患者进行了不良情绪调查，结果发现具有焦虑患者占总人数的51%，而抑郁人数占比39%，病情严重的甚至还会引发自杀，对其自身的婚姻、家庭、社会等方面造成非常严重的影响(Ikegwuonu et al.，2019)。此外，有研究发现，雌激素还会影响女性面部情绪处理(Osório et al.，2018)。

小结

本节系统地介绍了测量情绪的生理化学反应常用方法和指标，详细介绍了基本情绪的生理化学反应模式。内分泌腺的改变与自主神经系统的改变相一致，而中枢神经系统、自主神经系统和内分泌系统之间存在网络性的交互作用关系。不同情绪状态会显著引起肾上腺、甲状腺和脑垂体分泌的各类激素的变化，而且情绪过程中的许多生理变化都同内分泌腺的活动有关，如肾上腺皮质主要通过下丘脑—垂体—肾上腺皮质系统以及下丘脑—交感神经—肾上腺髓质系统这两条神经内分泌途径对情绪行为发生影响。但有关情绪生理化学反应的特异化,已有研究虽已证实许多激素参与了情绪的加工,但其调控机制目前尚不明确,未来仍需进一步研究。

复习思考题

1. 简述情绪生化反应的测量方法与指标。
2. 展开论述肾上腺皮质对情绪加工影响的神经环路。

第四节 情绪自主反应与中枢机制的整合

如前所述,情绪是躯体唤醒、外显行为和主体体验等多成分交互影响的复杂心理现象。情绪的外周和中枢生理反应研究发现,一些基本情绪可能会伴随某种特异性的自主神经活动反应模式,而大脑网状结构、边缘系统(下丘脑、海马和杏仁核)和大脑皮层等诸多脑区可能是情绪活动的重要中枢结构。以往研究多采用分离的思路考察不同情绪的外周模式或中枢机制,未能全面阐述情绪的复杂特性及情绪体验与身体反应的交互影响(刘飞,蔡厚德,2010)。基于情绪自主神经反应的各项生理指标和脑激活状态,有研究者提出了情绪环路模型(Bechara, 2004; Damasio, 1998)和神经内脏整合模型(Hagemann, Waldstein, & Thayer, 2003; Thayer & Lane, 2009; Thayer & Ruiz-Padial, 2006),为情绪不同生理机制的整合提供了借鉴。

1 情绪环路模型

情绪环路模型(emotion circuit model)假设,大脑皮层的皮层下结构与躯体反应状态之间存在一个躯体环路(见图 5.4 - 1),该环路负责加工各种情绪信息和调控躯体反应,来源于外周生理反应模式的不同性质情绪感受在中枢脑区存在映射(Bechara & Damasio, 2005)。已有研究证明了该情绪环路的存在。有研究发现内脏腺体和骨骼肌等躯体状态的变化可以通过脊髓副交感神经和神经内分泌等通路反馈到中枢,从而影响个体的主观感受和决策行为,其中副交感神经是其主要通路,在实验中还发现情绪图片刺激出现后的 500 ms 内就可诱发心律变异率的改变,几乎同时也会引起躯体感觉皮层的激活,表明情绪活动中来自躯体的传入信息可以在很短时间内传至感觉皮层,参与对情绪感受的加工(Rudrauf et al., 2009)。研究者通过记录被试进行不同基本情绪(快乐、恐惧、厌恶、悲伤和愤怒)的自传体回忆任务时的皮肤电反应和胃动血流

(electrogastrogram),结果发现交感系统和胃肠系统的活动水平与被试对情绪唤醒度的评价呈正相关,表明不同性质的情绪感受可能伴随相应的躯体状态变化(Vianna et al.,2009)。

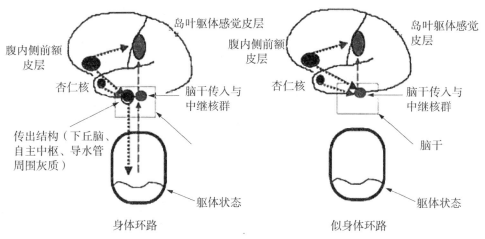

图 5.4-1　神经环路模型:身体环路
来源:刘飞,蔡厚德,2010.

2　神经内脏整合模型

神经内脏整合模型(neurovisceral integration model)着重强调情绪加工过程中前额皮层对皮层下脑区和自主神经系统的抑制性调控(见图 5.4-2),这种抑制效应主要通过孤束核的 γ-氨基丁酸神经元实现(Thayer & Ruiz-Padial,2006)。凯尼格(Koenig,2020)认为自主神经系统和中枢神经系统的功能相互作用是在生命过程的早期形成的,特别是青春期,代表了整个回路发展中最敏感的时期,形成了整个生命周期中适应性神经内脏调节的基础。孤束核的 γ-氨基丁酸是一种抑制性神经递质,如果将其通路阻断,会导致高血压和窦性心动过速等自主反应失衡。神经内脏整合模型最核心的观点是前额叶迷走神经通路抑制皮层下区域(特别是杏仁核)的活动。这些皮层下和前额叶大脑区域也与情绪调节有关,正如在神经内脏整合模型内部的概念化的那样,调节压力和情绪的能力与调节自主唤醒和器官功能的生理系统密切相关。一方面,不同情绪状态的体验诱发了明确的生理唤醒模式。另一方面,增加的生理唤醒限制了一个人自主调节瞬间情感状态的能力(Koenig,2020)。

神经环路模型和神经内脏整合模型在阐述情绪生理机制的思路上存在明显差异,前者强调外周反应对中枢脑区的映射作用,试图解释情绪经验产生的生理基础;而后

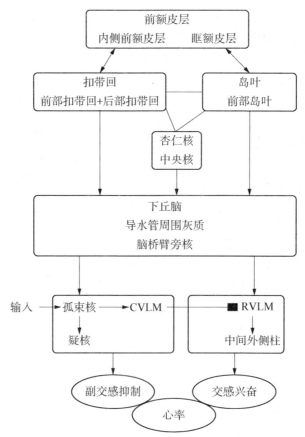

图 5.4-2 神经内脏整合模型：前额叶皮层对心率的影响。CVLM 指延髓尾端腹外侧区(caudal ventrolateral medullary)；RVLM 指延髓头端腹外侧区(rostral ventrolateral medullary)。

来源：刘飞,蔡厚德,2010.

者则强调中枢脑区对外周反应的抑制性调控,试图说明情绪调节的神经基础(刘飞,蔡厚德,2010)。将外周反应模式与中枢神经活动整合是未来情绪生理机制研究的一个重要方向,目前,已有研究者尝试将多通道生理仪器与脑功能核磁共振技术结合起来,这为探讨情绪的外周反应与中枢神经反应的整合提供了可能。

单独考察情绪的外周生理反应或中枢机制,并不能全面阐释情绪的复杂特性,越来越多的研究已证实,应从整合的视角将情绪的外周生理反应模式与中枢神经机制进行有机联系,将情绪的自主神经活动反应与中枢神经激活相结合,基于情绪自主神经反应的各项生理指标和脑激活状态,通过情绪环路模型和神经内脏整合模型为情绪不同生理机制的整合提供了研究途径,未来研究应继续探索如何将二者有效结合,并依靠相关仪器与技术将情绪的外周神经反应与中枢神经反应相整合,以期更全面地理解情绪的复杂心理现象。

小结

　　本节系统介绍了神经环路模型和神经内脏整合模型的区别与联系,从整合的视角考察不同情绪的外周模式或中枢机制,为理解情绪的复杂特性及情绪体验与身体反应的交互影响提供了新视角。

复习思考题
1. 简述神经环路模型是如何影响情绪加工及躯体反应的。
2. 展开论述神经环路模型和神经内脏整合模型的区别与联系。

第 6 章

情绪的毕生发展

个体的发展是一个多维、动态、多功能、非线性的毕生过程(Baltes et al., 2006),而情绪的发展正是其中最重要的过程之一。情绪发展是儿童在生理逐渐成熟和社会化的过程中逐渐获得在社会文化规范下理解、表达、控制情绪的能力的过程。情绪的毕生发展变化不仅反映了情绪体验的多样性,也体现了个体心理发展的许多特征。这些特征包括情绪的心理生理成熟,情绪知觉、理解、共情和自我认识能力的发展,情绪表达规则的掌握,以及情绪调节能力的发展。这些能力如何发展成熟,以及如何整合在一起来塑造情绪的体验和表达的过程构成了情绪的发展。

随着人的生理成熟到老化以及社会适应的过程,人类情绪的发展首先表现出了情绪的生物属性,并逐渐反映出更多的社会文化属性。在人类的婴儿期到青春期,情绪相关的各个脑结构相继逐渐发育成熟,直到成年期相对稳定,然后到老年期,一些情绪脑结构发生退化。这些神经生理基础的变化,也必然带来情绪发展性变化,使得不同时期情绪的发展表现出独特的特点。在人生的每个阶段,情绪的理解、体验、表达和调节能力的发展推动了个体心理特征的发展及其与外部社会的互动,同时这些心理特征的发展及其社会文化背景也反过来推动了情绪的发展。例如,从父母对婴儿情绪的反应到日常生活中的情绪观念等点点滴滴中,社会文化使得某些情绪在社会生活中特别突显,从而引起这些情绪的更多体验和表达;而大脑边缘系统和前额叶等功能结构的发育成熟决定了儿童的情绪体验和调节能力何时获得及如何发展。

考虑到其他章节已经涵盖了成年期的情绪功能,本章基于情绪的生理发展特点,主要围绕人类毕生发展早期(婴儿期到青春期)和晚期(老年期),分别从神经生理基础和社会文化的角度阐述情绪发展的生物性和社会文化属性。

第一节 情绪的早期发展

在整个毕生发展过程中,神经生理的成熟、自我理解和理解他人能力的发展、逐渐增强的对人与环境评价能力、社会交往和自我控制能力的发展以及对社会习俗和规则的认识,都与情绪的发展密切相关。当代的情绪发展理论大多认为,情绪发展既受生理成熟的制约,也受到认知、言语能力发展和社会文化的影响。在初始阶段,由于神经生理发育的不成熟、认知能力发展的不足和社会经验的匮乏,人类婴儿的情绪更多表现为先天的基本情绪,承担着婴儿与其照顾者之间的社会交互功能。例如,刚出生1到2天的新生儿就会有痛苦、厌恶和微笑反应,与生理需要是否被满足密切相关。这些先天的情绪也成为了人际互动的社会化开端。随着生理上的成熟和心智成长,情绪越来越受社会文化因素的影响。在生理成熟、认知发展和社会经验的累积过程中,初级情绪慢慢分化出复杂的社会情绪。因而,情绪既是先天的生物反应,也是后天的社会产物。

1 当代情绪发展理论

当代的情绪发展理论多种多样,其观点可以分为生物学取向、机能主义取向、认知取向、社会文化取向和情绪系统取向。

生物学取向的观点认为情绪发展首先是生物的变化,即神经生理机能的成熟,强调某些情绪状态是先天预设好的,在后天的生活中会逐渐显现出来。其中,情绪分化理论是这类观点的代表。该理论认为情绪发展是一个逐渐分化的过程,或者是从一种初始的一般的兴奋状态,或者是从正性和负性状态,逐渐分化的过程,代表人物包括布里奇斯(Bridges)、林传鼎、汤姆金斯(Tomkins)和伊扎德(Izard)等。伊扎德的分化情绪理论(differential emotion theory,DET)更加强调情绪系统的先天预设性,认为情绪是分立的,每一种情绪都有独立的神经化学、动作表情和心理体验过程,不同的情绪具有不同性质、特点和意义(Izard,1977)。

机能主义取向的观点对情绪的界定是依据个人与环境的关系和活动倾向性,而非主观情感状态(Campos et al.,1994)。这类观点认为,情绪是在目标的指引下,机体和环境相互作用的模式;每一种基本的情绪是一族紧密相连的情绪,每一个情绪家族都与特定的目标及特定的评价相连;一些目标与评价可能在出生时就存在,形成了"一个终身的情感连续性的固定核心"。与生物学观点不同,机能主义观点认为不存在固化的生理"硬件"对应于某种情绪,对某种情绪的反应是因机能(目标)而变化的。

认知取向观点强调情绪体验依赖于评价、理解等认知过程,而认知过程又依赖于社会化。因此,情绪发展受个体认知能力和自我概念发展的制约。刘易斯(Michael Lewis)是这类观点的代表人物,他认为婴儿在自我觉知之前并不是没有情绪状态,而是他们体验不到情绪状态;如何体验情绪状态依赖于社会化的历程,依赖于个体、家庭和文化;成人期的大部分情绪在生命的头三年已经出现和形成,尽管还有些情绪可能后来才出现,或有些情绪后来变得更精细化(Lewis,1992)。

社会文化取向的观点假设"情绪"是个体内和个体间所产生的社会建构过程的产物(Mesquita, Boiger, & De Leersnyder, 2016)。这类观点没有假设作为基础的情绪状态的存在,认为生理变化构成了感觉活动报告的基础,但它只不过是个体情绪行为的附属品,而非原因。

情绪系统取向的观点认为任何特定的心理过程都是元素的组织,这些元素在相互区别与相互联系这个方向上,会发生质的变化(Sroufe, 1996)。因此,情绪系统的发展,有一系列阶段的转变。发展是以转换作为特点的,所有的行为经历了一系列从简单和更整体的形式向更分化和成熟的形式变化。

上述情绪发展理论综合起来反映了情绪的发展具有生存适应性价值。个体的某些情绪模式从一出生就发生,并能持续一生帮助个体适应新的环境。随着社会化和认知发展,个体与情境交互模式的数量、复杂程度不断发展变化,其情绪也就得到了不断的分化和发展(刘国雄,张丽锦,2010),表现为体验、理解、表达和调节等各种情绪能力的发展。

2 情绪体验和表达的发展

2.1 情绪体验

情绪是与生俱来的,随生长发育和社会文化经验而逐渐分化。婴儿早期的行为可以分为趋近和回避行为,然后在此基础上分化为各种情绪行为(图 6.1-1, Lewis, 2014)。一般认为,婴儿在5到6周时出现兴趣和微笑,即社会性微笑;3到4个月开始出现愤怒和悲伤;6到8个月开始体验到对母亲、抚养者等亲近者的依恋,并随之产生陌生人焦虑和分离焦虑等。随着生理的进一步成熟和社会化过程中实践经验的增多,幼儿的基本情绪逐渐分化和发展,向更复杂多样的形式转变。大概在1岁半至2岁左右,婴儿逐渐体验到羞愧、自豪、同情、内疚等更高级更复杂的自我意识情绪(表 6.1-1, Izard, 1991; Izard & Ackerman, 2000; Lewis, 2014)。这些情绪的出现反映了儿童社会化的结果,表明儿童开始掌握并能够利用社会文化规范来评价自己的行为,从而产生复杂的社会性情绪体验。进入幼儿期,儿童情绪的体验以生理性体验向社会性情绪体验过渡。学龄前儿童在成人满足其安全和爱的需要时产生愉快的情绪体验,也在与老师、同伴交往的过程中体验到各种社会性情绪。3 到 5 岁的学龄前儿童已经可以反省自己的情绪体验,并以面部表情、姿态行为、声音情绪等形式单独或混合地表达出来,还会通过语言与家人和同伴分享讨论,或在角色游戏中演绎。这个阶段儿童的自我意识情绪也更强烈,已开始认识到情绪体验的前因后果以及情绪对社会交往的影响。

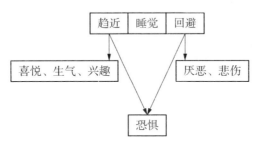

图 6.1-1　早期情绪行为的分化
来源:Lewis,2014.

表 6.1-1　基本情绪和自我意识情绪的发展

	基本情绪	自我意识情绪
分类	高兴、悲伤、恐惧、兴趣、愤怒、厌恶、惊讶	自豪、内疚、羞愧、尴尬
起源	人类的生物本能	基于社会价值和期待的唤醒
普适性	有充分证据支持人类普适性	尚不清楚是否跨文化一致
发展	出生或婴儿早期出现	在 2—3 岁末出现

来源:Izard,1991;Izard & Ackerman,2000.

进入小学后,随着学校环境的改变、认知能力的提高,学龄儿童情绪的稳定性逐步增强。情绪已开始逐渐内化,小学高年级学生已逐渐能意识到自己的情绪表现以及随之可能产生的后果,情绪的冲动性和易变性逐渐减弱,其基本情绪状态是比较平和的。学龄儿童情感也日益丰富,随年龄增长分化出越来越多的情绪状态,并且继续出现一些高级情感,如道德感、尊重、怜悯等;情感指向的事物也不断增加,越来越多的事物能够引起儿童的情感体验,集体生活中的事件,与同伴之间的关系、与老师之间的关系,学校、班集体对个人的要求和评价等,都会引起学龄儿童的复杂多样的情绪体验。

青春期是心理更复杂的时期,青少年开始内省自身的情绪体验,并且对他人尤其是同伴的情绪十分敏感,对情绪符号(如音乐)和情绪事件的感受十分强烈。青少年情绪由强烈的外部表现逐步转变为比较稳定的内心体验(张文新,2002)。青少年情绪体验的时间也有所延长,表现出心境化的特点(陈宁,2009),情绪体验的内容更加深刻丰富,社会性情绪占主导地位(张文新,2002)。但是,在青春期,类似婴儿期的情绪波动又重新出现。与小学儿童和成年人相比,青少年情绪体验表现出波动性明显的特点,具有更多的极端而短暂的情绪。

2.2 情绪表达规则的理解和使用

情绪表达规则的理解和使用能力主要涉及情绪表达规则知识、情绪表达规则目标以及情绪表达规则策略三个方面(侯瑞鹤,俞国良,2006;Jones et al.,1998)。情绪表达规则知识是指儿童根据具体情绪情境要求控制和调节各种外部情绪表情使其符合社会期望的知识,反映了儿童对情绪表达规则的理解。情绪表达规则目标指儿童使用情绪表达规则控制和调节自己外部情绪表情的动机和目的。这是决定儿童情绪表达规则使用的重要因素,包括考虑他人感受的亲社会目标、维护社会规范和准则的社会规范目标和保护自尊、远离冲突的自我保护目标等。情绪表达规则策略是个体利用规则调节或改变外部情绪表情的方式,体现了儿童如何使用表达规则。情绪表达发展的一个重要方面是在不同社会情境下对情绪表达规则的理解和运用。例如,一个人收到了自己并不喜欢的生日礼物,但还是要表现出高兴的样子。人们通过情绪表达规则的运用来掩饰真实的感受,而表达出更符合社会目标的情绪,以达到个人目标(如保护自尊)或符合社会规范(如避免伤害别人的感情和维护人际关系)。

情绪表达规则的理解和使用能力是幼儿在社会化过程中逐渐发展起来的,较小的儿童并不完全具备这种能力。因此,较小儿童可能拒绝不喜欢的礼物,表现出不恰当的行为。但自我意识情绪的出现表明学龄前儿童已经对情绪表达规则知识有初步的认识。大约在3到4岁,儿童开始出现了区分内外情绪的认知能力(Josephs,1994),可控制自己的情绪表达来顾及他人的感受(Banerjee,1997)。6岁左右,儿童掌握了区分情绪的外在表现(即表面情绪)和内心真实体验(真实情绪)的技能(刘航,刘秀丽,2014),这是和情绪表达规则理解有关的能力。但是,由于认知能力和社会能力发展的限制,儿童情绪表达规则的理解直到小学阶段才得到快速发展,在9岁左右达到最快速的发展期(侯瑞鹤,俞国良,2006)。童年中期则是情绪表达规则理解的重要发展时期,儿童开始能够真正理解情绪表达规则的意义和目的(Jones et al.,1998;Saarni,1999)。随后的几年里,儿童对情绪表达规则意义、适用范围和重要性的理解能力显著提高。儿童开始理解人们可以在不同的社会情境中真实表达或者掩饰伪装自己的情绪。同时,儿童也开始学会利用情绪表达规则掩饰自己的真实情绪体验。小学之后,儿童对情绪表达规则的理解能力保持在相对稳定的水平(侯瑞鹤,俞国良,2006)。在这个过程中,儿童逐渐获得社会的情绪表达规则,用以指导自己在特定社会情境下表现出社会认可的情绪。

3 情绪理解的发展

情绪理解指个体理解情绪的原因和结果的能力,以及应用这些信息对自我和他人产生合适的情绪反应的能力(徐琴美,何洁,2006;Cassidy et al.,1992)。由于情绪过程是一个包含多个成分的动态过程,情绪理解能力被定义为理解这些情绪成分及其关系的能力(Camras & Shuster,2013)。相应地,以往对儿童情绪理解的研究也分为多个主题,包括:对情绪表情的识别、对情绪情境的识别、对愿望和情绪关系的理解、对信念和情绪关系的理解、对真实和表面情绪的区分理解、对多重情绪的理解(Pons et al.,2004)。情绪理解是情绪交流和建立社会关系的前提,是个体发展和社会适应的基础。一般来说,情绪理解能力越强,儿童越能形成合适的社会反应,因而社会交往能力和情绪适应能力也越强(Camras & Shuster,2013;Izard et al.,2011)。

情绪理解的发展与大脑发育成熟的时间顺序有关,因而全世界幼儿情绪理解发展的顺序大致是相同的(Pons & Harris,2005;Tenenbaum et al.,2004)。个体从出生开始,随着年龄的增长、生理的成熟与社会互动经验的增加,儿童对情绪内涵的理解和运用的各种情绪知识日益精细和复杂。半岁左右的婴儿已经可以通过一些基本面部表情和情绪声音的意义来判断他人情绪,表现出人类最初始的情绪知觉能力。到2岁左右,幼儿可以很好地识别面部表情。在婴儿时期,将情绪情境与其情绪意义联系起来的能力已经萌芽。这一能力随着心理理论能力的发展在3到5岁之间又有了新的变化。与"朴素心理理论"一致,2到3岁的孩子开始明白情绪与愿望的满足有关,3岁可能是儿童以愿望为基础进行情绪理解的关键年龄。而以信念基础的情绪理解出现较晚,儿童在4到5岁才获得了情绪观点采择能力,可以体会到情绪和想法、信念和期望之间的更复杂关系(Thompson & Lagattuta,2006;Wellman,2002)。也就是说,幼儿对情绪的判断已经可以超越外显的面部表情或肢体动作以及情绪情境信息,从而根据他人内在的愿望、信念、记忆和对情境的评价来理解情绪。近期的研究发现,这些能力可以通过训练得以提高(Sprung et al.,2015)。

到童年中期,孩子们开始有明显的情绪过程概念,懂得情绪如何随着时间的推移逐渐消退,理解某种情绪与其原因的关系,知道个人背景、经历、性格如何产生独特的情绪反应模式(Thompson,1990)。到10岁左右,儿童才能较好地区分真实感受和表面情绪。7岁儿童能识别同一性质的情绪(例如都是消极情绪),9到10岁的儿童开始认识到同一个事件可以同时诱发多种情绪(即理解多重情绪),如学校放假时产生的既高兴(比如可以和家人出去玩)又难过(比如与老师和好同学分别)的情绪。青少年时期,青少年情绪理解能力的发展与自我意识觉醒和人格成熟密切相关。青少年已经能够更好地理解情绪的原因,知道人际关系、自我反省和生存焦虑中情绪的复杂性

(Harter，2006)。这些也往往体现了青少年的矛盾情绪体验、情绪自我调控、人际经验和心理冲突。

4 共情的发展

共情(empathy)指知觉到他人的情绪体验,并产生相应的情绪反应,即对他人的情绪产生共同感受的反应。它涉及儿童对他人情绪的理解以及表达能力。共情包含情绪共情和认知共情两种过程,有着不同的发展机制(黄翯青,苏彦捷,2012)。黄翯青和苏彦捷(2012)认为情绪共情是一种与生俱来的能力,从婴儿期直到成年期呈现下降趋势,到老年阶段有所上升,呈现出 U 形发展轨迹。婴儿经常会对知觉到的他人情绪产生共鸣反应,例如听到他人哭声会感到烦躁不安,并产生更多的哭泣反应(Field et al.，2007)。婴儿期之后,情绪感染出现了下降的趋势(Geangu et al.，2010),盲目复制他人情绪行为的共鸣反应在 3 岁之后也基本消失(Hoffman,1977)。

一般来说,认知共情相对于情绪共情发展相对较晚,从出生直到成年期呈现上升趋势,在老年阶段逐渐下降,呈现倒 U 形的发展轨迹(黄翯青,苏彦捷,2012)。随着儿童早期情绪理解能力的快速发展,儿童开始可以对他人的痛苦产生真正包含认知成分的共情和其他各种情绪反应。认知共情在 1 到 2 岁的学步期中快速发展。在日常生活和实验场景中,学步期儿童就已经可以对母亲的悲痛做出关切反应(Zahn-Waxler,2000),12 个月婴儿会安慰悲伤的同伴,14 到 18 个月时就能表现出自发的助人行为(Warneken & Tomasello,2009)。随后一年里共情反应的范围更广,也更复杂。早期的共情反应偶尔伴随着亲社会行为,如努力安慰悲伤的人;但随着年龄的增长,共情总是和助人行为以及其他亲社会行为有关(Eisenberg et al.，2006)。到童年中期,儿童开始具有真正的共情能力和更强的情绪理解能力。这些能力的发展也增强了儿童对他人情绪的同感敏感性。

5 情绪调节的发展

情绪调节(emotion regulation)是指个体对具有什么样的情绪、情绪什么时候发生、如何进行情绪体验与表达施加影响的过程(Gross,1998),涉及个体内部情绪体验和外部表达的调控。情绪调节能力也是发展较早的能力之一。具有情绪调节能力的儿童知道在人际交往中能够根据需要隐藏和改变情绪反应,知道利用一些策略去调节情绪。

大量研究表明,情绪调节能力在 1 岁前就已经初步发展(Eisenberg et al.，2014)。大概 3 个月左右,早期情绪调节就开始出现,更多表现为无计划、不受监控的状态。在婴儿早期,情绪调节更多的是一种内部生理机制的调控,主要是无意识的对偏好刺激的趋近和对厌恶刺激的回避。婴儿调节能力的增强依赖于注意机制和简单运动技能的发展,并使婴儿能够协调运用注意集中和注意分散来调节自己的积极和消极情绪体验。例如,婴儿可以通过转头、吮吸手指、摸头等策略缓和自己的消极情绪。婴儿5个月时已经体现了较强的交流能力,如他们的哭泣是为了得到别人的关注,表达自己的饥饿、痛苦等状态和情绪。7个月时,婴儿开始能够辨别他人的面部情绪,在一定程度上理解一些常见表情的情绪含义。8到12个月,婴儿有可能从以生理成熟为基础的自我情绪表达和对情绪的经验两方面形成对一些负性情绪的理解。总体上,6到12个月这半年是婴儿情绪调节发展的重要阶段(Thompson,1994),这些能力的出现使婴儿的情绪调节行为更加具有目的性和策略性。

1岁末,婴儿自我意识的增强和认知能力的提高促进了情绪调节能力的进步。婴儿的情绪调节变得更主动和更有目的性。婴儿开始有意识地做出一些行为来促进自身情绪目标的实现。例如,婴儿开始有组织、有顺序地掌握一系列动作,从而可以灵活地伸手趋近、缩手躲避和吮吸手指自我安慰。婴儿的情绪调节能力像这一时期个体其他方面的发展一样,主要依赖于外界帮助,但是已经可以看到个体能动性的初步表现。

1到3岁的儿童开始出现自我意识,不但能感受到消极情绪,同时也能够意识到如何借助于他人和自身力量改变消极情绪,从而使自己感觉更好。因此,1到3岁的儿童开始更有能力控制自己的情绪,随着年龄的增长,他们能更自主地调节自己的情绪(姚端维 等,2004;陆芳,陈国鹏,2007)。从婴儿期到儿童后期情绪调节的发展存在三个基本趋势:从依靠外部调节逐渐发展为依靠内部调节、内部调节策略的发展以及儿童根据不同环境选择适当策略的应对能力的增长(Morris et al.,2011)。学龄前期的儿童主要依赖抚养者的支持与帮助进行情绪调节(Altshuler & Ruble,1989)。抚养者的参与对于情绪调节能力的发展是至关重要的。抚养者通常是儿童的依恋对象,儿童通过与依恋对象的互动,学习并形成自己的情绪调节策略。随着年龄的增长与认知能力的提高,儿童的控制能力逐步提高,情绪调节更讲究策略与方法,从依赖支持性情绪调节发展到独立性策略性情绪调节。学步期可能是情绪调节技能发展的关键阶段,此时儿童以抚养者为榜样学习情绪调节,开始独立运用一些调节方法,如离开某种特定的消极情境等(曾祥岚,崔淼,2010)

研究者一致认为情绪调节的发展遵循一定的时间表,某种程度上反映了儿童的认知发展阶段。3岁是儿童情绪调节能力发展的里程碑(Kopp,1989;Thompson,1994),该时期儿童认知能力的快速发展促进了情绪调节能力的极大进步,儿童会更自如地运用各种策略。随着儿童年龄的增长,情绪调节逐渐从依赖外部资源向内部资源转化,调节情绪的认知策略也逐渐增加。这些策略包括积极看待事物、认知回避和转移注意的能力等。3岁儿童较多使用发泄、情绪释放策略;4岁儿童较多使用建构性策略,自我安慰策略减少;5岁儿童使用回避策略较多(姚端维 等,2004),认知重构策略的运用也逐渐增多(乔建中,饶虹,2000)。年龄大一点的孩子能够通过控制自己的面部表情在最大程度上减轻人际争执中消极情绪的扩大(比如避免冷笑或表现得轻蔑);8岁左右的儿童开始出现心理层面的情绪调节策略,如转移注意力或刻意否认等(Altshuler & Ruble,1989)。

进入青春期,个体经历着更加持久而深刻的情绪变化。这在某种程度上反映了从儿童向成人的过渡过程中生理、认知和社会性方面的剧烈变化。因此,情绪调节表现出了青春期的鲜明特征。在青春期,神经系统的兴奋和抑制过程逐渐平衡,情绪相关的激素、神经系统在青春期发展完善,前扣带回皮层和前额叶皮层在青春期晚期趋于成熟,这些生理机制的成熟促进了情绪调节能力的发展。与情绪体验和反应相关的脑区(例如杏仁核和腹侧纹状体)相比,情绪调节相关的脑区(例如前额叶)较晚发育成熟。这种脑区成熟度的区别使得青少年在情绪调节上遇到更多困难(Crone & Steinbeis,2017;Martin & Ochsner,2016)。青春期少年经历了自身内在成长和外在环境的剧烈变化,个体情绪调节的发展也表现出强烈的波动性(Riediger & Klipker,2014)。

总体来说,随年龄增长,情绪调节策略越来越需要认知的参与(侯瑞鹤,俞国良,2006),认知在情绪调节方面的作用日渐突出。个体情绪调节的发展趋于稳定,也更加体现出个体的独特性。情绪调节能力随年龄增长而增强,这种增长一直持续到老年期。

小结

本节介绍了情绪的早期发展特点,概述了生物学取向、机能主义取向、认知取向、社会文化取向和情绪系统取向的情绪发展理论。情绪的早期发展表现为情绪体验、理解、表达和调节等各种情绪能力的发展,体现了先天模式到社会分化的过程,更多反映了情绪的生物学特点。

复习思考题

1. 如何认识情绪发展的生存适应性价值?
2. 论述情绪调节的发展为哪些情绪发展理论提供了最直接的支持。

第二节 情绪的晚期发展

情绪的发展从婴儿早期一直持续到成年,但成年期的发展特点已经产生了变化。

成年人往往通过职业、伙伴的选择和其他活动，寻求建立稳定而个性化的生活方式来满足情绪体验，而不再追求各种新异的复杂情绪体验。换句话说，成人努力通过各种方式在其生活中融入自己选择的情绪体验，例如职业选择、婚姻、养育后代、休闲活动等。成年人也变得善于调节自己的情绪表达，以符合社会规范或实现个人目标。尽管可能体验到新的情绪（如辛酸），成年早期情绪发展的主题是将情绪体验自然融入日常生活和社会关系中。成年早期的情绪发展保持着相对稳定，但当人步入老年期后，其身体素质、基本认知能力和社会关系都进入一个转变期，进而也给情绪带来很多变化。

伴随着年龄的增长，受疾病困扰、记忆力衰退、社交网络缩小的影响，老年人似乎不像成年早期那样富有情绪能量。纵向研究表明，在年老化过程中，认知加工脑区的脑容量表现出显著的减少，而情绪加工脑区却没有显著减少（陈文锋 等，2014；Pressman et al.，2014）。这表明年老化过程中情绪认知有不同于一般认知老化的过程。事实上，不同于认知能力随年龄增长而呈现简单下降的趋势，大量的研究表明老年期的情绪发展呈现出一种混合的模式：由于认知能力、经验、目标和动机的变化，老年人在行为上表现为情绪识别能力下降，正性情绪体验增强，负性情绪体验减少或减弱，情绪表达自动化行为减少，情绪调节能力提高（Carstensen et al.，2000；Charles et al.，2001；Isaacowitz，2022；Isaacowitz et al.，2017；Kunzmann et al.，2014；Riediger et al.，2009）。

1 情绪识别年老化

老年人的情绪识别能力有所下降，得出这个结论主要是基于老年人在面部表情识别任务的表现。老年人情绪识别的研究主要采用传统的表情识别任务，即呈现一张某种情绪的表情图片，让被试选择最合适的情绪类别标签。尽管老年人的表情识别能力有所下降，但并非所有表情都如此，不同类型表情的加工存在不同的年老化模式。与年轻人相比，老年人在识别恐惧、悲伤（Calder et al.，2003；Ruffman et al.，2008；Wong et al.，2005）、中性（McDowell et al.，1994）表情时成绩下降；在识别愤怒表情时也下降，但程度稍小些（Calder et al.，2003）；而识别厌恶表情时，与年轻人的表现没有差异（Orgeta & Phillips，2008），甚至更好（Calder et al.，2003；Wong et al.，2005）。对高兴、惊奇表情的识别方面则缺少一致的结论，不同研究分别报告了老年人识别劣势（Ruffman et al.，2008）、无年龄差异（McDowell et al.，1994；Murphy & Isaacowitz，2010）和老年人识别优势（Murphy et al.，2010）等三种发现。总体而言，老年人对负性表情（厌恶除外）的识别准确性下降，但对正性表情保持较高的识别准确性（即老年人识别优势）。

语调、姿态等同样也是重要的情绪线索。基于 28 项研究数据(老年和年轻被试分别为 705 和 962 人),一项元分析研究考察了不同情绪识别任务(表情、语调、姿态、表情—语调匹配)中的年龄差异(Ruffman et al.,2008)。元分析结果表明,老年人在语调情绪识别和表情—语调匹配任务中并没有表现出与年龄相关的"正性效应"(Positivity Effect);老年人识别愤怒、悲伤和高兴语调情绪更困难,但在识别恐惧、惊讶和厌恶语调的准确性上并没有表现出年龄差异;除了厌恶表情以外,年轻人和老年人在匹配表情和语调任务中都存在显著的年龄差异。

2 情绪体验年老化

正性和负性情绪体验是老年人主观幸福感中除了生活满意度外的两个重要方面。大量的证据表明老年人的日常情绪体验有较大的改善,表现出正性情绪体验优势。横断研究(25 至 74 岁)显示老年组体验到更多的正性情绪,而负性情绪体验减少(Mroczek & Kolarz,1998)。同样,纵向研究发现情绪体验随年龄增长变得越来越积极(Carstensen et al.,2011;Charles et al.,2001)。有关 30 岁至 60 岁期间情绪体验年老化的研究得到了较一致的结果:幸福感不断提升,主要体现在负性情绪减少(Charles et al.,2001)、焦虑和抑郁症比例下降(Piazza & Charles,2006)、生活满意度提高(Mroczek & Spiro,2005)、正性情绪维持在稳定的水平(Charles et al.,2001)。这些结果表明老年人情绪体验产生了新的变化,出现了正性偏向。这反映了老年人的目标和动机转向情感满足,将更多的认知资源投入到情绪情感调节过程中。由于动机、目标的转变,老年人更重视那些具有正性情绪意义的目标,而回避负性情绪意义的目标(Carstensen,2006;Carstensen et al.,1999)。

但是,对于 60 岁以上老年人的情绪体验的研究却有不一致的发现。横断研究发现 65 岁之后负性情绪体验增加(Diener & Suh,1997)。例如,75—92 岁老年人比 65—75 岁老年人体验到更多的负性情绪(Ferring & Filipp,1995)。虽然这可能是年龄较大老年人的身体健康和认知功能进一步下降的结果,但当研究者控制了健康水平、功能限制等因素后,仍然发现负性情绪体验呈下降趋势(Kunzmann et al.,2000)。例如,从 60 到 84 岁,老年人的抑郁情绪体验呈线性下降趋势(Kobau et al.,2004)。

情绪唤醒度是影响情绪体验的重要因素,也影响着情绪体验的年龄变化。元分析表明,情绪体验的下降主要体现在负性情绪与高唤醒的正性情绪(如兴奋、热情)(Pinquart,2001);而低唤醒的正性情绪(满足、平静)并没有表现出显著的年龄下降,反倒老年人可能体验得更多一些(Kessler & Staudinger,2009)。这说明不同情绪的体验随着年龄变化的模式受情绪本身的生理唤醒水平影响。

此外,老年人的幸福感高低与其人格特质有关。不同于一般老年人幸福感会有所提升,高神经质老年人的负性情绪体验水平更高,且有更高的抑郁危险(Kendler et al.,2006)。越来越多的研究表明,神经质得分高的老年人在情绪体验方面并没有年龄优势,其负性体验保持相对稳定(Charles et al.,2001)。同样,高神经质老年人并不随年龄增加而对生活更满意,他们对生活满意度的评价并没有提高(Mroczek & Spiro,2005)。研究者推测由于长期处于负性情绪状态,高神经质者对负性情绪更敏感(Mroczek & Almeida,2004)。

大多数研究采用自陈问卷测量老年人的情绪体验,常用的问卷有正负性情绪量表(positive and negative affect schedule,PANAS;Kunzmann et al.,2000)、布拉德伯恩情感平衡量表(Bradburn affect balance scale;Charles et al.,2001)等。但自陈报告易受当时情绪状态或测试情境的影响,基于以往经验的回忆和评价也易造成偏差。为了克服自陈报告的误差,研究者改为采用经验取样的测量方法考察自然情境中老年人的情绪体验。在这类研究中,参与者通常需随身携带一个电子呼叫装置和一本自我报告手册(主要是若干测量问卷),并根据随机接收到的电子信号即时进行自我报告(Kubey et al.,1996)。基于经验取样法,卡斯滕森团队(Carstensen et al.,2000;Carstensen et al.,2011)多次测量了18至94岁成年人日常生活中情绪体验的频率、强度和复杂性,研究发现:在情绪强度方面,并没有得到可靠的年龄差异;但在情绪体验频率方面,正性情绪体验频率随年龄增长而增加,到64岁之后则开始呈下降趋势(图6.2-1A);伴随年龄增长,人们的情绪体验更加稳定(图6.2-1B);正性和负性情绪的负相关随年龄增长而下降,老年人更易同时体验到正性和负性情绪(混合情绪,图6.2-1C)。这些结果表明情绪体验发生的改变因老年期的不同年龄阶段也不尽相同。

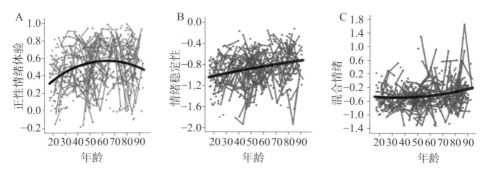

图6.2-1 年龄轨迹图:(A)正性情绪体验(正性与负性情绪体验频率之差);(B)情绪稳定性(MSSD,均方递差,连续观测值之间的差的平方和除以2);(C)混合情绪(个体正负性情绪评分相关系数转化成的z分数)。

来源:Carstensen et al.,2011

3 情绪调节年老化

情绪功能不仅包含对他人情绪的识别,也包括对自身情绪状态的调节。与老年人情绪体验和表达下降不同,情绪调节能力随年龄增长而增强。相比于年轻人和中年人,老年人更认同"努力让自己心态平和,避免发生情绪状况"和"试图不表现出正性或负性的情绪反应"(Lawton et al., 1992)。此外,老年人也更有意识地管理自身情绪,选取并有效地执行适用的情绪管理策略,在社交情境中主动调节自身的情绪(Scheibe & Blanchard-Fields, 2009)。

年老化这一过程本身可能为老年人的情绪调节带来了一定的优势。伴随年龄的增长,老年人的社会网络和社交行为发生了一定的改变,由此也构建了较小但更稳定而亲密的社交群体,避免了环境变化、社交行为带来的一些负性情绪(Carstensen et al., 2003)。因而,相比于年轻人,环境改变更利于老年人的情绪调节(Urry & Gross, 2010),从而使人际冲突较少,人际关系趋于平和。而且,年老也意味着更多的生活经历和更多的情绪调节经验,这无疑有利于情绪调节能力的提高(Scheibe, 2012),从而老年人在情绪体验和表达的调控方面显得更自信(Gross et al., 1997; Kessler & Staudinger, 2009)。

情绪调节能力的变化也体现在老年人采取的情绪调节策略上。随着年龄的增长,老年人更少使用表达抑制等反应定向的情绪调节(response-focused emotion regulation),而更多采取认知重评等原因定向的情绪调节方式(antecedent-focused emotion regulation; Gross et al., 1997; Yeung et al., 2011)。虽然老年人使用认知重评的频率更高(John & Gross, 2004),但并不是所有认知重评方式都能被有效使用。相比于年轻人,老年人更能有效利用积极重评策略(positive reappraisal),而不擅长分离重评策略(detached reappraisal; Shiota & Levenson, 2009)。当然,也有一些研究认为老年人多采用消极情绪调节策略,使用的情绪调节策略(如否认、逃避现实,压抑负性情绪)缺少适应性,缺乏积极的应对和问题解决策略。

4 老年人的正性情绪偏向

如前所述,与年轻人相比,老年人正性情绪体验更多,对正性表情的识别维持得较好,表现出一种对正性信息的偏好。这就是著名的"正性效应"概念(Kennedy et al., 2004),用来概括老年人对正性情绪刺激的认知加工较好并表现出对正性信息的偏向的现象(伍麟,邢小莉,2009)。这种正性情绪偏向可以体现在老年人的各种情绪认知加工上,包括情绪的识别、注意、记忆等。

由于认知能力的下降,老年人对情绪刺激的注意资源及分配是否变化成为研究者主要关注的问题。研究表明,老年人对正性信息存在注意偏向。在点探测注意任务中,老年人的注意偏好选择正性面孔(Nasrollahi et al.,2022)。进一步的眼动研究发现,当负性和中性图片一起呈现时,年轻人和老年人都首先注意并扫视负性图片;但在后续眼动过程中,老年人注视负性图片的时间比年轻人更短(Rosler et al.,2005)。这体现情绪加工的年龄差异,在初始探测(自动加工)和持续注意(受控加工)等不同注意成分中存在特异性。

记忆能力的衰退是老年人认知老化的主要表现之一,然而在情绪记忆方面老年人也表现出了"正性效应",即对正性情绪刺激的记忆表现相对较好。一项研究用结构方程建模方法得到老年人和年轻人情绪记忆相关脑区之间的有效连接性(Addis et al.,2010),发现在加工正性情绪时,年轻人和老年人的有效连接性表现出显著差异:老年人的海马活动被杏仁核和腹内侧前额叶(vmPFC)等情绪加工脑区正向调节;年轻人的海马活动则被杏仁核和内侧前额叶负向调节,并受到丘脑的调控。在前额叶的连接性上,老年人和年轻人也存在差异:老年人的内侧前额叶和背内侧前额叶(dmPFC)和眶额皮层(OFC)之间存在较强的正性连接,但年轻人的背内侧前额叶和眶额皮层之间存在负性连接。在加工负性情绪刺激时,两者的连接性模式没有显著差异,都是在海马、杏仁核和梭状回之间以及背内侧前额叶、内侧前额叶和眶额皮层之间存在强连接。

大多数研究支持了老年人对情绪刺激的加工模式具有补偿性的变化,更多地依赖于前额叶加工,这种变化带来的影响被描述为老年化后脑区前移效应(posterior-anterior shift in ageing effect,PASA效应),反映了老年人对情绪效价和唤醒的分离。与已有的"正性效应"研究一致,老年人的左侧杏仁核、左侧枕叶和右侧舌回对正性效价的情绪刺激表现出更多的激活,但在颞叶、双侧枕叶视觉皮层、左侧后顶叶和双侧辅助运动区对情绪唤醒表现出减弱的激活(Kehoe et al.,2013)。这种效价和唤醒的分离被认为是老年人后侧皮层功能相对弱化,额叶功能相对增强的结果(Kehoe et al.,2013)。

与年轻人相比,老年人在记忆、注意等方面都存在明显的衰退。然而在情绪识别方面,并不像认知能力那样随着年龄的增长而呈现简单的下降趋势。总体而言,老年人的表情识别准确性下降,尤其是对负性表情的识别(厌恶表情除外),但对高兴表情等正性刺激保持较高的识别准确性(Ruffman et al.,2008),存在着正负性表情识别的分离。在大脑活动方面,表情加工的年龄差异主要体现在边缘系统和前额叶(李鹤等,2009);无论是在外显表情识别(Fischer et al.,2005;Gunning-Dixon et al.,2003)还是表情内隐加工时(Fischer et al.,2005;Gunning-Dixon et al.,2003;Iidaka et al.,2002),年轻人更倾向于利用边缘系统等皮层下区域,而老年人则更依赖于与情绪调控和意识功能密切关联的前额叶皮层区(Davidson et al.,2000)。一方面,老年人额叶皮层区域激活的增强可能是为了弥补杏仁核等边缘系统功能的下降,反映了一种大脑功能的重组或代偿(Fischer et al.,2005;Gunning-Dixon et al.,2003)。已有研究证实,无论是正常老化还是病理性老化,边缘系统中海马、海马旁回和杏仁核等脑区的体积都随年龄增长而显著下降(Raz et al.,2004),激活程度也都随年龄增长而下降(Cerf-Ducastel & Murphy,2003)。另一方面,这种改变可能反映出老年人对情绪信息的加工由自动加工开始向控制加工转变,以更好地控制对负性情绪的反应从而提升自身幸福感(Williams et al.,2006)。

是否出现情绪加工的"正性效应"也与情绪加工时认知资源多少有关。研究者对"正性效应"出现的前提条件进行了总结,指出需要满足 3 个条件(Reed & Carstensen,2012):(1)认知资源可用;(2)实验任务或刺激未启动自动加工;(3)信息加工未被外在因素(如实验指导语)限制。考虑到负性信息比正性信息更具影响力(Isaacowitz et al.,2009),老年人需要克服负性信息自动加工的特点(Kisley et al.,2007),以避免负性情绪信息的影响(Hilimire et al.,2014)。因此,在加工目标相关刺激、回避目标无关刺激时,便需要认知资源的参与(Mather,2006)。这个观点得到了直接证据的支持:当注意分散时,老年人对负性面孔的关注时间长于年轻人;但在被动观看条件下,老年人出现了"正性效应",对正性面孔的关注更多(Knight et al.,2007)。并且,认知控制能力强的老年人比认知控制能力差的老年人对正性刺激的记忆更好,进一步说明了控制加工在情绪加工中的作用(Mather & Knight,2005)。

5　正性情绪偏向的理论解释

虽然老年人的认知能力有所下降,但是其幸福感维持在较好的水平:体验更多的正性情绪,而负性情绪体验较少。这可能得益于老年人有效的情绪调节。在情绪加工方面,年龄与情绪效价存在显著的交互,表现为情绪加工年老化的"正性效应":相比于负性刺激,老年人对于正性情绪的加工维持较好,对正性刺激的关注更多,记忆成绩更好,对高兴等正性情绪的识别准确性并不随年龄下降。那么,如何来理解年老化和"正性效应"的关联呢?就这一问题,研究者们从不同角度提出了不同的理论模型。

5.1　选择性优化补偿(selective optimization with compensation, SOC)理论

SOC 理论基于人与环境交互的多元模型(Baltes & Baltes,1990)发展而来。根据 SOC 理论,伴随着成长,人们更加意识到年龄增长所带来的得与失。由于社会、认知等功能伴随年龄增长而有所下降,人们对资源的分配变得更加谨慎。因而,人们通常会选择实现那些在后半生中更重要、更易获得的目标。目标一旦被优先选择,人们便

通过优化行为以实现该目标。若平常的策略不能保证目标的实现,人们会采取补偿策略,如获得他人的帮助以实现自身目标。

SOC 理论应用到情绪调节领域,被称为情绪调节的选择性优化补偿(selective optimization with compensation in emotion regulation, SOC-ER)模型。该模型指出,老年人采取情境选择、注意调整等认知需求较小的情绪调节策略,而不采用认知评估或情绪抑制等严重依赖认知控制加工的策略(Urry & Gross, 2010)。SOC-ER 能够解释老年人对情绪刺激的注意"正性效应"(Isaacowitz et al., 2006),可能反映了老年人将选择性注意作为调节策略(Isaacowitz et al., 2008, 2009),更关注正性信息。当认知资源有限时(如分心任务中),老年人不会有效加工与追求情绪目标相关的信息(Knight et al., 2007; Mather & Knight, 2005)。只有当认知资源可用时,老年人才更有效地进行情绪调节,如抑制负性信息。

5.2 社会情绪选择理论(socioemotional selectivity theory, SST)

SST 的代表人物是斯坦福大学的卡斯滕森(Laura Carstensen)教授。SST 指出时间知觉会影响人们对目标的选择,并将社会目标分为两种:对知识的追求和获得情感满足的目标。当知觉到的时间是无限(open-ended)时,人们主要是以获得知识为目标;当时间有限(limited)时,情绪目标更突显。随着年龄的增长,人们所知觉到的时间变得越来越有限,老年人对目标和动机的选择发生了改变:由获取知识、拓宽视野向获取情感满足进行转变,将更多的认知资源投入到情绪情感调节过程中。由于动机、目标的转变,老年人更重视那些具有正性情绪意义的目标,而回避负性情绪意义的目标(Carstensen, 2006; Carstensen et al., 1999)。

5.3 优劣整合模型(strength and vulnerability integration, SAVI)

SAVI 整合了老年人情绪调节的优势和劣势(Charles, 2010; Charles & Luong, 2013)。一方面,SAVI 指出随着年龄的增长,老年人更多且更有效地通过注意分配、认知评估、行为控制等方式调节日常的情绪体验。当人们遇到一般的挫折、情绪事件时,这些策略的使用能够有效地回避或减少负性情绪体验,保持稳定的正性情绪。老年人有策略的情绪调节源于其时间观念改变和经验知识增加。当老年人发觉生命有限时,情绪目标的突显性增加,老年人更关注自身的情绪体验(Carstensen et al., 1999)。此外,更丰富的生活经验也为老年人成功管理自身情绪提供了可能,这解释了为何研究发现老年人总体上比年轻人更幸福。

而另一方面,SAVI 也指出生理系统的灵活性、认知能力的下降会影响老年人的情绪调节能力。特别是遭遇到高唤醒情绪事件时,老年人无法采取有效的情绪调节策略。此时,老年人的幸福感会下降,同时生理反应增强。当观看与衰老特征有关的影片时,如丧偶等,老年人体验到更强的悲伤情绪,并产生与年轻人类似的生理反应(Kunzmann & Grühn, 2005)。

小结

本节首先介绍了情绪的晚期发展特点,反映了晚年阶段认知老化和社会经验的交互作用;然后重点介绍了这种交互作用产生的正性情绪偏向在注意、记忆和识别等方面的表现及其神经生理特点;最后介绍了选择性优化补偿理论、社会情绪选择理论和优劣整合模型对正性情绪偏向的解释。

复习思考题
1. 什么是情绪"正性效应"?
2. 如何从神经生理基础的角度理解情绪"正性效应"的理论?

第三节　情绪发展的影响因素

有关情绪发展的研究表明,情绪不只是内部体验与外在表现,也受到神经生理基础与社会文化背景的深刻影响。正如情绪的机能主义理论所阐述的,个体和外部环境的关系不仅影响情绪的诱发,而且影响情绪体验和表达的调节策略。个体的内部状态和社会文化背景对于情绪知觉和情绪理解的发展也至关重要。儿童总能够基于神经生理机制在一定的社会文化背景下习得各种情绪的意义,并通过人际互动中的共情和情绪感染获得替代性情绪经验。因此,情绪具有生物性和社会文化性的特点(李冉冉,许远理,2011;Harré & Parrott, 1996; Robinson, 2004)。

1　情绪发展的神经生理基础

情绪的发展依赖于大脑的发育成熟,包括大脑情绪功能区域的发育、神经内分泌以及其他随年龄而快速变化的生物过程(Ledoux, 2000)。众所周知,大脑在出生后最初几个月和几年内发育和变化很快,甚至在出生之前大脑就已经快速发育。婴儿大脑产生了几万亿突触,比成年人多得多。2岁幼儿大脑细胞之间的突触连接是普通成年人脑的2倍。人生前三年是大脑发育的关键时期,是一个突触快速形成以促进神经细胞的功能连接的时期,大脑连接生成的速度远远超过了连接丢失的速度(Dirix et al.,

2009)。在前三年，充分刺激的环境对大脑功能和结构的发育可以发挥最强大的和最持久的影响。错误的刺激或刺激不足会导致大脑发育异常，因为错过关键期，某些神经通路的关键回路发育的机会几乎消失(Lenroot & Giedd，2007)。虽然前三年之后大脑在继续发育，但通常情况下是消除突触连接，而不是形成新的连接。常言说："3岁看大，7岁看老。"在成长的过程中，一个孩子3岁之前的生长发育会影响其一生的发展变化。前3年的关键时期为成人提供了从生物基础上塑造婴幼儿情绪健康环境的机会，以利于发展情感复原力(Bull et al.，2008)。

作为人类机能的生物特性，情绪起源于大脑的原始脑区，例如包括杏仁核情绪中枢在内的边缘系统(Johnson，2010)。但由于也涉及人类复杂行为，情绪还受高级脑区制约，特别是前额叶等新皮层的制约(Davidson et al.，2007)。这些影响情绪行为的神经生理过程也存在着明显的发展变化。正如第5章所阐述的，以往诸多研究发现情绪由大脑中的一个回路控制，该回路包括前眶额皮层(OFC)、腹内侧前额皮层(vmPFC)、杏仁核、下丘脑、脑干、扣带回皮层、丘脑、海马、伏隔核、岛叶及感觉皮层等(刘飞，蔡厚德，2010；Bechara & Damasio，2005)。不同脑区活动的特异性激活和失活可能表明它们在情绪加工中起到不同作用。很多证据表明大脑等情绪相关的结构是在相对持久地发展的(Paus et al.，2008)。

1.1 基本情绪的表达：表情的生物先天性

情绪的生物性观点认为情绪现象普遍存在于人类生活之中，其产生由人类的生物属性决定。来自婴儿研究的发现反映了面部表情的生物先天性(王垒，2009)：首先，婴儿生来就具有表情，在出生后一年内，婴儿就逐渐表达出兴趣、愉快、厌恶、痛苦等基本情绪表情，这些表情是随婴儿生理的成熟而逐渐显现的；其次，先天盲婴在发展早期显露出与正常婴儿同样的面部表情。只是由于盲婴得不到来自成人面部表情的视觉强化，他们的表情才在以后逐渐变得退化。因此，婴儿前语言发育阶段的基本表情似乎是先天预设而无需学习的本能。他们通过情绪信息如面部表情、声音和动作表达他们的情绪，"表述"他们的状况和需要，从而同成人进行互动以获得成人的照料(李冉冉，许远理，2011)。

1.2 情绪知觉和体验发展的神经基础

情绪知觉是最早发展的能力之一。表情识别的发展研究表明童年期的表情识别正确率随着年龄在增长，但不同表情的增长速度不同(Thomas et al.，2007)。不同表情识别能力的发展轨迹可能与这些表情对应的加工脑区有关。例如，大脑的情绪中枢杏仁核对于恐惧表情的识别至关重要，与中性表情相比，恐惧表情激活了双侧的杏仁核、梭状回、额内回。杏仁核与下丘脑以及脑干许多部位的连接在婴儿刚出生时就已经具备完整的功能，在婴儿一出生就发挥作用，使婴儿注意到面孔等重要社会刺激(Johnson, 2005)。因此，对情绪刺激的行为和神经反应早在新生儿期就出现(Johnson, 2005)。例如，新生儿能够识别人脸，与其他物体相比也更喜欢人脸。婴儿可以区分快乐和悲伤的面部表情，也可以区分其主要抚养者和陌生人的声音(Dirix et al., 2009)。早期的双侧杏仁核损伤会引起恐惧表情识别缺陷(Adolphs et al., 1994)，但成人期类似的损伤则不会(Hamann et al., 1996)。但杏仁核真正开始发挥功能要等到婴儿长到6至8个月的时候。

婴儿半岁后，眶额皮质才逐渐调节婴儿的情绪生活，这时候婴儿真正能感受和体验情绪，并开始对边缘系统的情绪功能进行自我调节。眶额皮层(OFC)激活可能反映了母婴依恋(包含情绪体验)的神经基础。近红外成像(fNIRS)研究则发现高兴表情激活了9—13月婴儿的眶额皮层(Minagawa-Kawai et al., 2009)，而且对母亲表情的激活强于熟悉或陌生人的表情。虽然眶额区反馈回路在生命早期已形成，但到1岁才发育成熟(Machado & Bachevalier, 2003)。

杏仁核的体积在7.5到18.5岁之间仍然持续增加(Schumann et al., 2004)，其情绪反应的精细化过程一直持续到童年和青少年时期。研究发现，12至17岁的青少年中，杏仁核表现出对恐惧表情的激活(Baird et al., 1999)，11岁儿童对中性表情比其他表情表现出更大的杏仁核激活，但成人对恐惧表情比其他表情表现出了更大的杏仁核激活(Thomas et al., 2001)。同样，对于厌恶和悲伤等表情激活的神经系统，10岁儿童与成人之间也存在差异(Lobaugh et al., 2006)；青少年的情感体验和反应比更小的儿童和成人显示更多的杏仁核活动(Guyer et al., 2008; Hare et al., 2008)。

青春期时期是生理及心理发生巨大变化的时期，经历着大脑功能的重组。这种重组既发生在皮层下结构，也发生在前额叶等高级区域，反映了这些脑区尚未成熟。而且，在青少年早中期杏仁核和腹侧纹状体等皮层下脑区并没有充分受到前额叶的调节(Nelson et al., 2005)。因此，在情绪识别任务中，青少年表现出了与成人相反的模式：腹外侧前额叶(vlPFC)较少激活，但边缘系统激活较强(Passarotti, 2009)，反映了青少年更大的情绪反应和不成熟的前额叶活动。ERP研究发现，青春期被试(10—16岁)在情绪识别任务中表现出了类似成人的大脑皮层活动，但大脑激活模式与年龄相关的差异因表情不同而变化，反映了青少年对不同表情知觉有着不同的神经系统发育和成熟速度(Wong et al., 2009)。研究甚至发现了"青春期反转"现象，即在表情面孔和标签匹配任务中，青少年的反应时比低龄儿童更长，然后到16—17岁时重新表现出青春期前的水平(McGivern et al., 2002)。这种反转可能是因为青春期儿童的神经重组造成的，但这种反转并没有出现在简单表情识别任务中。因此，青春期和其他年龄对大脑情绪环路的发展和功能的影响尚有很多不清楚的地方。

而到了老年期，无论是正常老化还是病理性老化，边缘系统中海马、旁海马回和杏仁核等脑区的体积都随年龄增长而显著下降(Raz et al.，2004)，激活程度也都随年龄增长而下降(Cerf-Ducastel & Murphy，2003)。因此，对于老年人而言，情绪刺激材料会激活不同于年轻人的大脑活动。例如，负性和正性刺激对老年人的杏仁核激活程度不同，正性刺激对老年人的激活远大于年轻人，而负性刺激的激活却低于年轻人(Mather et al.，2004)。对于一般被评定为负性的刺激，老年人会将其评定为中性，而这些刺激也会引起老年人杏仁核的激活下降，这说明老年人对负性刺激的知觉能力下降，同时杏仁核也有相应的反应(Jacques et al.，2010)。

1.3 情绪调节发展的神经基础

在儿童情绪调节的发展过程中，神经生理机制的不断成熟是儿童调节机能发展的基础(Etkin et al.，2015)。通常，儿童在神经生理活动规律方面的个体差异可以预测情绪调节过程的不同表现。这些神经生理活动不仅涉及情绪相关脑区，也包括认知功能相关脑区。情绪调节也经常被认为是一种认知过程，情绪调节能力的提高依赖于认知能力的发展，如执行控制功能等。事实上，情绪调节过程和认知过程激活的脑区在前额叶皮层和前扣带回皮层存在相当程度的重叠，在情绪调节过程中，情绪与认知也是难以分离的。要回答情绪调节能力如何发展这一问题，需重点考察与情绪调节相关的脑功能区的发展和成熟。研究显示有效的情绪调节依赖于前额叶皮层(PFC)功能。腹内侧前额叶(vmPFC)和相邻的前扣带回(ACC)在控制自身情绪方面起着重要的作用，腹侧区域负责情绪加工，而背侧更多与认知执行功能有关(Allman et al.，2001)。

与其他时期相比，婴儿期的情绪调节依赖的外部资源远多于内部资源。因而，早期的母婴依恋质量对与情绪调节系统的发展至关重要。父母的互动能够帮助塑造婴儿情绪及其调节的脑区，如中线额区的认知控制系统(Posner & Rothbart，2000)。6个月左右，新生儿开始出现初步的情绪刺激注意偏向系统。7个月左右，前扣带回(ACC)等认知控制脑区开始参与调节对恐惧表情的注意偏好(Nelson & de Haan，1996)。但这可能只是反映对威胁性信息的自动反应。真正有意识的自我调节直到3岁左右才发展起来，很大程度上依赖于主动控制和抑制能力的发展(Posner & Rothbart，2000)。新生儿时期激烈的情绪波动随着年龄增长逐渐得到越来越多的调控，反映了肾上腺皮质的激活和副交感神经调节的成熟(Gunnar & Davis，2003)。

前额叶皮层是认知执行控制功能最重要的脑区，与情绪中枢杏仁核和边缘系统具有密切的功能连接，并与情绪行为的控制功能密切相关。前扣带回皮层与情绪的认知控制相关，负责冲突监控及认知与情绪的整合过程。因此，前额叶和前扣带回皮层的发展制约着儿童的情绪调节能力的发展。约从2岁起，前额叶皮层(包括眶额皮质)进入漫长的突触修正阶段，前额叶灰质体积和厚度的减少一直持续到青少年时期和二十几岁(Shaw et al.，2008)。前额叶调节区和杏仁核的双向连接的发展也一直持续到十几岁(Nelson et al.，2005；Gabard-Durnam et al.，2014)。而各个脑叶的白质体积在儿童和青少年时期也在持续增长(Giedd et al.，1999)，反映了脑细胞轴突髓鞘的形成，提高了脑区之间的神经传递效率。4岁是儿童认知控制发展迅速的时期，这与前扣带回皮层在这时期的快速发育密切相关。儿童3—6岁时前额叶皮层和前扣带回皮层发展迅速，这阶段幼儿能够控制自身的冲动行为，情绪调节认知策略发展也突飞猛进。麦克雷等(McRae et al.，2010)发现在负性情绪调节过程中认知重评策略的使用与杏仁核、前额皮层和扣带回区域的激活密切相关。随着各皮层和前额叶之间功能连接的发展，情绪调节能力在童年期开始出现并增强(Lewis & Todd，2007；Ochsner & Gross，2007)。

青少年期是神经生理机制与认知方面的重要发展阶段，神经系统兴奋和抑制过程的逐渐平衡协调，前额叶和扣带回皮层趋于成熟(Blakemore & Choudhury，2006；Ochsner & Gross，2008)，调节机能不断增强，使个体获得多种情绪调节策略成为可能。抑制控制功能主要由背侧、腹侧、腹内侧前额叶和前扣带回等脑区完成。行为和脑成像研究表明，抑制控制从童年期到青少年期一直持续发展(Davidson et al.，2006)，从童年到青少年，从青少年到成年，抑制任务中前额叶反应也逐渐更有效率(Lewis et al.，2006)。情绪调节策略的使用最初依赖于额叶皮层控制过程的发展，在8—12岁之间前额叶皮层迅速增长，直至发展到青春期晚期(Lewis，2003)。一项fMRI研究考察了8—10岁女孩观看悲伤影片时使用重评策略的神经反应，发现重评与外侧、腹外侧、眶额部、内侧等前额叶区域和前扣带回的激活密切相关(Lévesque et al.，2004)。而类似的女性成人研究却发现了更少区域的前额叶激活(Lévesque et al.，2003)，这种激活区域的差异可能反映了未成年人的前额叶控制功能尚未成熟引起的弥散反应。根据过程定向观点，有许多情绪调节策略，其中抑制和重评受到最多的关注(Gross，1998)。从发展的角度看，抑制策略的使用频率在9—15岁期间随着年龄而减少(Gullone et al.，2010)，反映了随着神经生理和心理的成熟儿童学会了更多的适应性策略。但比较意外的是主观报告的认知重评策略也在9—15岁期间逐渐减少(Gullone et al.，2010)。这可能是这些抑制和重评策略变得更加自动化而无需较多的意识努力控制，因而主观的自我报告难以检测出来。

但是，关于情绪调节控制能力的发展轨迹仍然有一些争议。采用不涉及情绪的抑制控制任务(如 go/no-go 任务，Simon 任务)的研究表明抑制控制能力随年龄呈线性增长(Davidson et al.，2006)。但线性的轨迹不足以描述清楚情绪相关的抑制控制(Somerville & Casey，2010)。青少年研究发现前额叶调节情绪反应的脑区比边缘系统滞后发育(例如，Nelson et al.，2005)。这说明情绪反应的抑制控制可能遵循U型的发展轨迹，即杏仁核等皮下结构受前额叶的调节效率在青少年期低于童年期和成年期。一项研究考察了 go/no-go 任务中前额叶和杏仁核在对恐惧、高兴和平静表情的激活中的年龄差异(7—32岁,Hare et al.,2008),发现青少年组的杏仁核对恐惧的激活反应大于童年组和成人组,而且激活程度与恐惧表情相对于高兴表情的反应延迟时间长短相关,但前额叶的激活与延迟时间呈负相关,这说明青少年的腹内侧前额叶(vmPFC)对情绪的反应更少(Etkin et al.,2006;Hare et al.,2008),反映了青少年可能有更多的情绪反应,但受前额叶的情绪调节比较少,即较差的调节控制功能(Grosbras et al.,2007;Levesque et al.,2004)。

到了老年期,尽管前额叶总体上随年龄增长而受损,但在儿童期相对发育较早的腹侧前额叶皮层厚度在毕生发展中都保存完好。老年人的额叶区域如内侧前额叶皮层在情绪加工中通常都激活更大。老年人加工负性和正性刺激同样会增强前额叶的激活。一项fMRI研究设计了4种实验条件来考察不同情绪调节策略(选择性注意/认知重评)下神经活动的年龄差异(Allard & Kensinger,2014);被动观看条件下,被试自然地观看视频;选择注意条件下,被试则关注屏幕上可以增强正性体验或降低负性体验的区域;认知重评条件下,当观看负性视频时,被试可以选择使用分离重评条件策略或"将自己从事件中抽离并告诉自己这只是表演"策略;积极重评条件下,被试需要"给看到的事件找一个积极的解释",如看到车祸视频时,可以想象没人在车祸中受伤。研究结果发现,在认知重评条件下老年人的内侧和外侧前额叶比选择注意条件下激活更大,而年轻人则正好相反。这可能是由于老年人在重评时需要更多的认知资源,额叶激活增强(Winecoff et al.,2011)。杏仁核激活随年老化的变化反映老年人的情绪体验,而这种体验受到由前额叶的情绪调节增强的影响。在老年人的正性偏向中,杏仁核减少对负性刺激的关注与回忆可以看成是情绪调节加工的结果,以缓和负性情绪(Mather & Carstenson,2005;St Jacques et al.,2009;Winecoff et al.,2011)。

2 情绪发展的社会文化基础

儿童在与外界进行社会互动的过程中逐渐习得社会的情绪规范,这称为情绪发展的社会化。社会化过程是儿童情绪发展的核心(Halberstadt & Lozada,2011),在儿童成长的社会文化背景下完成。情绪作为非言语交流的重要成分,反映一种需求或意图的表达,受到社会文化规范的塑造。情绪的文化相对论认为,情绪是在社会文化背景下建构出来的,具有跨文化不一致性。因此,身处不同文化的人们会拥有形态各异的情绪特征。情绪社会化使得儿童的情绪理解、体验、表达和调节都反映出社会文化的烙印。

社会文化决定了儿童情绪社会化是在什么样的情绪情境下完成的,对儿童的情绪信念和社会化目标产生决定性影响(Super & Harkness,1986)。在一定的社会文化下,成年人普遍习得了对刺激事件如何做出情绪反应的共享知识(即社会文化规范)。

在情绪社会化的发展过程中,儿童通过人际互动(特别是与家人和同伴的互动)的过程逐渐把他人对自己情绪的反应等情绪规范内化为自我的情绪调节标准,即把社会文化中的情绪规则体系内化。例如,人们对儿童的不同情绪反应和反应倾向给予鼓励或惩罚,使某些情绪反应比另外一些情绪反应更容易发生或被抑制,以此引导和塑造儿童的情绪体验和表达。

2.1 情绪理解

情绪理解的发展直接体现了情绪文化信念的影响。情绪如何被感知和解释是通过儿童的交互对象(父母和其他人)体现的。不同社会文化的儿童对不同情境下的情绪诱因、情绪体验和表达有不同的理解。例如,个体和集体主义文化中对是否表露负性情绪以及羞愧和愤怒的表达是否可接受等有不同的文化规范。在日常生活中,儿童和家人之间的日常交流为儿童提供了了解情绪的机会(Lagattuta & Wellman, 2002; Thompson, 2006; Thompson et al., 2003)。当儿童开始与家长讨论自己的经历和情绪归因时,家长对儿童归因的进一步解释、澄清,都可能为儿童提供接触不同情绪的机会和不同的情绪解读,从而塑造儿童的情绪理解(Thompson, 2006)。这是社会文化因素影响情绪理解及其发展的方式:社会文化差异会体现在情绪相关的信念和家人在日常交流中提到的情绪,若改变儿童接触和了解某些情绪的机会,将会影响儿童形成的情绪信念。在这些过程中,成年人向儿童传递社会化的情绪知识、符合社会期望的情绪行为和某种情绪反应的前因后果(Thompson et al., 2003; Thompson & Meyer, 2007)。通过这种方式,情绪的社会规范被明确地传达给儿童。例如,对于女孩,父母会谈论更多的伤心难过情绪,从外部的社会关系角度解释情绪,并通过安慰和调解来化解负面情绪。对于男孩,父母会讨论更多的愤怒情绪,从男孩自身的角度解释情绪,并较少处理男孩的负面情绪。因此,男孩和女孩对情绪的理解是不一样的。

社会文化差异的影响还体现在表情的识别上。不同文化塑造下的情绪表达会导致面部精细动作的不同,而这些面部动作则反映了情绪表情构成的文化特点(Elfenbein & Ambady, 2003),从而使得个体接触的表情带有社会文化特点。研究者将美国人的面部表情呈现给不同文化背景的被试识别,发现表情的识别率因被试对美国文化的接触经验而异:美国人识别率最高(93%),中国人的识别率最低(60%),而具有一定美国文化接触经验的人识别率介于两者之间(移居美国的华人为83%,华裔美国人为87%)(Elfenbein & Ambady, 2003)。这表明,观察者与目标面孔之间的文化背景差异会影响表情识别。关于群内优势的行为研究也验证了文化对情绪识别的调节作用(张秋颖 等,2011):人们在识别与自己有相同文化背景人物的面部表情时,其准确性要高于识别与自己文化背景不同人物的面部情绪。

2.2 情绪体验

情绪很多时候形成于社会关系中,并不断地反映着社会关系。在一定社会文化规范下,某种情绪的意义通常是固定的并会反复出现。通过这种重复性的塑造,符合社会文化期望的情绪将逐渐成为个体自然的情绪体验和反应。尽管不同文化之间情绪都具有相似的多种生理过程,但情绪体验的自发反应已经在儿童的社会化发展过程中渗透了社会文化的特点。新生儿最初的情绪是原始情绪,表达着某种生理需要。但是,只要开始社会交往,他的情绪便获得某种社会意义。这些社会意义为成长中的儿童所认知,成为儿童个体情绪发展的萌芽,复合情绪和自我意识情绪便逐渐出现。随着儿童社会交往的拓展,社会文化规范中的情绪知识逐渐融入个体经验中,塑造着个体的情绪体验和情绪表征。

在不同文化结构的社会中,人们会以不同的方式体验与表达正性情绪和负性情绪,也会因不同的动机而控制其情绪的体验与表达。在强调个体主义文化的社会中(如美国等西方国家),人们会以典型的对立模式来体验情绪;而在强调集体主义文化的社会中(如中国、韩国、日本),人们会以典型的辩证方式来体验情绪。在西方或个体文化社会中,正性情绪与负性情绪负相关;而在东方或集体文化社会中,正性情绪与负性情绪正相关(Bagozzi et al.,1999)。研究者认为,西方人倾向于以两极方式体验和表达情绪,像高兴和悲伤之间是互相冲突的,而东方人倾向于以辩证方式体验和表达情绪,不同效价的情绪(如,快乐和悲伤)之间是可以相互兼容的(Schimmack et al.,2002)。

在西方,人们很重视在社会情境中的适当的感受,即重视将行为的社会意义与个人情绪体验相联系。而在东方,特别是中国、韩国和日本,人们对行为的社会意义的认识主要源自人们的社会背景,而不重视其与自我情绪体验的联系;而且,东方人表露自己的情绪,主要是表达对特定社会道德观和价值观的一种认同,而不是体现自己此时此刻的内心真实感受。因此,东方人的情绪表达和情绪行为,常常偏离了个人真实的内在心理过程。当情绪与社会经历有关时,情绪被中国人认为只是次要的"伴随现象",而且中国人对有关情绪体验的反应往往是"我的感受并不重要"(Potter,1998)。例如,一项关于成功和失败的跨文化研究发现,个体主义取向的美国被试在成功时报告了较强的快乐感和较低的轻松感,在失败时报告了较强的悲伤感和较低的焦虑感;而集体主义取向的中国被试在成功时报告了较低的快乐感和较强的轻松感,在失败时报告了较低的悲伤感和较高的焦虑感(Lee et al.,2000)。这些结果反映了中国被试的情绪体验带有更多的外部因素。如果人们体验到的某种情感与社会文化期望相冲突时,人们可能对这种情感产生负强化,从而被抑制。例如,由于集体主义文化不鼓励人们在公众场合直接表达情绪,亚洲文化背景中的人们在情绪情境中体验到更少的情绪,并表现出更少的情绪行为(Mesquita & Karasaw,2002)。社会文化通过正强化和负强化会塑造出某种情绪比较常见而另一种情绪少见的现象,进而导致社会环境中激发某种情绪的事件非常多,而缺少激发另一种情绪的事件。这种塑造最终必然导致两种不同文化下的人们所遭遇的情绪事件频率高低不同,从而引发不同的情绪体验。相应地,儿童在发展过程对于某种情绪的体验也较多,而对另一种情绪体验较少。例如,在个人主义文化国家中,羞耻通常被看作是一种消极的负性情绪,且与愤怒等一些防御性反应相联系;而在集体主义文化中,在他人面前表现出羞耻体验被视为是勇敢的并且是积极的(杨玲 等,2012),从而集体主义文化中的羞耻感是一种相对剧烈的情感体验。

2.3 情绪表达

文化模式影响情绪的表达方式、某种情绪发生的频率及对某种情绪表达方式的认可程度。人们表达情绪的时机和方式都会受其所处社会文化规范的影响。尽管大量研究表明基本表情是跨文化一致的,但各种文化都有其特有的情绪表达规则,决定了人们表达情绪的时机和方式。例如,日本人的面部表情比美国人少,东方传统女性很少在公众场合哈哈大笑。除了面部的表情动作,眼神与目光注视也反映出情绪表达的文化差异性。美国文化鼓励直接目光接触;而许多其他文化中,晚辈不可直视长辈。因此,不同的文化价值观在对待掩饰情绪的重要性方面是有明显差异的(史冰,苏彦捷,2005b),传达给男孩和女孩的情绪表达规则也不同(侯瑞鹤,俞国良,2006;史冰,苏彦捷,2005b)。例如,在西方文化中,女生比男生被更多地鼓励表现出悲伤或恐惧(Fivush, 1994)。

与此密切相关,在表达某种情绪的频率方面,集体主义文化中人们表现出更多的社会性情绪,个体主义文化中人们则表现出更多的个体性情绪。个体主义与集体主义文化中,情绪表达上的差异主要表现在自豪和内疚上(Eid & Diener, 2001)。基于日本和美国被试的研究表明,在正性情景中,美国被试报告感受个人独立的情绪如自豪、优越感、自尊更多,而日本被试报告感受社会依赖的情绪如友好、亲密、尊敬和同情等更多(Kitayama et al., 2000)。

集体主义文化和个体主义文化对情绪的公开表达有着不同的规则(吕庆燕 等,2010)。前者强调社会和谐并重视个体要学会通过外部非言语线索理解他人情绪并据此适合社会交往的行为;后者重视个人的自我表达,强调表达的真实可靠性(史冰,苏彦捷,2005a)。通过情绪表达规则的塑造,社会文化会对儿童真实—表面情绪区分能力产生重要影响。和美国母亲相比,日本母亲更期望自己孩子能更早掌握真实情绪与表面情绪的区分能力,更重视儿童的情绪理解和情绪表达规则知识的发展(Conroy et al., 1980)。因而,日本母亲在幼儿很小时就教导他们为了维护人际的和谐和礼貌,需要学习隐藏自己真正的感受(Hendry, 1986)。因此,东方集体主义文化的儿童的真实情绪与表面情绪的区分能力相对好于西方儿童(van der Veer, 1996),但美国儿童可能比东亚儿童更早更好地理解自己的情绪,更倾向于表现自己的真实情绪(史冰,苏彦捷,2005b)。

2.4 情绪调节

情绪调节是日常生活中很常见的现象。常见的情绪调节策略有表达抑制、认知重评、表达忽视等。情绪调节必然需要依据一定的标准或规范,即什么是适当的情绪表达和体验。这些标准和规范受到社会情绪文化(内隐和外显的)和人们希望实现的目标的影响。大部分社会文化规范在儿童早期习得,逐步地自然形成个体的习惯(Kitayama & Duffy, 2004)。

在情绪社会化的发展过程中,儿童通过人际交往(特别是与家人、同伴互动)过程,逐渐把交往对象对自己情绪的反应内化为自我的情绪调节标准。事实上,情绪调节的最早形式来自家长对儿童情绪的调控,这也是情绪调节的发展具有社会文化性的一个原因。家人通过对儿童的安抚、调整熟悉的环境、改变儿童的活动或指导儿童情绪调节策略等措施来调节儿童的情绪(Garner & Spears, 2000; Spinrad et al., 2004)。除了采取措施应对儿童的情绪活动外,父母还通过表现出自身的情绪状态来调节儿童情绪活动的适当性。随着孩子年龄的增长,父母还会通过交流,与孩子讨论情绪的前因后果以及如何控制和管理自己的情绪。通过这些交往行为潜移默化的影响,社会文化规范逐步内化,儿童学会了在很多时候自动地调节情绪。在儿童早期社会化过程中,习得"愤怒是破坏性的"等情绪反应,从而自动减少这些情绪;当个体在极度愤怒或极度悲伤时,基于潜在内化的社会文化规范而无需有意自我控制却仍能在大多数时候保持平静(樊召锋,俞国良,2009)。

自动情绪调节过程是个体在其成长的社会文化环境中发展形成的。西方社会强调情绪的积极方面,鼓励情绪体验和情绪表达。相对而言,大多数亚洲社会鼓励相对更少的情绪表达,特别是对"高激活度"情绪(如兴奋)更是如此(Tsai et al., 2006)。因此,个体的自动情绪调节也体现出社会文化因素的影响。例如,东亚人通常更容易自动抑制负性情绪,这是常见的表达抑制调节策略。与个体主义文化相比,集体主义文化不鼓励人们在公众场合直接表达情绪,认为抑制情绪更符合社会规范。因此,集体文化中的个体会表现出更多的情绪控制。研究认为,亚洲文化背景中的情绪控制受到更多的重视,尤其是分离性社会情绪(如傲慢、愤怒等)(Kitayama et al., 2006)。在亚洲文化背景下,其情绪控制受到极高的重视,这反过来又给予个体有很多情绪控制的实践机会(Eid & Diener, 2001)。

社会文化环境还会影响到情绪情境的自动重评。对于东亚社会,个体会通过合作规范或观察学习而逐渐了解到在不同情境下评估的自我都是不重要的,因此会自动体验越来越弱的情绪(Rothbaum et al., 2000)。相反,重视个人控制及增加个人控制的情绪情境(如会导致愤怒情绪增加的情境)可能被评估为重要的,而减弱个人控制的情绪情境(如会导致满足感减少的情境)可能被评估为较不重要的(Mesquita & Albert, 2007)。

与调节情绪表达的表达规则相比,情绪调节策略影响的是情绪本身(Cole et al., 2004; Thompson, 1990, 1994)。所有年龄段的人都会寻求调节自己的情绪体验。这有许多种原因,如人们在应激下寻求调节自己的情绪,使自己感觉更好些(减少负面情绪,增加幸福感或高兴的感受),使自己往好处想(调控强烈的情绪),促使勇敢的行动(减少恐惧或焦虑),增强动机,寻求支持,确认关系(通过增强对别人的同情或共情绪)以及其他原因。因此对情绪调节的理解需要了解调节行为对应的个人目标。有时,这些目标是不言而喻的,如儿童和成人在应对困境时会调节情绪。但是,这些目标也受社会情境的影响。例如,当大人在附近时儿童会大声抗议别人的欺负,但当大人不在时可能只是默默忍受被欺负(Thompson, 1994)。就此而言,情绪表达规则的使用反映了情绪调节的过程,也是具有社会性和文化性的。情绪调节能力与儿童的社会能力密切相关(Gilliom et al., 2002)。

老年人的情绪调节策略也受到文化差异的影响。西方人表达抑制策略的使用随年龄增长而减少(John & Gross, 2004),然而中国人在表达抑制策略的使用上并没有表现出年龄差异(Yeung et al., 2011)。这可能是由于中国人更强调相互依赖以及社会和谐,从而各年龄组更多地抑制负性情绪的表达,以免冒犯他人(Butler et al., 2007; Zhang & Bond, 1998)。同样,其他年龄的中国人也都可能采取表达抑制策略以进行情绪调节。相比于欧裔美国人,采用表达抑制的亚裔美国人更少表现出负性情绪或在社交中表现冷漠(Butler et al., 2007)。

小结

情绪既是生物进化的产物,也是个体在一定的社会文化背景下社会适应的结果。因此,情绪的发展既存在着全人类的普遍性规律,也存在着文化相对性特点,这构成了情绪的生物和社会的双重特点。个体情绪的发展过程体现了以生物属性为主发展到社会属性为主的复杂过程,展现了人类情绪的生物属性和社会化复杂的相互作用。

复习思考题

1. 为什么儿童情绪表达的文化差异比成人小?
2. 如何从情绪的社会文化基础解释老年人的"正性效应"?
3. 情绪发展的神经生理机制是否存在社会文化差异?为什么?

第 7 章

情绪记忆

情绪记忆(emotional memory)是指人们对情绪性刺激、事件和情景等具有情绪性信息的记忆,又称情感记忆(affective memory)。情绪性信息的记忆优先效应在日常生活中随处可见,我们往往都对自己的人生大事及其细节记忆犹新。在实验室里,研究者发现被试对情绪唤醒事件比中性事件回忆得更多和更准确,这种现象称为情绪记忆增强效应(emotional memory enhancement effect; Anderson et al., 2006; Hamann, 2001)。根据进化理论,该效应具有明显的适应价值,有助于人类更好地记住有利或危险情境等关键信息,从而做出正确的决策,这对人类生存和成功繁衍至关重要(Kensinger et al., 2002)。

情绪与记忆的关系一直是心理学关注的重要课题。情绪如何影响记忆?哪类情绪可以加强记忆?什么样的情绪会削弱记忆?回答这些问题首先需要考虑两个不同的因素,一个是回忆信息本身所包含的情绪内容,另一个是学习和记忆时的心境(mood),即通常所说的情绪状态。其次,要考虑情绪通常包含的两个维度:效价和唤醒度。由此可见,情绪和记忆的关系十分复杂。本章重点阐述情绪与记忆绩效、情绪记忆的脑机制以及情绪记忆的应用等方面的内容。

第一节 情绪与记忆绩效

情绪与记忆密不可分。相关研究中,情绪通常包含效价和唤醒度两个维度,两者都可以影响到情绪记忆的绩效。情绪也可以作为一种情境来影响记忆的效果。本节主要围绕效价、唤醒度和情境三个方面展开对情绪和记忆之间的关系的探讨。

1 情绪效价对记忆成绩的影响

在日常生活中,我们会经常碰到富有情绪色彩的刺激和事件。例如,芬芳的鲜花、湛蓝的天空让我们神清气爽、轻松愉悦；而肮脏的垃圾、阴霾的天气让人心烦意乱、失落悲伤。人们通常也会感觉对那些富有情绪色彩的事件和刺激具有更深刻的记忆。例如，很多大学生都不会忘记拿到大学录取通知书时喜不自胜的心情，很多失恋者都很难忘记与恋人分手时痛彻心扉的情境。在实验室场景里，往往使用音乐、图片和视频等材料诱发被试不同的情绪状态，然后通过比较被试在不同情绪状态下的记忆成绩，来考察情绪对记忆成绩的影响。

1.1 情绪效价对记忆准确性的影响

负性情绪可以提高人们记忆的准确性，减少错误记忆的可能性。具体而言，当向被试呈现一系列词表，每一词表中包含的词汇（如枕头、床、休息、醒着、梦）与同一个没有在词表中呈现的单词（如睡眠）相关时，被试在正性情绪和对照条件下会比在负性情绪下回忆出更多的与词表有关的单词，也就是有更多的错误记忆。那么，负性情绪是如何降低错误记忆的出现呢？为了回答这一问题，研究者在该研究的另外一个实验中要求被试在回忆阶段，分别写出词表中的词汇和"想到的"与词表中词汇相关的词汇。结果发现，在每种条件下被试列出的与词表有关的词汇的数量，都显著多于将相关词汇错误地认为是在词表中出现过的词汇的数量，并且，在正性情绪下被试想到的相关词汇的数量明显多于负性情绪下相关词汇的数量（Storbeck & Clore, 2005）。这可能是因为人们在看到词表时会同时形成字面表征（verbatim representation）和主旨表征（gist representation）两类表征，字面表征对应词表中每个词汇的记忆痕迹，主旨表征对应词表的一般语义的记忆痕迹。由于对词汇的正确记忆是源于字面表征，对词汇的错误记忆是源于主旨表征，因此，负性情绪可能破坏的是主旨表征的加工过程，即负性情绪会引起人们对具体内容的加工，降低对内容间关系的加工。

尽管人们有时对情绪性材料和非情绪性材料的再认成绩是相同的，但是对情绪性材料的记忆更加有信心，如他们会倾向于将情绪性材料判断为"记得"而非仅仅是"知晓"（Ochsner, 2000）。这可能是由于，尽管人们可能记得情绪性材料和非情绪性材料，但是对情绪性材料的记忆会伴有更多的细节。为了验证这一假设，有研究比较了人们对情绪刺激的一般特点和具体细节的记忆效应。被试首先观看一些负性物体或者中性物体，然后判断所呈现的物体是否与之前出现的物体完全相同，或者与之前出现的物体名称相同但是视觉细节不同，再或者与之前呈现的物体没有关系。结果发现，与中性物体相比，被试确实会更多地记得负性物体的细节，而且，即使被试对负性和中性物体的总体再认成绩没有差异，他们对负性物体细节的再认也好于中性物体。这些结果说明，尽管情绪不能使人们对刺激和事件的记忆如图画般准确，但是，情绪会提高人们对细节记忆的准确性（Kensinger et al., 2006）。

1.2 情绪效价对记忆内容的影响

然而,有研究发现情绪既可以提高也可以降低记忆成绩。空间工作记忆任务和言语工作记忆任务在刺激材料和任务难度上都相同,仅在指导语不同的情况下,负性情绪可以提高空间工作记忆任务的成绩,但降低言语工作记忆任务的成绩;相反,正性情绪可以提高言语工作记忆任务的成绩,但降低空间工作记忆任务的成绩。情绪对空间工作记忆和言语工作记忆的不同影响,说明了情绪对不同记忆内容的作用是有选择性的(Gray,2001)。

另外,过去三十多年的心理学研究表明,人们对情绪材料或事件的记忆也会被遗忘或者失真,而且,情绪是会提高所记忆信息的细节还是只会让人们相信他们拥有生动的记忆,仍存在争议(Kensinger,2007)。

2 情绪唤醒度对记忆成绩的影响

研究情绪与记忆的关系必然会涉及情绪的唤醒度。很多研究都需要被试处于特定的情绪状态,因为这是情绪记忆的前提。在实验室里,情绪唤醒通常由外界刺激材料所诱发,常用的材料包括电影片段、情绪事件、情绪图片、情绪词、带有情感色彩的文章段落等,还有一些实验通过控制被试完成某项测试后的成败体验或奖惩任务来诱发被试的积极或消极情绪。

2.1 无意识与有意识的情绪唤醒

研究所需的情绪是否真的被唤醒,以及唤醒的情绪能否持续到认知任务结束,会直接影响研究结果的效度。情绪唤醒可分为无意识唤醒和有意识唤醒。衡量无意识唤醒的指标通常是行为反应或脑电反应(Ramel et al., 2007;Schirmer & Kotz, 2003;Spruyt et al., 2004),而衡量有意识唤醒的指标通常是主观报告或客观指标(李静,卢家楣,2007;Direnfeld & Roberts, 2006)。

2.2 情绪唤醒的生理反应

情绪的变化与神经生理反应密切相关。情绪反应与自主神经活动联系密切,情绪发生时伴随交感和副交感等自主神经系统和内分泌系统的改变,自主神经活动的改变会引起心率、血压、皮肤电等活动的改变(Hamm et al., 2003)。脑电反应、心血管反应、皮肤电反应和呼吸变化与情绪的唤醒水平密切相关,是情绪唤醒水平的重要指标(Levenson, 2003)。实际上,研究者衡量情绪唤醒也较多采用主观报告与神经生理反应、行为反应等客观指标相结合的方式,如有研究者以电影片段为情绪刺激,诱发具有身体攻击行为的学生和普通学生的悲伤、愤怒、愉快等情绪,采用主观报告和生理指标来衡量情绪的唤醒情况(王振宏 等,2007);也有研究者以情绪图片为阈下启动刺激,通过被试的脑电和行为反应来衡量情绪启动的效果(Li et al.,2008)。

2.3 情绪唤醒的时间历程

在需要情绪唤醒的实验室研究中,可能会要求被试的情绪唤醒持续一定的时间。有的研究在实验过程中会有间隔地数次诱发情绪,以保证在实验过程中情绪状态的稳定。有研究者采用高兴和悲伤音乐唤起被试相应的情绪,研究被试在高兴或悲伤状态下的自传体记忆。在情绪诱发到理想的状态后被试进行自传体记忆任务,而此时仍然继续播放音乐,只是调低音乐的音量,直到被试完成记忆任务后才停止(Miranda & Kihlstrom,2005)。还有研究前后使用了 3 次 Velten 技术,该技术主要让被试阅读具有强力情绪色彩的语句并体验语句表达的含义从而实现情绪诱发,同时进行了 4 次情绪评定。这些设计的目的是确保被试在进行认知任务的过程中,其情绪一直处于有效的唤醒状态中(Direnfeld & Roberts,2006)。每类情绪刺激形式不同,所唤醒的情绪持续时间可能有差异,采用主观报告的方式,有研究探讨了图片和情绪词诱发情绪的时间效应,明确了不同的情绪刺激唤醒情绪的时间历程(郑希付,2004)。

2.4 注意的中介作用

在有关情绪记忆的研究中,还有研究者提出情绪唤醒会通过注意来影响情绪记忆。负性唤醒词在分散注意条件下的记忆成绩好于负性非唤醒词和中性词,而负性非唤醒词和中性词的记忆成绩相似,这说明唤醒程度决定着记忆成绩的高低,可能是唤醒程度较高的刺激自动吸引注意(Kensinger & Corkin,2003)。情绪唤醒可能是通过调动注意系统来达到对情绪刺激的有效加工。在记忆的编码阶段杏仁核的活动会对海马记忆系统的功能起到重要的调节作用。情绪刺激获得更多的注意资源,从而会更好地被编码在记忆中,也更易于被重新激活和提取(Buchanan,2007;LaBar & Cabeza,2006)。通过记录编码期间事件相关电位(ERPs),有研究发现情绪刺激有一个早期的相继记忆效应,表现在刺激呈现后的 400—600 毫秒,而中性刺激的相继记忆效应则发生在晚期的 600—800 毫秒(Dolcos & Cabeza,2002)。相继记忆效应反映的是记忆成功形成时的大脑活动特异性反应。情绪刺激的记忆优势在早期的编码阶段就表现出来了。在注意瞬脱范式中,被试需要在一系列迅速呈现的物体中发现相继呈现的 2 个目标,当 2 个目标出现的时间小于一定值(如 500 毫秒)时,被试经常会漏报第 2 个目标。如果第 2 个目标是情绪性的,这种漏报就会大大减少。然而,研究发现当杏仁核受损时,这种情绪刺激的易化效应则会消失(Anderson & Phelps,2001)。这种情绪刺激优先捕获注意的效应在使用其他类似范式(如逆向掩蔽范式、视觉搜索范式等)的研究中也得到了验证(Phelps,2004)。

3 情绪记忆的情境依存性

3.1 情绪依存性记忆

情绪依存性记忆(emotion-dependent memory)指被试提取记忆时的情绪与记忆储存时的情绪相似时,回忆效果会提高。即如果被试学习时的情绪是悲伤的,当被试悲伤时进行测试,记忆成绩会提高;如果被试学习时的情绪是高兴的,当被试高兴时进行测试,记忆成绩会提高。情绪依存性记忆关注的是在特定情绪状态中的记忆效果,这也是人和动物状态依存学习的延伸,不管材料本身的情感背景如何,事件的所有方面都会发生记忆增强的现象。

3.2 情绪依存性的存在证据

鲍尔等人在1978年通过催眠暗示法率先对情绪依存性记忆进行的研究结果表明其是一种可靠的现象,并推论情绪生成的特殊场合可能会影响随后信息的提取(Bower, Monteiro, & Gilligan, 1978)。但在之后的几年里,研究者用同样的方法却几乎无法找到证据去证明情绪的依存性。鲍尔和迈耶(Bower & Mayer, 1985)认为虽然这反复无常的现象令人迷惑,但实际上每一个理论家都认为记忆的场合依存效应已经预示了情绪依存性的存在(Baddeley, 1982)。场合依存记忆主要遵循两个基本原则:

(1) 研究任务和记忆测验要在场合相关过程中完成,特殊的过程依靠的场合不同。

(2) 场合可能通过重建过程影响内隐和外显记忆测验的成绩,场合依存性在特殊、可靠的记忆线索缺少的条件下更明显。巴德利的关系联想概念、塔尔文的编码特殊性原则、莫里斯和弗兰克的迁移恰当加工理论都充分预示了情绪依存性记忆的存在。

鲍尔(Bower, 1987)在一项实验中,让两组被试分别在愉快和悲伤的情绪中学习两个词表,之后让被试分别在愉快和悲伤的情境中进行测试,结果发现当学习和回忆时的情绪匹配时,被试的回忆成绩明显好于不匹配时的回忆成绩,这有力地证明了情绪依存性记忆的存在。

3.3 迁移恰当加工理论

莫里斯等(Morris et al., 1977)提出了迁移恰当加工(transfer appropriate processing, TAP)理论,该理论认为如果记忆测验所要求的加工过程与学习时的编码加工相似或重叠,就可以提高测验成绩,否则成绩会相对较差。这与塔尔文(Tulving,

1984)提出的"提取与编码一致性原则"类似。TAP理论主要是用来理解情绪和记忆的交互作用,尤其是情绪依存性记忆,更重要的是鉴别情绪相关过程,情绪影响认知操作以及在编码和提取任务中的应用。根据TAP理论,情绪依存性效应很明显是指在编码阶段情绪影响了认知操作,同样,情绪在提取阶段也会以同样的方式影响该操作。对此鲍尔(Bower,1981)追问:到底是什么组成了相关情绪的加工过程?鲍尔提出了一种解释,认为仅情绪和目标事件接近并不能使情绪线索和项目相匹配,只有当被试觉察到这一事件时,才能引起当前的情绪状态。费尔南德斯和格伦伯格(Fernandez & Glenberg,1985)关于环境场合记忆或位置依存记忆的研究证实了这一点。他们发现,如果被试没有意识到环境是引发事件的一个线索,那么经历一个特殊环境(比如,教室)的事件是不可能同该线索相匹配的。鲍尔的解释充分显示了情绪依存记忆存在的合理性。埃里克和梅特卡夫(Eich & Metcalfe,1989)提出了另一种解释,认为如果通过内隐操作(比如,推理、想象或解释)生成的事件比由外部资源加工生成的事件与当前的情绪联系更紧密,那么事件的编码和提取场合间情绪的变换就会更有益于对内隐事件的记忆,而不利于对外显事件的记忆。同该观点相联系的词汇联想、叙述性建构和人际关系的评估通常是在情绪一致的条件下完成的,并且依赖内隐生成效应的保持力测验(如,自由回忆)比依赖外部线索的测验(如,线索回忆、再认记忆等)更能揭示情绪依存性效应。

4 情绪记忆的心境一致性

4.1 心境一致性记忆的界定

情绪一致性记忆(emotion congruent memory)又称心境一致性记忆(mood congruent memory),但情绪和心境是相互联系又有细微差别的概念。一般而言,心境指微弱的、持久的,具有弥散特点的情绪状态;而情绪一般泛指内心的体验,是情感性反应的过程,侧重指向非常短暂但强烈的体验。分析国内外的相关研究,心境一致性记忆研究中的被试主要来自某些特殊群体,如抑郁者或焦虑者;而情绪一致性记忆研究的群体大多数是普通被试。根据前人对情绪和心境的分析,如果研究情绪时不考虑被试情绪的唤醒强度和方向性,那么情绪和心境的意义相似,此时,心境一致性记忆与情绪一致性记忆是具有同等意义的概念(Parkinson et al.,1996)。

布莱尼(Blaney,1986)将情绪一致性记忆定义为:"与编码或提取时的情绪状态具有相同的情感效价的材料对编码及提取的促进作用。"具体而言,人们在学习与回忆时的心境一致时的回忆成绩会好于不一致时的回忆成绩。例如,在一项研究中,研究者通过要求被试回忆高兴或者悲伤的情绪经历来诱发其不同的心境,然后让他们分别记忆表示高兴或者悲伤的词语,结果发现,当记忆与回忆时的心境一致时,他们的记忆成绩会显著好于不一致时的成绩。

庄锦英(2006)把情绪(心境)一致性效应解释为:"当人们处于某种情绪状态时,倾向于选择和加工与该种情绪相一致的信息。"所以,情绪(心境)一致性记忆是指,个体经历一种特殊的心境或情绪后,当他们有选择地接触、阐述、学习情感效价类似的材料时,倾向于以一种相同的心境来解释这种经验。换言之,积极的情绪易化积极信息的加工和回忆,消极的情绪易化消极信息的加工和回忆。

4.2 情绪一致性记忆的理论

联想网络模型(associative network model) 鲍尔(1981)最早用实验证明了情绪一致性记忆现象,并用依据情绪记忆的联想网络模型予以解释。联想网络模型认为,每一种基本情绪(如快乐、愤怒、恐惧、悲伤、惊讶等)在记忆网络中是以节点的形式表征的,每一个基本情绪的节点都与其他许多节点(如表情行为、自主反应模式、评价唤醒、语言标签等)相联系,相互联系的节点构成记忆网络。每一个节点都是一个生理系统,每个生理系统有自己的效应器,具体包括生理和自动反应、面部和体态的表达、描述情绪状态的词汇、行为倾向、与情绪相关的主题以及相关的记忆事件。其他情绪(如失望、藐视等)则是这些节点的激活混合物或化合物,如失望可能是混合有惊讶的悲伤。这些节点与其他节点具有不同强度的联系。因此,一旦某种基本情绪被激活,其他节点则是按照扩散式激活,与此基本情绪相联系的各个效应器也很快被激活,从而出现情绪一致性效应。

联想网络理论强调情绪状态及情绪激活的作用,注重网络节点与网络效应之间的联结强度,不考虑个体认知任务及其加工策略等情况,只要个体拥有某种情绪就能激活情绪节点,继而激活与之相联的其他节点或效应器,就会出现情绪一致性记忆。联想网络模型得到了许多实验结果的支持(谭红秀,2005;陶云 等,2007;Danion et al.,1995;Erickson et al.,2005),如刘易斯(Lewis et al.,2005)用音乐诱发被试高兴或悲伤的情绪,让被试学习积极和消极的情绪词,然后让被试对情绪词进行P/K/N回忆任务,观察被试的脑功能成像,实验结果支持鲍尔的联想网络模型。

但是,联想网络模型对情绪一致性记忆的解释存在局限,对一些复杂的实验结果无法做出解释。在福加斯和鲍尔(Forgas & Bower,1988)的6项实验中,有5项实验没有发现情绪一致性记忆效应。有些研究甚至发现了相反的效应,愉快的被试有选择地回忆痛苦的信息,悲伤的被试有选择地回忆愉快的信息(Parrott,1993;Sedikides,1995)。另外,联想网络模型也不能准确界定情绪一致性记忆存在的条件。

图式理论(schema theory) 贝克(Beck,2002)提出了图式理论,认为认知包括表层的自动思维和深层的认知结构(即认知图式)。认知图式是在个体的过去经验中形成的,是个体关于自己和世界的总的信念和假设。认知图式一旦形成就支配着个体的信息加工过程,个体只对与自我已有图式有关的信息有快速的反应。因而与图式相关的信息更易于得到精细加工,从而与记忆中的其他信息联系得更好。根据图式理论,心境也能像图式一样对信息选择、组织和精细加工产生影响,与心境一致的信息更容易被注意到,更可能与情绪相关的事实发生联系,也更能得到精细化加工,因此记忆成绩更好。图式理论得到一些研究结果的支持。如有研究通过实验证明了图式对记忆的影响,发现以房屋购买者身份来阅读文章的被试回忆起了更多与房屋购买相关的事实,而以窃贼身份来读文章的被试回忆的事实多与偷窃有关(Pichert & Anderson,1977)。图式理论能很好地解释抑郁者或焦虑症患者等特殊群体情绪一致性记忆现象,但由于图式是个体在过去经验中逐渐形成的,这一理论在解释普通被试的情绪一致性记忆时效果欠佳。

迁移适当加工(transfer appropriate processing,TAP)理论 它由勒迪格和布拉克斯顿(Roediger & Blaxton,1987)在反对多重记忆系统观点的基础上提出的。该理论认为记忆系统只有一个,间接测验和直接测验之间的分离反映的是不同的心理加工过程,即知觉加工和概念加工。前者主要依赖于对刺激表面特征和知觉特征的分析,后者则主要通过对刺激的意义和语义信息的加工。如果记忆测验所要求的加工过程与学习时的编码加工相似或一致,则可以提高测验成绩,否则测试成绩相对较差。直接测验和间接测验要求的提取过程不同,这两类测验从学习时不同的编码加工中的获益也不同,学习时的意义加工、精细编码和心理映象等加工过程应提升大多数直接测验的成绩。

TAP理论进一步指出,外显记忆与内隐记忆测验要求的提取过程不同,因此这两类测验的结果也存在差异。决定记住什么取决于编码阶段和提取阶段要求的加工类型之间的匹配,而不是记忆系统本身的激活。也就是说,如果学习和测验时要求的加工相一致,就会易化认知加工,测验结果会好。外显记忆测验属于概念驱动过程,所以学习时的意义加工、精细编码和心理映象等加工过程使外显记忆测验成绩良好;而大多数内隐记忆测验是提取过去经验中的知觉成分,属于材料驱动过程,所以学习与记忆测验时的知觉匹配程度会强烈影响记忆测验的成绩。

有研究者(Barry et al.,2004;Roediger & McDermott,1992)采用TAP理论来解释情绪一致性内隐和外显记忆结果。一种观点认为心境通过关联方式增强信息的精确性,因此建立起心境和先前学习材料之间的联结,这种联结在随后的回忆中成为一个主要的线索,尤其是缺乏知觉和概念的线索时,心境可能被用来作为被试有意识回忆策略的一部分。这种分析可以解释外显记忆出现情绪一致性效应,而内隐记忆不出现情绪一致性记忆的情况。另一种观点认为,心境之所以起作用是因为它和目标事件的其他有关方面共同作用,甚至成为个体的记忆表征,后来的类似心境的经验作为先前事件再表征的一部分而起作用,这部分的信息加工可能使得整个记忆表征得以恢复完整,并使得匹配事件更易于觉察到。此观点也可以解释内隐记忆中的心境依存现象。

TAP理论从解释内隐和外显记忆,发展到解释情绪一致性记忆,表明了该理论的价值和生命力。由于它强调编码时的加工和提取时的加工相匹配,因而它也确实比较适合解释情绪一致性内隐记忆和外显记忆。

情感渗透模型(affect infusion model,AIM) 塞迪基德斯(Sedikides,1995)最初提出AIM是用来解释情绪与决策的,艾希和福加斯(Eich & Forgas,2003)把它扩展为用来解释情绪一致性效应的整合模型。所谓情感渗透是指个体在从事不同的加工策略时,情感影响认知的大小程度不同,即情感有选择地影响个体的学习、记忆、注意和联想,并最终使得个体的认知结果向着与情感相一致的方向倾斜(Eich & Forgas,2003)。AIM包括前提、加工策略及其流程图。

(1) AIM的前提。AIM有两个前提:一是情绪渗透的程度或特点依赖于个体完成认知任务时所采用的加工策略;二是在同样的条件下,个体倾向于选择最简捷最省力的策略来完成认知任务,遵循认知节省原则。

(2) AIM的四种加工策略。基于AIM,个体在完成认知任务时通常采用四种加工策略,分别是直接进入策略、动机驱动策略、启发式策略和建构式策略。直接进入策略是个体直接提取记忆库中的知识就能完成认知任务时所采取的策略。此策略依赖明显的线索提取已存贮的现成知识来完成认知任务。当认知任务是高度熟悉的、低个体相关的,或者没有任何动机、认知、情感、情境上的额外要求时,个体就会采用直接进入的加工策略。直接进入策略是一种强健的加工策略,它抵制情绪的渗透。动机驱动策略是个体在明确的目标动机指导下完成认知任务时所采用的策略。该策略假设了一种指导信息加工的强烈的先定目标,因此极少允许建构的、非方向性的加工出现,减少了情绪渗透的可能。例如,在应聘面试时,要求你回答对应聘单位的态度,在构思答案的这一过程中目标和动机是明确的,从而抵制了情绪的影响。启发式策略是个体从事比较简单、熟悉、与自我无关的认知任务时所采取的策略。当任务相对简单或较为典型,与个体有较低的关联性,或个体缺少与任务有关的晶体化知识,又没有强烈的动机目标,认知资源有限,对任务没有精确或深加工的要求时,个体就会采用启发式的加工策略。建构式策略是个体从事比较复杂、非典型的、与自我相关密切的认知任务,或者个体具有足够的加工资源但缺少具体的动机目标时采取的策略。该策略是对信息采用广泛的、拓展的、建构的加工的一种加工策略,极易受情绪渗透的影响。在建构式加工过程中,人们需要对信息进行选择、学习、诊释、加工,并通过记忆将这些信息与以前的知识相联系。根据AIM,一个判断越需要进行长时间的、广泛的、深入的加工,情绪渗透就越有可能发生。

(3) 加工策略流程图。AIM在早期双过程理论的基础上,假设认知节省原则是调节加工策略选择的标准,由此区分出 4 种加工策略及加工过程(庄锦英,2003)。直接进入和动机驱动的加工是情绪低渗透策略,启发式策略和建构性加工属于情绪高渗透策略。

AIM 得到情绪与决策领域很多研究的支持(Forgas,1995,1998)。多项研究发现当被试采用某种特定的加工策略,即运用一种开放的、建构性的思维方式时,情绪的一致性效应就会出现。在社会认知研究领域,这一观点也被越来越多的研究者所接受。菲德勒(Fiedler,1991)指出:相对于被动保存给定的信息而言,情绪在某种程度上影响认知任务中生成新信息的过程。福加斯和克罗默(Forgas & Cromer,2004)研究发现 AIM 适用于情绪与决策和情绪与社会冲突领域。但是,用 AIM 解释情绪一致性记忆时也存在一些局限,如个体完成决策任务时通常采用的四种加工策略,在记忆任务中不能完全实现(Eich & Forgas,2003)。AIM 强调加工策略不同因而情绪一致性效应大小有差异的观点,以及把加工策略分为高渗透策略和低渗透策略的思想,为解释情绪一致性记忆提供了新的视角。

小结

情绪对记忆具有独特的影响。负性效价情绪能提高记忆的准确性。具体来说,情绪刺激会获得更多的注意资源,从而更好地编码在记忆中,也更易于被重新激活和提取。情绪一致性效应是指个体经历一种心境或情绪后,当他们有选择地学习情感效价类似的材料时,倾向于以一种相同的心境来解释这种经验。换言之,积极的情绪易化积极信息的加工和回忆,消极的情绪易化消极信息的加工和回忆。联想网络模型、认知图式理论、迁移适当加工理论和情绪渗透模型这几种主要的理论分别解释了情绪一致性记忆效应的产生。

复习思考题

1. 情绪是如何影响记忆成绩和记忆内容的?
2. 如何理解情绪一致性记忆?有哪些解释理论?

第二节 情绪记忆的脑机制

目前关于情绪记忆的脑机制研究主要采用高时间分辨率的脑电和高空间分辨率的功能磁共振进行研究。本节主要针对情绪记忆加工的时间特性和空间特性来阐述其脑机制。

1 情绪记忆的时间加工特性

1.1 情绪记忆的新旧效应

近年来,新旧效应,即正确提取的旧项目(学习过的项目)比正确否定的新项目(未学习过的项目)诱发的脑电成分,成为情绪记忆脑电研究中最热门的问题;而心境一致性效应和心境依存性效应的神经机制,也是研究者们关注的对象。黄雅洁(2006)就情绪状态对情绪记忆的影响进行了研究,使用国际情绪图片系统(international affective picture system,IAPS)的图片来诱发被试产生情绪状态,编码阶段要求被试对词语效价进行判断,然后让被试对自己当前情绪进行判断;分心任务后重复情绪诱发阶段并进入直接再认阶段。结果表明,积极目标词的反应速度和正确率都高于消极目标词;心境依存性效应在再认阶段 170—400 毫秒时段的前额中央区显著,反映了额区中线位置对情绪记忆加工中注意调整的影响;心境一致性效应在学习阶段 200—300 毫秒时段的右额区和 400—630 毫秒时段的广泛脑区显著,一致条件下波幅显著大于不一致条件下的波幅,与鲍尔联结语义网络模型的假设相符合(黄雅洁,2006)。

1.2 情绪记忆的编码和再认

情绪记忆的脑电研究,探索了目标效价、年龄、新旧、心境等因素对事件相关电位的影响。还有研究使用脑电对情绪记忆的编码和再认展开研究,继续进行对情绪图片材料记忆的新旧效应的探索。研究发现在广泛的时段和脑区中积极目标诱发的波形显著正于消极目标条件。在编码阶段 200—350 毫秒时段和提取阶段 300—500 毫秒时段的中央顶区和顶枕区中线附近位置,一致启动条件下的波形显著正于不一致启动条件下的波形。在启动类型产生主效应的时段中,也存在着其与目标效价的显著交互作用。这些结果表明情绪图片记忆提取过程中存在着新旧效应(廖岩,张钦,2012)。

情绪记忆的脑电研究发现了情绪对记忆脑电成分的影响。前人以 IAPS 情绪图片作为材料进行了事件相关电位研究,实验编码阶段要求被试对呈现的一系列图片进行记忆,同时判断其呈现的事件发生在室内或室外;3—7 天后进行的再认阶段测试要求被试对其是否见过图片进行直接判断。结果表明,在编码阶段脑区后部 250—450 毫秒时段,情绪图片比中性图片的波形更大,反映了对情绪刺激效价的注意捕捉。但研究中的积极事件唤醒度不如消极事件,却激发了比消极和中性事件更大波幅的慢波。研究者认为积极低唤醒事件进入了精细加工过程,有利于再认记忆的表现;而消极高唤醒事件会干扰精细加工机制(Koenig & Mecklinger, 2008)。

多尔科斯和卡贝扎(Dolcos & Cabeza, 2002)的脑电研究发现,情绪性刺激条件下相继记忆效应(400—600毫秒)比中性刺激条件下的该效应(600—800毫秒)发生更快,说明情绪性信息优先获得认知资源。大量的神经影像学及脑电研究结果表明,杏仁核与其他脑区的互动在情绪记忆编码和提取等任务中起着关键作用,杏仁核参与了情绪记忆编码,创造了最初的记忆表征;事件结束后,杏仁核在巩固阶段继续影响着记忆表征,并把情绪性事件的信息储存到长时记忆,转变成更持久的形式,情绪对记忆的影响一直是随着时间的延长而增强的(Hamann, 2001)。

对情绪记忆的脑电研究,不仅考察一般编码阶段的工作记忆和提取阶段的长时记忆,而且也涉及感觉记忆。王曼(2008)使用阈上和阈下情绪启动范式对视觉感觉记忆进行了研究,实验以4×2的八字母卡片作为刺激目标。首先向被试呈现中国情绪图片系统(Chinese facial affective picture system, CFAPS)的图片诱发其情绪,并要求被试对图片的效价进行判断,然后呈现字母卡片,接着使用声音提示被试要记忆哪一行字母,最后被试对呈现的一行目标字母进行再认判断。结果表明,启动情绪效价对脑电成分产生了显著影响,总趋势为积极、消极、中性波幅依次递增。该研究还发现,阈上启动的波幅小于阈下启动,并认为这是由于阈上启动占用认知资源所致,但这却与负性偏向效应的观点不一致。另外,该研究将积极、消极、中性的情绪启动试次分别集中呈现而非随机化,目的是造成稳定的情绪状态即心境,这也可能会得到与一般情绪启动研究不同的结果(王曼, 2008)。

1.3 负性情绪记忆与定向遗忘

杨文静(2012)使用脑电考察了负性情绪记忆与定向遗忘之间的关系。研究发现无论是语义信息丰富的词语材料,还是色彩和空间视觉线索丰富的复杂图片材料,定向遗忘现象都会发生;负性图片和中性图片一样都出现了明显的定向遗忘效应(杨文静,杨金华,肖宵,张庆林, 2012)。这些结果与以往很多有关主动遗忘的研究结果一致(Basden et al., 1993; Fawcett & Taylor, 2008; Sahakyan & Kelley, 2002)。但是研究还发现了负性情绪会干扰定向遗忘,负性情绪信息虽然能够被主动地遗忘,但是需要被试付出更多的认知资源。因为情绪具有记忆的增强效应,情绪通过抓取注意,增强信息的编码和巩固从而达到增强记忆的效果(Öhman et al., 2001),在实验中负性图片呈现时诱发了更大的晚期正波成分是这一理论假设的强有力的支持。由于负性情绪信息的这种记忆增强优势,因此,在同等的情况下,负性情绪记忆更不容易忘记。最近很多采用压抑遗忘范式的研究也发现遗忘负性情绪性记忆更困难,在磁共振(fMRI)的研究中表现为负性情绪性记忆遗忘过程中激活了更多的大脑区域(Depue, Curran, & Banich, 2007)。

2 情绪记忆的空间定位加工特性

探讨情绪和记忆相互作用脑机制的研究主要集中在位于内侧颞叶的杏仁核、海马和前额叶皮质等。有研究表明,外界唤醒刺激促进肾上腺髓质释放紧张性激素,后者通过血脑屏障直接作用于杏仁核,或者先作用于脑干迷走神经孤束核(nucleus tractus solitarius,NTS),再进一步投射至杏仁核,作用于基底外侧核内的β-肾上腺素受体,杏仁核进而释放紧张性激素(去甲肾上腺素等)或通过相关神经元直接投射至海马和其他脑区对记忆固化作用进行调节(Anderson et al.,2006)。

2.1 杏仁核

杏仁核是情绪记忆最重要的脑结构,被认为是整个情绪记忆脑网络的核心。经典观点认为杏仁核主要在情绪记忆的编码和编码后阶段发挥作用,当情绪事件发生时,编码阶段创造了最初的记忆表征;事件结束后,巩固阶段继续影响着记忆表征,直到巩固阶段结束前,情绪对记忆的影响一直是随着时间的延长而增强的(Hamann,2001)。杏仁核对情绪记忆编码的影响是通过对情绪刺激的注意增强来实现的,增多的注意资源使得情绪刺激更好地获得记忆表征。神经影像学研究显示在加工情绪相关的面孔,特别是带有恐惧表情的面孔时,杏仁核会明显激活,这被认为与对情绪刺激的注意增强有关(Cahill,2006)。研究发现杏仁核和感觉皮层区有着相应的联系(Amaral et al.,2003)。在对恐惧面孔进行反应时,杏仁核表现出的活动非常类似于视觉皮层的活动。这些都表明杏仁核可能对环境中快速变化的情绪刺激进行自动加工,在刺激加工的早期获得情绪信息,然后通过反馈来加强情绪事件的知觉编码,进而影响了对情绪刺激的注意加工。

杏仁核除对情绪记忆编码阶段调节外,还参与记忆过程中的固化作用(Sharot & Yonelinas,2008)。情绪事件编码阶段创造了最初的记忆表征;固化阶段继续影响着记忆表征,直到固化阶段结束前,情绪对记忆的影响随时间的延长而增强(Hamann,2001)。情绪记忆的调节假说(memory-modulation hypothesis)认为,杏仁核和记忆相关的脑区(如颞中叶)相互联系,杏仁核的活动增强会促进这些脑区的记忆固化过程。这一假说得到了神经化学和脑损伤等方面的证据支持(McGaugh,2004)。

有研究者认为,记忆固化具有时间依赖性,不同记忆系统的固化具有相对独立的平行加工机制(McGaugh,2000)。目前,少数研究者采用情绪记忆多时间点提取的方法进行脑功能成像研究。哈曼(Hamann,2001)的PET(正电子发射断层扫描)研究发现,短时提取成绩与杏仁核激活无关,而长时提取成绩与双侧杏仁核相关。马茨凯维奇等(Mackiewicz et al.,2006)的fMRI研究发现,短时和长时增强效应分别与双侧杏仁核背、腹侧相关。里奇等(2008)研究发现,左侧杏仁核与长时延迟记忆有关。王海宝等(2010)的组块设计 fMRI 研究发现,短时阶段主要与右侧杏仁核相关,而长时阶段与左侧杏仁核显著相关,表明杏仁核参与情绪记忆的编码和固化也具有时间依赖性,并且情绪记忆短时和长时阶段增强效应可能具有相对分离的神经机制。

有关情绪记忆提取阶段的脑成像研究相对较少。从已有的研究结果来看,与编码过程相似,情绪信息的提取也与杏仁核有关。研究发现,在被试编码后间隔 1 年进行再认检测,情绪图片比中性图片的成功提取更多地激活了右侧杏仁核和海马等脑区(Dolcos et al.,2005)。采用线索记忆范式(contextual memory paradigm)进行 fMRI 研究的结果表明,杏仁核与情绪线索的提取有关,且杏仁核参与了情绪信息的不同方面的提取,左右侧的功能有差异(Fenker et al.,2005)。

杏仁核参与情绪记忆的加工具有偏侧化效应。既往研究显示,左侧杏仁核倾向于对情绪性刺激的有意识加工(认知评估),而右侧杏仁核倾向于对情绪性刺激的无意识加工(Skuse et al.,2005)。但也有研究显示,左右半球对于正负性情绪的反应偏向并不受有无意识编码的影响。情绪记忆的研究中性别差异近来成为一个关注的焦点。脑功能成像研究表明,男性情绪记忆主要与右侧杏仁核相关,女性主要与左侧杏仁核相关(Cahill, Uncapher, et al.,2004)。但上述研究中,杏仁核的性别偏侧化效应(即性别效应)多与情绪记忆长时阶段(2—3 周)相关(Mackiewicz et al.,2006)。一项 fMRI 研究发现,在成功地主动编码情况下,杏仁核的激活与 20 分钟和 24 小时再认相关,且回顾既往文献发现,杏仁核性别偏侧化也存在时间依赖性(Wang et al.,2010)。

杏仁核参与情绪记忆存在年龄效应。随着年龄的增加,对于负性情绪图片再认的准确性较正性情绪和中性情绪逐渐下降,青年人则能够记忆更多的负性情绪图片。进一步研究表明,老年人与年轻人在进行情绪性图片编码时其杏仁核的激活程度都较中性图片高。然而两者也存在差别,老年人在观看正性图片时其杏仁核激活较观看负性图片时更明显。对于情绪加工偏向性的年龄效应,目前脑功能成像研究较少,其认知神经机制是未来研究的热点之一。

2.2 海马

杏仁核能够调节海马依存性记忆的保存,而当情绪刺激发生时海马又能对事件的情绪色彩形成心境表征,进而影响杏仁核的反应。记忆的编码后加工,即记忆巩固,主要是在海马中完成的。最初杏仁核和海马被认为是归属于两个独立的记忆系统,有着其特定的功能。然而在情绪状态下,两个系统进行着精细且重要的交互作用。情绪唤醒诱发了应激激素的释放从而激活杏仁核的肾上腺素受体,这些受体的活动操控了激素对海马巩固效应的影响(McGaugh & Roozendaal,2002)。可见,杏仁核能够调节海马依存性记忆的保存,而当情绪刺激发生时海马又能对事件的情绪色彩形成心境表征进而影响杏仁核的反应。尽管海马和杏仁核是两个独立的记忆系统,但是当情绪遭遇记忆时,它们便协同工作(Phelps, 2004)。

功能成像研究表明,海马在情绪性记忆中同样具有重要作用,并且主要体现在记忆的编码及固化阶段。研究发现前额叶—海马网络与情绪记忆的编码中情绪效价相关,而杏仁核—海马网络参与情绪记忆中唤醒度效应(Kensinger & Corkin, 2004)。fMRI 研究还发现,情绪性图片与中性图片相比,内侧颞叶(主要是海马)的相继记忆效应增强显著(Dolcos et al., 2004a)。还有研究通过长时(1—2 周)延迟提取,发现海马前部与情绪记忆相关,支持海马参与情绪记忆的编码及固化过程的结论(Mackiewicz et al., 2006; Ritchey et al., 2008)。

海马不仅在编码和固化阶段发挥作用,也参与情绪记忆的提取过程。有 fMRI 研究发现,情绪记忆编码后,经过一个长时间间隔(1 年)延迟后海马仍与提取相关(Dolcos et al., 2005)。通过情绪自传体事件的提取研究也得到了类似的结果,进一步证实了海马在情绪记忆的提取过程中发挥重要作用(Greenberg et al., 2005)。

2.3 前额叶皮层

前额皮层(prefrontal cortex, PFC)也参与了情绪记忆。塞尔热里等(Sergerie et al., 2005)使用 fMRI 来研究不同表情(愉快、中性、恐惧)面孔的编码对 PFC 活动的影响,结果显示右侧 PFC 的激活与面孔的记忆有关,与表情无关;而左侧 PFC 的激活却与表情面孔的成功编码有关。这再一次证明了右背外侧前额皮层在非语言材料的成功编码中的作用,而左背外侧前额皮层是情绪与记忆整合的地方。在另一项研究中,已知在负性情绪中左侧额叶皮层眶回(left orbitofrontal cortex, LOFC)活动增强,而这种增强与正性情绪信息的记忆减弱有关,进而假设如果抑制了 LOFC,那么正性情绪的记忆就应该增强(Schutter & van Honk, 2006)。他们采用了重复经颅磁刺激(repetitive transcranial magnetic stimulation, rTMS)来抑制 LOFC 的活动,进而发现 rTMS 实验组对高兴面孔的记忆明显高于控制组,证实了 LOFC 确实在正性情绪记忆中发挥着作用。

根据"情绪效价假设",左侧 PFC 主要参与正性情绪加工,右侧 PFC 主要参与负性情绪加工(Davidson & Irwin, 1999)。进一步研究发现,前额叶不同亚区在情绪性评估和情绪记忆中起着不同作用,正性和负性刺激分别激活左侧背外侧和右侧腹外侧 PFC,从而支持了"情绪效价假设",并且强调左侧腹外侧及背外侧 PFC(dorsolateral prefrontal cortex, DLPFC)参与情绪记忆的增强效应的调节(Dolcos et al., 2004a, 2004b)。

众所周知,PFC 是一个混合性多功能结构,由不同功能亚区构成。神经成像和电生理研究表明,眶额皮质(orbitofrontal cortex, OFC)和腹内侧 PFC(ventro medial

PFC，vmPFC）对表征奖赏和惩罚尤其重要。而在情绪性自传体记忆的 fMRI 研究中发现，内侧 PFC 与奖励及欲望行为有关。进一步研究证实了 OFC 确实在正性情绪记忆中发挥着作用，并提示眶额部可能参与情绪性工作记忆（affective working memory）、长时记忆的表征、奖赏、社会动机和决定等加工过程；此外，前扣带回（anterior cingulate cortex，ACC）参与情绪编码加工过程，而 ACC 可能与冲突监控、反应选择和动机有关（LoPresti et al.，2008）。马施纳等（2008）研究发现，恐惧条件反射下前扣带回有明显激活，但 PFC 各亚区在情绪记忆中的特异性作用尚不清楚。

小结

情绪记忆的编码和再认具有独特的时间加工特性。目前脑电研究主要集中在情绪记忆的新旧效应、情绪记忆的编码和再认以及负性情绪记忆与定向遗忘的时间加工上。对于情绪和记忆相互作用的脑结构主要是杏仁核、海马和前额叶皮质等。杏仁核是情绪记忆最重要的脑结构。记忆的编码后记忆巩固主要是在海马中完成的，也参与情绪记忆的提取过程。前额叶不同亚区在情绪性评估和情绪记忆中也起着重要作用。

复习思考题
1. 如何理解杏仁核、海马和前额叶皮层在情绪与记忆中的作用？
2. 请设计一个模型说明情绪记忆的脑机制。

第三节　情绪记忆的应用

情绪记忆影响着生活的方方面面，但是也受到一些年龄和性别因素的影响，从而呈现不同的特点。同时，对于一些负面的情绪记忆，也面临着需要消除的需求。本节主要针对情绪记忆的个体差异和消极情绪记忆消退进行阐述。

1　情绪记忆的个体差异

1.1　情绪记忆的年龄差异

效价类型（愉快和不愉快）和唤醒度对情绪记忆的影响随着年龄和性别的差异发生变化。康布莱恩等（Comblain et al.，2005）研究了年龄在与情绪相关的自传体记忆中的作用。实验中，青年人和老年人被试要求对正性、中性和负性三种情绪类型的事件各回忆出两件。研究发现不论是青年人还是老年人，他们的情绪记忆（不论正性还是负性）都比非情绪信息记忆包含了更多的感觉体验和情境上（如地点、时间）的细节。老年人对于负性情绪刺激的记忆却关联着非常高的积极感受（positive feelings）。结果说明在老年人和青年人中，情绪对自传式记忆的影响模式是相似的，不同的是老年人倾向采用一个更加积极的观点来重新评估负性记忆。

1.2 情绪记忆的性别差异

情绪记忆也存在性别差异。研究发现女性比男性能更好地记住情绪事件，fMRI研究为女性的情绪记忆强于男性的神经基础提供了一种可能的解释。有研究者要求被试评估中性和负性图片的情绪唤醒度，同时进行fMRI扫描，3周后进行再认测验（Canli et al.，2002）。结果显示，情绪唤醒度高的图片记忆比唤醒度低的好，女性比男性好；证明在对成功记忆的图片进行编码时，男性和女性激活了不同的神经环路：男性比女性更多地激活了右半球杏仁核，而女性较男性却更多地激活了左侧杏仁核；当进行情绪唤醒评估和情绪唤醒图片的后继记忆时，女性参与的脑结构更多，这可能就是女性的情绪记忆强于男性的神经基础。

还有研究发现了相似的效应。研究表明在成功的主动编码情况下，杏仁核表现为偏侧化效应，男右女左偏侧化优势，与非主动编码情况下结果一致，且具有跨文化的一致性（Cahill et al.，2001；Cahill，Uncapher et al.，2004；Canli et al.，2002；Mackiewicz et al.，2006）。目前，对这种性别偏侧化效应有两种解释：一种解释为女性对情绪性事件编码可能使用了以语言为基础的左侧化编码机制。有研究表明左侧杏仁核对于语言性威胁存在反应，而右侧杏仁核未出现变化（Phelps et al.，2001）。女性在情绪性刺激的编码过程中可能动用了包括内省和内在语言化等多种手段；男性在情绪性事件的编码过程中更多地是使用需要右侧半球参与的视觉—空间策略，因而表现为右侧杏仁核的激活。另一种解释为左侧杏仁核对于情绪性材料的反应为有意识反应，右侧杏仁核对于情绪性刺激的反应为无意识反应（Morris et al.，1998）。另外，有关心得安药物（propranolol）对记忆的损害作用的研究发现：男性主要表现为对情绪性故事的主旨信息的损害，而女性主要表现为故事细节的记忆下降（Cahill，Gorski，et al.，2004；Cahill & van Stegeren，2003）。由此可以得出男女在情绪性认知中出现的性别差异是由于男性善于运用右侧大脑半球，从而偏向于对刺激或现象进行全局反应，这一偏向是通过右侧杏仁核的激活来调节的；而女性则偏向于运用左侧大脑半球对一个刺激或现象进行局部或细节加工，所以表现为左侧杏仁体的激活。

杏仁核之外的其他脑区也存在性别差异。王海宝等（2010）的研究发现，在情绪记忆编码时，男性左侧前额叶背外侧、左侧额上回、前额叶内侧（MPFC）、前扣带回（ACC）、右侧眶回激活明显，而女性双侧海马（HP）、枕叶皮层、右侧梭状回（FFA）激活明显。男性激活的脑区主要与增强情绪评估、情绪表征、情绪认知整合、情绪性工作记忆和行为控制等有关,而女性激活脑区主要与增强情绪的视觉感知、面孔识别、表情加工等有关。说明男女对情绪的加工受高级认知调控,即认知方式差异的影响(Cahill, Uncapher et al., 2004)。王海宝等(2010)还发现,男性激活右侧杏仁核的基底外侧核,而女性激活左侧杏仁核的中央核和内侧核。既往研究显示,前者主要与认知回路相关,后者主要与情绪体验回路相关(Kilpatrick et al., 2006)。由此可推测,男女对情绪事件采取不同的编码加工策略:男性主要采取理性方式(如增强对情绪刺激的主观评估等),而女性主要采取感性方式(如增强对情绪面孔和环境背景的感知等)。

1.3 特殊个体的情绪记忆

在探讨情绪状态对记忆的影响时,关注情绪障碍个体特别是抑郁症病人的记忆不仅有助于深化对情绪障碍的认识,而且能深入考察情绪影响记忆的脑机制。大量研究显示情绪障碍与情绪刺激的异常加工有关,并且这种异常加工会易化负性情绪的产生,促进情绪障碍者对抑郁事件的回忆。近年来,研究者广泛考察了这种异常加工的神经机制,发现抑郁症病人对负性情绪材料的记忆增强。这被认为是一种与抑郁心境相关的情绪内容识别能力提高的现象,也就是所谓的"期待效应"或"心境一致性效应"。事件相关电位的研究表明,与正常对照组相比,在重度抑郁症病人的记忆编码阶段,正性词诱发的脑电波幅要明显低于负性词和中性词(Shestyuk et al., 2005)。将刺激材料从情绪词换成表情面孔后,也得出相似的结果,在记忆的保持阶段,正常组对负性面孔表现出明显降低的慢波(slow wave, SW),而抑郁组的 SW 在负性面孔和正性面孔间没有明显差异,这说明抑郁症病人加强了对负性面孔的加工(Deveney & Deldin, 2004)。还有证据表明,与正常被试相比,抑郁症病人的情绪记忆相关脑结构(杏仁核,前额皮层等)表现出对悲伤面孔的神经活动增强,对高兴面孔的神经活动减弱(Leppänen, 2006)。这些结果均提示抑郁症病人的认知缺陷可能是源于大脑对正性信息加工的减弱,对负性信息加工的增强。

人脑是一个复杂的网络系统,在进行高级情感活动时涉及多个脑区之间复杂的交互作用,情绪记忆功能需要多个脑区协同工作。静息态 fMRI 可用来研究抑郁症患者多个脑区间的功能连接。众多脑功能影像研究揭示抑郁症患者存在情感调节环路的功能异常,主要定位于边缘系统—皮层—纹状体—苍白球—丘脑神经环路(limbic-cortical-striatal-pallidal-thalamic, LCSPT)。其中杏仁核、海马、丘脑及前额叶是这一环路的重要组成部分,在情绪调节和传导中起重要作用(Clark et al., 2009)。还有研究发现,抑郁症患者对悲伤情绪加工时右侧杏仁核与眶额皮层功能连接增强,对高兴情绪加工时左侧杏仁核与眶额皮层功能连接减弱(Ramel et al., 2007)。抑郁症的核心症状是情感障碍以及认知功能的改变,但其神经生理学机制至今仍不清楚。神经认知学研究发现与年轻抑郁症患者相比,老年抑郁症患者的学习、记忆及运动系统损坏更为严重(Thomas et al.,2009)。王海宝等(2015)选取老年抑郁症患者为研究对象,运用静息态 fMRI 研究老年抑郁症患者和正常对照组情绪记忆网络的功能连接差异,并探讨抑郁症情感环路的异常,发现老年抑郁症患者较正常对照组认知能力下降,存在情绪记忆"负性偏向作用",并且存在情感环路的功能异常。

2 消极情绪记忆的消退

"一朝被蛇咬,十年怕井绳"生动地表明恐惧情绪对于生活的不良影响。如何促进条件性恐惧消退一直是行为治疗的重点。之前主要有两种模式:一种是临床上基于巴甫洛夫条件作用的暴露疗法,即传统恐惧消退训练模式,此法虽然是一种有效的策略,但是愈后容易复发;另外一种是基于记忆再巩固的干预模式。记忆的巩固不是一蹴而就的,即使已储存的记忆,提取激活后会暂时重返不稳定状态,需经再巩固才能得以维持,再巩固所持续的时间大约为 6 小时(Duvarci & Nader, 2004; Nader et al., 2000; Walker et al., 2003),此时间段称为再巩固时间窗。在再巩固时间窗内对不稳定的恐惧记忆进行药物干预,能抑制所需蛋白质的合成从而破坏再巩固,清除恐惧记忆、消除恐惧反应。

提取消退是一种新的行为范式,最早由蒙菲尔斯等(Monfils et al., 2009)在《科学》杂志上的一篇文章中提出。提取消退范式是基于传统恐惧消退训练范式能改变条件刺激(CS)的恐惧效价,把它应用到再巩固时间窗内来改写恐惧记忆,从而消除恐惧反应。该范式是一种全天然、无害的治疗方法,引起了许多研究者的关注。

小结

情绪效价(愉快和不愉快)和唤醒度对记忆的影响会受到年龄和性别的调节。老年人和青年人存在明显差异。同时,情绪记忆也存在女性更好的性别差异,并有相应的脑加工优势。此外,对于如何消除情绪记忆尤其是恐惧情绪记忆对于生活的不良影响,研究者采用了暴露疗法和基于记忆再巩固的干预模式等方法。

复习思考题

1. 简述情绪记忆的年龄差异。
2. 简述情绪记忆的性别差异。

第 8 章

情绪智力

当你正在听老师讲"情绪智力"的时候,突然想起一件很愤怒的事情,你会如何做?愤然离开,或拍桌子或捏捏拳头又放下或发现自己生气了,深呼吸后回到课堂中来?

当你收到不喜欢的礼物时,你是满脸不高兴并直接告诉对方:"你拿走吧,我不喜欢";还是面露喜色(甚至是很开心的样子)说:"哇,是非常实用的礼物,我喜欢"?

有没有过在沮丧的时候,对着镜子微笑,并默默地对自己说:"你可以的,加油!"

"天黑,请闭眼","天亮,请睁眼",在"狼人杀"游戏中,当你看到手中的牌是杀手的时候,你内心或窃喜,或惊讶,甚至有点紧张兴奋,但是你却表现得若无其事甚至毫无兴趣,然后说自己是平民,然后用各种方式来扮演平民并搅乱局面?

这些学习生活中的行为反应都和个体处理情绪的能力有关。这种能力即"情绪智力",主要体现在你是否能感知自己的情绪,你是否合适地表达情绪,你是否恰当地运用情绪来提升自己的思维进而改善行为,以及你是否会调节情绪(Mayer, Salovey, & Caruso, 2000)。

1990 年,耶鲁大学的彼得·萨洛维(Peter Salovey)和新罕布什尔大学的约翰·梅耶尔(John Mayer)基于其理论家的敏锐性,根据情绪和智力研究领域的研究成果,在当年的《心理学年鉴》中提出"情绪智力"(emotional intelligence, EI)概念,这是情绪智力一词首次在学术期刊中出现(Salovey & Mayer, 1990)。他们指出,这种能力不是简单的快乐、乐观或高自尊(Mayer et al., 2008; Salovey & Grewal, 2005),而是感知情绪、利用情绪、理解情绪和管理情绪四种能力的组合。正如前面的例子所示,那些高情绪智力的个体不仅能很好地觉察自己的情绪(如惊讶、紧张或兴奋),能利用自己的情绪(如照镜子微笑),还能掩饰或管理自己的情绪(如表现得毫无兴趣),尽量避免用不合时宜的方式表达自己的冲动(如主动做深呼吸,控制自己不发飙)。因此,与冷智力(言语理解、知觉组织等)相对,情绪智力是一种热智力(hot intelligence),是一种以适应性方式加工、处理情绪信息的能力(Mayer, Salovey, & Caruso, 2000; Mayer, Panter, & Caruso, 2012)。

第一节 情绪智力的定义和理论模型

"情绪智力"到底是什么？情绪智力这个概念可以追溯到20世纪60年代，主要用在心理治疗领域(Leuner，1966)。传统的心理学研究中，人们倾向于将智力研究与情绪研究分开进行。但随着研究的深入，人们越来越认识到不仅认知能影响人的情绪，同样情绪也影响人的认知。国内研究者也指出，只有将一个人的认知与情绪结合起来，才能深刻地理解人心理的本质，特别是人的智力活动本质(林崇德 等，2004)。情绪智力自提出以来，学术领域对其的认识是一个不断深化的过程，关于情绪智力的定义主要包括三大类：(1)情绪智力是一种能力，(2)情绪智力是一种人格倾向，(3)情绪智力是认知因素和非认知因素的混合物。我们这里将根据学术界对其探讨的历史脉络梳理相关研究，除了帮助大家了解情绪智力概念的发展，也更希望促使大家产生新的认识。

1 情绪智力的定义

20世纪80年代，心理学家开始更为开放地思考多元智力(如加德纳的多元智力，1985；斯滕伯格的成功智力，1999)，同时，情绪研究以及情绪和认知的相互作用的研究越来越多(参见本书第7章)。1990年萨洛维和梅耶尔首次在学术文献中将情绪智力作为一个理论概念呈现给读者，将情绪智力界定为："属于社会智力的一个子集(subset)，包括监控自己和他人情绪、情感，并对其作出区分，使用这些信息来指导自己的思维和行为的能力。"他们指出情绪智力即加德纳(Gardner)提出的"社会智力"中的与情感有关的人际智力(personal intelligence)，包括了关于自己和他人的知识。但是，情绪智力并不包括对自己的一般觉察和对他人的评价，仅仅集中在对情绪的加工上，即识别和使用自己和他人的情绪状态从而解决问题和调节行为。

萨洛维和梅耶尔(Salovey & Mayer，1990)指出，由于先前缺少一个科学概念，因此关于情绪智力的研究散落在期刊、书籍和心理学的各种分支中。他们通过对160余篇文献的回顾，总结出情绪智力包括三个心理过程：(1)评价和表达自己、他人的情绪；(2)调节自己、他人的情绪；(3)适应性地利用情绪。

1995年，美国一家杂志社的编辑戈尔曼(Goleman)出版了《情绪智力》一书，将情绪智力定义为"自我意识、自我管理、自我激励、认识他人的情绪和处理人际关系"(Goleman，1995)。由于《时代周刊》(times)宣传"它是成功的最好预测指标"，情绪智力的概念很快被传遍世界。情绪智力(大众称之为情商，intelligence quotient，EQ)几乎包含日常生活、工作中的所有方面，一时成为济世的万能灵药，因此也催生了大量的培训课程，在大学里也被设为选修课，有的大学甚至把它作为大一新生的必修课；据估计几乎 75% 的世界 500 强公司都使用过情绪智力培训产品（孙建群，田晓明，李锐，2019；Bradberry, Greaves, & Lencioni, 2009）。

然而，科学的情绪智力应该严格从情绪和智力两个术语进行界定。这是由于在心理学领域，要想某个概念/术语有效，那么它必须符合心理学概念的语义网络——大多数科学家都熟悉的意义系统。顾名思义，情绪智力是一个和情绪、智力及其关系有关的概念。

萨洛维和梅耶尔多次在著述中进行区分，试图为情绪智力的科学发展提供更好的出路。1999 年 9 月，梅耶尔在美国心理学会通讯（*Monitor*）上发表题为"情绪智力：通俗或科学的心理学"的文章，明确指出：情绪智力是两个世界的产物，其中一个是畅销书、新闻报纸和杂志中的通俗文化世界，而另一个是科学杂志、学术专著和同行评审的世界。不过，这两个世界的定义都扩展了人们对智力和情绪的认识，正所谓理不辩不明。

智力是处理、推理各种类型信息的一种心理能力，它是对多种心理能力的一般描述。如言语智力指对言语信息和知识进行推理以及采用言语信息和知识提高思维的能力；空间智力指对如物体、形状、方向等空间信息和知识进行推理，并采用空间信息和知识提高思维的能力等（参考加德纳的多元智力中的定义）。情绪作为一种复杂的心理活动，是多成分复合、多维度结构、生理和心理多水平整合的产物（乔建中，2003）。基于智力和情绪最为一般的定义，情绪智力需要基于人类心理能力来定义，至少应该具有一些关于加工情绪信息的能力。因此，情绪智力关心的是对情绪的推理和使用情绪提高思维的能力，包含：(1) 加工的内容：对情绪推理和用情绪推理的能力；(2) 加工的结果：情绪系统对提高智力的贡献，加工情绪信息的能力能改善认知活动（如思维、决策、记忆等），提高幸福感，促进社会功能（Mayer & Salovey, 1997; Mayer, Salovey, & Caruso, 2008）。梅耶尔、萨洛维和卡鲁索等 2004 年的定义指出，情绪智力是感知和表达情绪、利用情绪促进思维、理解情绪和情绪知识，以及有效调控情绪并促进情绪认知成长的能力（Mayer, Salovey, & Caruso, 2004）。在 2008 年心理学年鉴中，梅耶尔等再次重申情绪智力必须符合概念语义网络规则，从而将其定义为"能够准确推理情绪的能力和使用情绪及情绪知识从而提高思维的能力"（Mayer, Roberts, & Barsade, 2008）。

2 情绪智力的理论模型

当前的情绪智力理论可分为能力模型和混合模型两类（彭正敏 等，2004；Mayer,

Salovey, & Caruso, 2000; Zeidner et al., 2004)。能力模型主要将情绪智力视为与其他智力有关的心理结构,包含了一系列心理能力;而混合模型则将情绪智力看作人格特质和各种能力的混合,把一些与"情绪"无关的内容(如品德和个性等)都包含在内,因而广受研究者诟病。显然,能力取向的界定和一般智力概念更为相似,而混合取向的界定和大五人格特质更为相似,甚至有人提出混合模型就是将大五人格换了一种说法(Tett, Fox, & Wang, 2005)。在本章中,我们将首先简要介绍混合模型,它主要是以巴昂(Bar-On)和戈尔曼(Goleman)提出的情绪智力理论模型为代表,这些模型以预测个体成功为目标,试图在传统智力以外找出能够预测成功的所有重要因素;之后,再详细介绍情绪智力的能力模型,它是智力领域的关于能力的情绪智力,以梅耶尔和萨洛维为代表的系列理论和实证研究,将情绪智力纳入智力的家族并坚持科学量化的道路。这两个模型是完全不同的概念结构,并非测量同一概念的不同手段:"前一种包括的是行为的特性和自我觉察到的能力,是通过自评的方式进行测量;而后一种关注的是实际的能力,并应该由最高成就测验而非自评量表进行测量"(彭正敏,2004; Petrides, Furnham & Mavroveli, 2007)。

(1) 情绪智力的混合模型

混合模型的理论建立在以人格为基础的情绪智力定义基础上,它所包含的内容跨越了个性主要子系统的多个领域(Mayer et al., 2000)。国外主要以巴昂和戈尔曼等提出的理论为代表,国内主要以张辉华提出的情绪智力模型为代表。

戈尔曼的情绪胜任力模型。戈尔曼等的理论从目标(自我和他人)和能力(意识和管理)两个维度把情绪智力分为四类,每类包含若干胜任力,分别为自我意识(情绪自我意识、准确的自我评价、自信)、自我管理(情绪自我调节、易被理解、适应性、成就动机、积极主动、乐观)、社会意识(移情、组织意识、服务导向)和关系管理(激励人、影响力、冲突管理、促进变革、发展别人、团队合作)(Goleman, Boytazis & McKee, 2001)。

巴昂的情绪智力模型。巴昂(Bar-On, 1997)在多年研究和实践的基础上提出了情绪智力的定义:"一系列影响个人成功应对环境需求和压力的非认知的能力、胜任力和技能"(Bar-On, 1997)。他提出的模型是一个情绪和社会智力结构模型,由5个维度和15个因素构成(许远理,2004)。5个维度内包含若干因素,分别为内省能力(自我认同、自我意识、坚持性、独立性、自我实现)、人际交往能力(移情、社会责任、人际关系)、压力管理(压力容忍、冲动控制)、适应性(现实考验、灵活性、问题解决)和一般情绪状态(乐观、快乐)(Bar-On, 2000)。

国内研究者也致力于构建情绪智力的理论模型。例如,张辉华(2006)认为情绪智力具有情景具体性和群体独特性。他的主要研究对象是管理人员,因此他认为管理者情绪智力是指管理者在工作和交往过程中表现出来的理解、驾驭情绪及与情绪相关的心理和行为的能力。他还发现管理者情绪智力由关系处理、工作情智、人际敏感和情绪调控四个因素构成,这四个因素又可区分为两个领域:一是工作领域,包括关系处理和工作情智;二是自我领域,包括人际敏感和情绪调控。

从上述情绪智力的混合模型可以看出,其中的几个维度都在智力范畴之外,所指的是典型行为而非最高能力。因此,研究者指出:"为了避免犯概念不一致的错误,研究者应该选择情绪智力的能力模型。"(Côté, 2014)

(2) 情绪智力的能力模型

能力模型的理论建立在情绪智力定义基础上,它所包含的内容主要聚焦于情绪系统的情绪与认知的交互作用领域(Mayer et al., 2000)。国外主要以梅耶尔、萨洛维和卡鲁索(Caruso)等提出的情绪智力能力模型为代表,国内主要以许远理和卢家楣等提出的情绪智力能力模型为代表。

梅耶尔、萨洛维和卡鲁索等的情绪智力能力模型　梅耶尔、萨洛维和卡鲁索等在1990年建立了第一个关于情绪智力的模型,即情绪智力的三维模型(见图8.1-1)。他们认为情绪智力是一种独立的智力,是一种加工情绪信息的能力,包括准确地评价自己和他人的情绪,恰当地表达情绪,以及适应地调控情绪的能力。该模型提出后立即产生了相当广泛的影响,但也引来颇多争议。

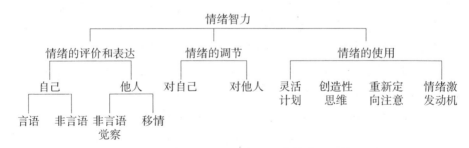

图 8.1-1　萨洛维和梅耶尔最初的情绪三维模型
来源:Salovey & Mayer, 1990.

1997年,梅耶尔和萨洛维进一步提出了情绪智力的四维层级模型(见图8.1-2)。该模型有四个分支,分别为感知情绪(perceiving emotions)、利用情绪(using emotions)、理解情绪(understanding emotions)和管理情绪(managing emotions)。该模型中的四个分支按照从基本心理过程到高级心理过程排列,情绪觉察是情绪智力的最基本过程,情绪管理是情绪智力最复杂的过程(Mayer & Salovey, 1997)。首先,最底层是(相对)简单的觉察和表达情绪的能力;其次,最高的一层与有意的、反省性的情绪调节有关。每个分支又有四个代表性的能力。在发展中相对较早出现的能力在每个分支的左侧;后来逐渐发展出的能力在右侧。由于发展较早的左边的技能相互整合得较少,因此,它们更能清楚地说明各个分支之间的差异。后来发展出的右边的能力更

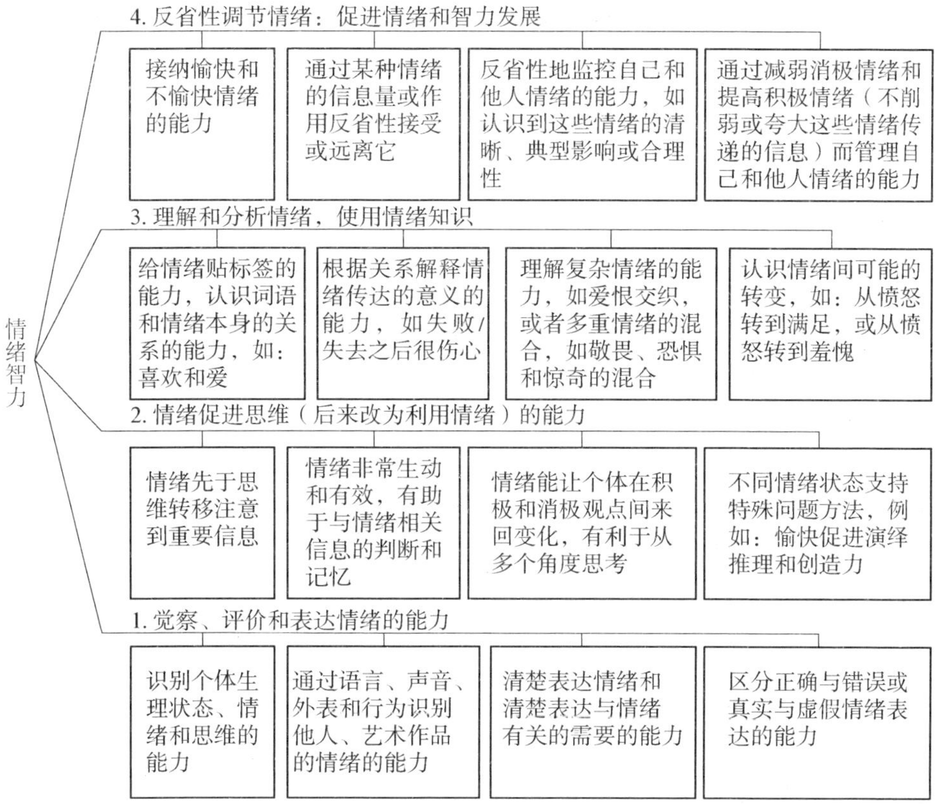
4. 反省性调节情绪：促进情绪和智力发展
接纳愉快和不愉快情绪的能力
通过某种情绪的信息量或作用反省性接受或远离它
反省性地监控自己和他人情绪的能力，如认识到这些情绪的清晰、典型影响或合理性
通过减弱消极情绪和提高积极情绪（不削弱或夸大这些情绪传递的信息）而管理自己和他人情绪的能力
3. 理解和分析情绪，使用情绪知识
给情绪贴标签的能力，认识词语和情绪本身的关系的能力，如：喜欢和爱
根据关系解释情绪传达的意义的能力，如失败/失去之后很伤心
理解复杂情绪的能力，如爱恨交织，或者多重情绪的混合，如敬畏、恐惧和惊奇的混合
认识情绪间可能的转变，如：从愤怒转到满足，或从愤怒转到羞愧
情绪智力
2. 情绪促进思维（后来改为利用情绪）的能力
情绪先于思维转移注意到重要信息
情绪非常生动和有效，有助于与情绪相关信息的判断和记忆
情绪能让个体在积极和消极观点间来回变化，有利于从多个角度思考
不同情绪状态支持特殊问题方法，例如：愉快促进演绎推理和创造力
1. 觉察、评价和表达情绪的能力
识别个体生理状态、情绪和思维的能力
通过语言、声音、外表和行为识别他人、艺术作品的情绪的能力
清楚表达情绪和清楚表达与情绪有关的需要的能力
区分正确与错误或真实与虚假情绪表达的能力

图 8.1-2 情绪智力的四维层级模型

来源：Mayer & Salovey，1997.

为综合，彼此融合交叉，因此，也很难区分（Mayer & Salovey，1997）。

该模型的提出为后来情绪智力的评估工具提供了理论基础，而且为研究与加工情绪信息相关的能力的个体差异提供了很好的框架（Salovey & Grewal，2005）。时隔近 20 年，梅耶尔、卡鲁索和萨洛维（Mayer，Caruso，& Salovey，2016）为了提升情绪智力能力模型的适用性，对该模型进行了更新，进一步丰富了各分支的能力，使其更为准确，也更好地解释文化差异。如在分支一觉察情绪中增加了“理解情绪的表达依赖于情景和文化”；在分支二利用情绪促进思维中增加了“产生情绪是与他人建立关系的一种手段”；在分支三理解情绪中增加了“基于文化差异评估情绪”等（Mayer，Caruso & Salovey，2016）。增加的这些内容都强调文化差异，这也反映了情绪表达和情绪理解都受到社会化的调节（Kleef & Coté，2021）。以下将详细介绍各分支的具体内容。

第一层，觉察和表达情绪

该层关心的是个体如何准确和快速表达情绪，识别、觉察和解读情绪体验和情绪表现。主要有四种特定能力：

（1）能识别他人感受到的情绪的能力。该能力指个体能否准确地识别情绪（例如，他人是否感到生气，伤心等），尤其是通过加工非言语信息，比如面部表情和声音、语调（Buck et al.，1980；Elfenbein & Eisenkraft，2010）。这种能力也叫移情准确性（Côté，2011）、情绪再认能力（Rubin et al.，2005）或非言语接受能力（Buck et al.，1980）。

（2）觉察他人情绪表达的真实性。该能力指个体能否快速区分真假情绪表情（Mayer & Salovey，1997）。这能帮助个体决定他们是否依赖他人的表情来推论态度、目标和意图或决定他们是否小心地做出这些推论。

（3）评价自己情绪的能力。当个体对事件有情绪反应的时候，有些人更可能意识到自己正在经历情绪并且更能够确认感受如何（Salovey & Mayer，1990）。

（4）清晰向他人表达自己情绪的能力。当观察者能够准确识别传递者想传递的情绪时，那么个体就是能清晰地传递情绪（Salovey & Mayer，1990）。

第二层，利用情绪的能力

该层主要关心的是个体能否使用情绪对认知活动产生综合效应，如创造力和冒险等（Salovey & Mayer，1990）。主要由两个能力组成：

（1）情绪对认知过程的综合效应的认识。这种能力主要与个体对情绪能否系统地指导认知活动的知晓程度有关（Fine et al.，2003；Morgan et al.，2010）。例如，在决策时，感到焦虑和风险规避具有很强的相关，因为焦虑提示当前环境不确定，而人们在不确定环境下更加偏好风险规避（Yip & Côté，2013）。

（2）利用情绪指导认知活动和问题解决的能力。这种能力指个体能否有效地根据需要产生情绪，从而使他们的认知活动适应于当前情景（Mayer & Salovey，1997）。

第三层，理解情绪的能力

该层与个体如何准确推理各种情绪有关，如当他们给情绪贴标签并在事件和情绪反应之间建立联系的时候。主要包括三种能力：

（1）理解情绪语言的能力。这种能力指个体能否准确识别语言和情绪之间的关系，能否准确地用语言描述自己和他人的情绪（Fine et al.，2003；Mayer & Salovey，1997）。

（2）分析事件和情绪的因果关系的能力。梅耶尔和萨洛维（Mayer & Salovey，1997）将这种能力描述为"解释情绪传递的关于关系的意义的能力，如伤心经常伴随着损失"。例如，这种能力较高的领导能准确预测不公平的程序会引起员工的愤怒，而其他领导可能会忽视不公平程序导致的情绪后果。

（3）理解简单情绪如何组合成复杂情绪的能力。有了这种能力，当再体验到先前的事件时，个体能够认识到幸福和伤心组合成了一个新的复杂情绪——乡愁

(Sedikides et al.，2008)，而其他人不太可能从一个较为复杂的情绪经历中理解幸福和伤心。

第四层，调节情绪的能力

该层与个体能多大程度上增加、保持或降低自己或他人的情绪的幅度或持续时间(Gross，2013)有关。主要包括三种能力：

(1) 设置情绪调节目标的能力。该能力指个体多大程度上决定他们目前的情绪是否在当前环境中是最佳的，从而视需要设定或修改情绪的目标(Mayer & Salovey，1997)。如果不是最佳的情绪，那么个体设置改变情绪的目标；某些个体较其他个体设置的目标更为合适(Côté et al. 2006; Ford & Tamir, 2012; Sheppes et al.，2013)。

(2) 选择情绪调节策略的能力。这种能力指个体选择某些策略来激发相应情绪(Feldman et al.，2001)。例如，选择情绪调节策略能力较高的领导或教练能够制定出大量策略，如进行热情的演讲来提升团队的活力。

(3) 使用情绪调节策略的能力。这种能力指个体能否使用情绪调节来产生想要的情绪效果(Côté et al.，2010; Sheppes et al.，2013)。个体可能会选择适合的调节策略，但是他们不一定会有效地运用这些策略(Côté et al.，2006)。

许远理的情绪智力能力模型　国内研究者许远理(2004)基于情绪智力的能力和混合模型，借鉴吉尔福特(Guilford)的智力理论模型建构思想，提出了情绪智力的三维结构模型。在其三维结构模型中，情绪智力包括对象、操作和内容三个维度。对象维度是情绪智力研究的目标范围，由指向自己、指向他人、指向生态环境三部分组成；操作维度是情绪智力的心理活动过程和心理活动方式，由感知和体验、表达和评价、调节和控制三种操作方式组成；内容维度是不同意义的情绪或情绪信息，由积极情绪(信息)和消极情绪(信息)组成。三个维度的所有可能组合构成18种情绪能力模式，即情绪智力组合理论的因子结构。

卢家楣的情绪智力能力模型　卢家楣(2005)提出情绪智力应该从操作和对象两个维度进行分析：从情绪智力的操作维度上分析，用以操作情感的心理活动主要包括观察、理解、评价、预见、体验、表达、调控等；从情绪智力的对象维度上分析，可被操作的情感对象包括个体自己的情感、他人的情感、自己与他人之间的情感、他人与他人之间的情感等。基于操作和对象两个维度的分析，可得出观察情感的能力、理解情感的能力、评价情感的能力、预见情感的能力、体验情感的能力、表达情感的能力、调控情感的能力等。

情绪智力的能力模型将情绪视为一种能力，并从发展的视角和认知复杂程度将其分成四个分支，除了具有很重要的理论意义，还有非常实用的实践价值(Rivers et al.，2020)。比如在发展过程中，发现不同分支的发展敏感期，就更有利于去针对性地提高；该模型为情绪智力教育的人工系统提供了基础，在该系统中可以通过检测儿童的声音、动作等来识别情绪状态,然后使用自然语言处理等人工智能对幼儿进行情绪智力教育;同样,该模型在临床应用中也具有较大的优势,如果在情绪障碍筛查过程中发现不同情绪障碍群体的主要问题来自一般觉察表达或来自更高级的管理情绪的能力,这将有利于未来对不同情绪障碍群体的筛查和治疗。

三十余年来,围绕情绪智力理论内涵展开的能力论、混合论和特质论的争论从未间断,争论的焦点始终离不开理论应包含的因素。情绪智力的基本理论内涵究竟以情绪认知能力和情绪行为能力为主,还是应包含情绪、人格和社会技能诸因素呢?能力论主张前者,混合论和特质论主张后者,由此而引发了一系列理论争议问题。如果在此问题上无法达成一致,那么情绪智力理论将继续维持"不成熟,待深化"的局面,并成为严重影响实证研究和应用研究的瓶颈(王晓钧 等,2013)。基于情绪智力的能力模型,情绪智力是否适合于心理学中的心理能力类别也是需要继续研究的,只有这样,才能更好地理解心理能力并且重视其间相互关系,在评估的时候也才能考虑最重要的因素(Mayer et al.,2008);同时,情绪智力与其他"热"智力(如人格智力、社会智力等)的关系如何,能力模型中的四层能力的相互关系如何,都需要进一步探索和建构。

小结

情绪智力指准确推理情绪的能力和使用情绪及情绪知识从而提高思维的能力。情绪智力的混合模型和特质模型强调典型行为(Elfenbein & Eisenkraft, 2010),而能力模型则是强调最佳表现(Côté, 2014)。人格还是能力抑或混合,谁对谁错?这里并不是要强调哪个定义或模型更有效,也不一定是只有一个定义是有效的,情绪智力定义的多样性体现了研究领域的多样性。

复习思考题

1. 怎么理解情绪智力和情商两个概念?
2. 描述情绪智力的能力模型,并思考如何知晓自己情绪智力有多高。

第二节 情绪智力的测量

在构建情绪智力概念的过程中,必不可少的是给出可靠的情绪智力测量方法,以证明情绪智力的真实存在性。基于不同的理论模型,采用自我报告法或最高能力测验法,各国研究者开发出了不同的情绪智力测验。

1 基于自我报告的情绪智力测量

在日常生活中,人们大多有过被他人开玩笑的经历。想象在一场生日会上,你的同事们为了调节气氛,把蛋糕抹在你的身上,新买的礼服也变得凌乱不堪。这时候,你的笑容瞬间凝固。一旁的同事看见你的模样,仍没心没肺地咧嘴笑,用手抓起一大块蛋糕还想要往你的脸上抹,嘴里还大喊着"嗨起来";而平时人生面不熟的实习生看出你情绪的反常,赶忙将对方拦住,拿起纸巾帮你擦拭身上的奶油,此时你会对谁更有好感呢?答案是显而易见的。那么为什么即使在与对方并不熟悉的情况下,你仍然会对后者产生好感呢?这可能是她的高情绪智力吸引了你。那怎样测量一个人的情绪智力呢?

一种测量情绪智力的方法是自我报告法,即使用自陈量表。基于特质模型和混合模型的情绪智力的测量工具常使用自我报告法。基于特质模型的情绪智力测量工具关注典型行为倾向,常常以没有唯一答案的量表形式呈现,对于人们在不同情境中的真实行为反应有着良好的预测能力,多用于教育或职场情境中(Elfenbein & Eisenkraft, 2010),而能力模型则是强调最佳表现(Côté, 2014)。而基于混合模型的测量工具常采用自我报告法来测量特质、社交技能、能力和人格的组合,多用于工作环境中,旨在提高工作表现(Bar-On, 2000)。

如:"当我觉得难过的时候,我会尽量让自己不停地做事。"

选自《特质情绪智力问卷》(Mavroveli et al., 2008)。该问卷有9个维度,分别为适应性(adaptability)、情绪觉知(emotion perception)、情绪表达(emotion expression)、自我激励(self-motivation)、自尊(self-esteem)、低冲动性(low impulsivity)、同伴关系(peer relations)、情绪调节(emotion regulation)、情感处理(affective disposition)。

或:"别人不同意自己的意见时就会表现出不满或避而远之。"

选自《巴昂情商问卷》。该问卷测量五个方面,包括个体内部(自我意识、自我表达)、人际(社会意识及互动)、压力管理(情绪管控)、适应性(变化管理)和一般心境(自我激励),各自下含不等子项目,共有15个情商相关能力的测量(Bar-on, 2006)。

自我报告法有其明显的缺点,测量结果会受到社会赞许性或被试自我认知局限性的影响,从而使得测量结果偏离真实情况。同时,使用自我报告法的情绪测量结果与人格特质测量之间的相关性较强(Joseph & Newman, 2010),有损情绪智力作为一种智力概念的独立性。

2 最高能力测验的情绪智力测量

基于能力模型的情绪智力测验常使用最高能力测验法。其中,使用最为广泛的当数梅耶尔-萨洛维-卡鲁索情绪智力测验（Mayer-Salovey-Caruso emotional intelligence test，MSCEIT）（Mayer et al.，2002）。MSCEIT 是一个 40 分钟的测验包，有计算机和纸笔测验两个版本，主要用来测查个体在情绪智力四个维度（知觉、使用、理解和管理情绪能力）上的能力（样题见表 8.2-1），既有维度分，又有总分。

表 8.2-1 MSCEIT 各维度及例题

Mayer-Salovey-Caruso 情绪智力测验维度	例　　题
感知情绪	 这张脸在多大程度上表达了下面的情绪？ 1. 没有一点儿高兴　1　2　3　4　5　非常高兴 2. 有一点儿害怕　　1　2　3　4　5　非常害怕 3. 没有一点儿惊讶　1　2　3　4　5　非常惊讶 4. 没有一点儿厌恶　1　2　3　4　5　非常厌恶 5. 没有一点儿激动　1　2　3　4　5　非常激动
利用情绪	第一次见公公婆婆（岳父岳母）什么样的心情对您有帮助？ a）紧张　没有用　1　2　3　4　5 有用 b）惊讶　没有用　1　2　3　4　5 有用
理解情绪	当汤姆想起他所要完成的所有工作的时候，他有点着急，并且变得比较焦虑。当他老板给他分配了一个额外的任务的时候，他感觉： a）受打击；b）沮丧；c）害羞；d）自省；e）紧张不安
调节情绪	黛比刚刚度假回来。她感觉平静和满意。下面的活动能够多大程度上让她保持这种心情？ 活动1：她开始列举家里需要做的事情清单。 非常无效　1　2　3　4　5 非常有效 活动2：她开始考虑下一个假期去的时间和地点。 非常无效　1　2　3　4　5 非常有效 活动3：她决定最好忽略这种感受，因为它不会持续很久。 非常无效　1　2　3　4　5 非常有效

对于最高能力测验的 MSCEIT 来说，确定每个选项的正确答案是具有挑战性的。该测验具有两种评分方法。一种方法是专家评分法，由情绪智力领域的专家来确定正

确答案。例如,梅耶尔等邀请了参加国际心理学大会的21位情绪心理学专家确定每道题目的答案。另一种方法是同感评估法(consensus scoring),它是将大多数人选择的、最常见的选项作为正确答案,按照选择该选项的人数比例对相应的答案进行赋权。以表8.2-1中情绪知觉的样题为例,假设有50%的人认为该表情表达的情绪是非常高兴,那么一个选择选项5的受测者将会在总分上被加上0.5。

同感评估法和专家评分法都是基于主观评价确定问题正确答案的方法,这两种方法都是可靠的,而且获得了相似的分数,表明外行和专家拥有共同的关于情绪的社会知识(Mayer et al.,2003)。经过测试,MSCEIT的感知情绪、利用情绪、理解情绪和调节情绪四个维度分互为中等程度相关,且 MSCEIT 与大五人格中的宜人性(agreeableness)和尽责性(conscientiousness)具有低相关(Lopes et al.,2003)。同时,MSCEIT的总分与维度分可以预测个体的工作绩效、学业成绩、幸福感、心理健康等。这表明了 MSCEIT 具有较好的信度和预测效度。

但是这两种方法也都有一定的局限性。专家评分法并没有证据能证明研究情绪智力的专家本身一定是高情绪智力的个体,同时,专家本身具有种族属性和文化属性,他们给出的答案有时并不一定具有足够的适用性和推广性。而同感评估法的问题在于:"大多数人给出的答案就是正确答案"导致使用这种机制进行测验时将无法发现"高情绪智力的少数天才",同时,在不同的文化环境中,"大多数人给出的答案"可能会发生变化。

小结

情绪智力的测量主要采用自我报告法或最高能力测验法,基于不同的情绪智力模型,研究者们开发出了不同的情绪智力测验和量表,其中使用最为普遍的是基于能力模型的梅耶尔-萨洛维-卡鲁索情绪智力测验,该测验通过同感评估法和专家评分法确定正确答案,两种计分方式有其相应的合理性和局限性。基于自我报告法的情绪智力测量与人格特质的测量间的相关较高,其不可避免地具有一定的方法学偏差。因此,如果想要对情绪智力进行很好的测量,可采用或者结合最高能力测验。

复习思考题

1. 设想你在一个公司担任人事主管的职务,公司需要你负责对新入职的员工进行情绪智力的测评,你会采取什么样的测量工具呢?为什么?
2. 情绪智力的测量工具众多,如何去评估一个情绪智力测量工具的有效性?

第三节　情绪智力与生活

在诸多人文社会科学领域,情绪智力已经成为热门课题。随着理论研究和实证研究的逐步深入,情绪智力理论将会应用于更广泛的领域。基于多元智能理论,我们已经不再关心谁更聪明一些,而是更关注谁在哪个方面更聪明一些,这种关注重点的转移同样适用于情绪智力领域。在某些工作或学习领域,情绪智力的功能更值得重视,比如情绪劳动水平较高的工作通常包含大量人际沟通和交往内容,情绪智力对工作绩效有较好的预测作用,如临床医生、教师、心理咨询师和人际服务业等都是比较典型的高情绪劳动行业,那么在人员选拔和培养上,就可以有针对性地开展工作(Dott,2022;李一莲,邹泓,黎坚,危胜男,2016)。

另外,在 20 世纪 90 年代末,大众都认为"情绪智力是成功生活的最好预测"。这源于情绪智力研究的代表人物戈尔曼在其畅销书《情绪智力》中提出"情绪智力对成功的贡献是智商(intelligence quotient,IQ)的 2 倍,而且情绪智力对于公司高层管理者的工作成就起决定性的作用"。国内有关情商(intelligence quotient,EQ)的出版物都宣扬成功的"二八原则",即成功＝20％智商＋80％情商,但这一宣扬其实有失偏颇。戈尔曼(Goleman,1995)在原文中是这样阐述的:"智商至多只能解释 20％的生活成功变异,还有 80％需要其他因素来解释",但国内的出版物把其他因素完全理解为情绪智力这一个因素是不妥的,这显然过分夸大了情绪智力的作用(王晓钧,2002)。近年来,有大量研究考察情绪智力与个体发展的关系,结果发现,情绪智力体现在生活中的方方面面,与工作绩效、心理健康等都密切相关。

1　情绪智力与工作绩效

想象你的工作单位中有这样两个领导,在你已临近下班却还面对堆积如山的工作任务而焦头烂额时,经理老张瞥了一眼焦躁不安的你,一句话也没说便提起自己的公文包自顾自地回家了,你不禁想:"每月为了这微薄的工资收入要耗费我这么长的时间,我又何必工作得这么辛苦";当你刚关闭电脑准备不干回家时,新上任的部门主管看出了你的情绪,坐在你的身边,语重心长地安慰激励你,不仅肯定你的能力以及进入部门以来的所有付出,而且分享自己的工作经验对你进行点拨。这时候,你刚刚准备离职的心又安定了下来,并暗下决心,要在部门中更加努力,并取得更好业绩。由此可见,领导者的高情绪智力似乎可以提高员工的工作绩效。我们下面依次思考三个问题。

情绪智力与工作绩效间的关系如何？是否正如戈尔曼畅销书《情绪智力》中所推崇的"情绪智力对于公司高层管理者的工作成就起决定性的作用"？一项元分析的研究综合探讨了情绪智力对领导者领导力效能的作用，研究发现领导者情绪智力与领导力效能存在中等程度的正相关（吕鸿江 等，2018）。而且，有研究进一步发现领导情绪智力水平对员工组织承诺和员工份外工作绩效有显著正向影响，通过提升领导情绪智力水平，能够帮助企业有效提高员工的组织承诺和份外工作绩效（吴维库 等，2011）。除了领导者，员工自己或者团队成员的情绪智力对其工作绩效是不是会产生类似的影响呢？研究发现，员工的情绪智力也能有效地促进员工的工作绩效，具体表现在情绪智力较高的员工可以有效地利用一些情绪调节策略，从而使自己与他人的人际交互更加有效。同样，团队成员的情绪智力会影响到团队绩效，当上下级的情绪智力同时较高时，在上下级交互过程中，他们便可以同时应用有效的情绪调节策略，随着对方的情绪变化来合理控制和表达自己的情绪，从而使交互过程更加顺畅，促进团队绩效（李晶，2008）。

上述研究表明，情绪智力确实能很好地预测员工的工作绩效。情绪智力对工作绩效产生影响的作用机制又是怎样的呢？一项研究对员工的情绪智力、沟通能力与工作绩效进行了考察，结果发现员工的情绪智力对沟通能力有显著的正向影响作用，员工的沟通能力对工作绩效有显著的正向影响作用，员工的沟通能力在情绪智力与工作绩效之间有中介作用（陈玉心，2012）。另一项研究考察了自我效能感在员工情绪智力与工作绩效关系中的中介效应，结果发现员工的情绪智力对工作绩效有显著的正向作用，情绪智力对自我效能感有显著的正向作用，且自我效能感对工作绩效有显著的正向作用（严标宾 等，2013）。另外，效度泛化模型（validity generalization model）（Schmidt & Hunter，1977）可以用来解释情绪智力和工作绩效的关系。根据效度泛化模型，当预测变量（predictor）和效标（validity）的关系比较稳定的时候，就会出现效度泛化。情绪智力高的领导者会使得组织成员得到更多的好处，进而转化成了更多的受欢迎的情境，从而促进业绩的增长。

情绪智力与工作绩效的关系是稳定不变的吗？研究者们发现，情绪智力与工作绩效之间的关系很有可能会随着工作、情境、测量方法和参与者的变化而发生相应改变。首先，工作性质可能影响情绪智力与工作绩效的关系。在包含大量社会交往、对情绪劳动有很高要求、需要应对很大压力的工作中，情绪智力对于工作绩效的预测能力更强。其次，某些人格特质（如内外倾）可能影响情绪智力与工作绩效的关系，外向型领导者从情绪智力中获益最多。再次，认知能力可能影响情绪智力与工作绩效的关系。在不同认知能力水平群体中，情绪智力与工作绩效的关系模式存在差异；在认知能力水平较低的群体中，情绪智力与工作绩效的关系更密切。最后，测量方法可能影响情绪智力与工作绩效的关系。当情绪智力与工作绩效的评价都来自同一来源时（如都是自评),二者之间的相关最高(陈猛 等,2012)。

2 情绪智力与心理健康

自情绪智力概念提出并能被测量之后,已有大量研究者关注情绪智力与个体心理健康的关系。研究发现,中学生的情绪智力与心理健康有关,即情绪智力越高,心理越健康(张惠敏,2005),主要体现在幸福感以及生活满意度两个方面。随着情绪智力和情绪调节能力的提升,中学生的幸福感也会提升。鼓励青少年情感能力的发展,能够帮助其实现个人更大的幸福(Guerra-Bustamante et al., 2019)。情绪智力较高的高中生倾向于拥有更多积极的经历和更少的消极经历,这有助于他们提高生活满意度(Nicolás et al., 2015)。

在不同的职业中,也发现了情绪智力与心理健康的相关性。皮尔塔斯等(Puertas et al., 2019)关注了"倦怠"这一常见的教师职场心理状态与情绪智力之间的关系,认为情绪智力是教师应该发展的一种能力,因为它使个人能够调节自己的情绪,使教师在教学环境中的日常情况下的决策能力更强,并且是影响教师成长的关键因素。通过提高情绪智力,可以减轻压力和焦虑水平,避免沮丧感。除了教师,在其他职业中情绪智力也和心理健康存在着稳定的关系。弗朗西斯(Francis et al., 2019)发现情绪智力较高的牧师能够更好地应对负面事件的影响,改善与工作相关的心理健康状况。

在面对压力或挫折事件时,情绪智力也能够有效地保护心理健康。在新冠疫情流行期间,针对情绪智力的训练可以降低抑郁水平和状态焦虑(Persich et al., 2021)。情绪智力也能够帮助家庭应对在疫情期间的父母压力,以克服危机(Mohammadi & Shoaa, 2022)。

另外,情绪智力也与个人的社会满意度相关。研究发现,情绪智力高的大学生更可能和别人具有积极的关系(Lopes et al., 2003),并且从朋友那里获得更多的积极评价,在朋友需要的时候更可能为朋友提供情感支持(Lopes et al., 2004)。但是,情绪智力与社会满意度的关系并不是单一的,而是存在着文化差异,例如,与印度相比,德国的情绪智力与社会满意度的相关程度更高(Koydemir, 2013)。

总的来说,情绪智力是心理健康的重要保护性因素。高情绪智力的个体的心理健康水平更好,对其社会网络更加满意,更可能获得较好的社会支持。

3 情绪智力的发展与促进

年龄是情绪智力发展的关键因素。智力的标准应包括"这种能力应随着年龄和经验的增长不断提高"。那么情绪智力作为智力的一种,也应当满足这一标准(Brown,

1997；Fancher，1985)。也就是说,情绪智力应随着年龄和经验的增长不断提高。有研究选取了青少年样本和成年人样本,发现年龄较大的个体在情绪智力测验中的得分显著高于年龄较小的个体(Mayer et al.，1999)。

如果情绪智力可以培养和提升,那么应该采用什么样的训练方法促进其发展呢?梅耶尔和萨洛维(Mayer & Salovey,1997)指出加工情绪信息的能力可以促进认知活动(如思维、决策、记忆等),提高幸福感,促进社会功能。耶鲁大学情绪智力中心的研究者依据该理论设计了社会与情绪能力培养的 RULER 课程,RULER 代表了识别(recognizing)、理解(understanding)、标记(labeling)、表达(expressing)和调节(regulation)等5种能力。RULER 课程采用基于能力的方法培育社会、情绪和学业能力(Brackett et al.，2004),在该课程中,教会孩子认识自己和他人的情绪,理解很多情绪的因果,使用复杂的词汇给情绪贴标签并用适当的方式表达和有效调节情绪(RULER 技能)。实验结果发现,RULER 课程提高了学生的学业(词汇、阅读理解、写作和创造力)和社会情绪能力(如健康关系,更好地决策和亲社会行为)(Brackett et al.，2012)。后来,里弗斯等(Rivers et al.，2013)继续考察 RULER 课程对情绪智力和课堂质量的促进作用。与开设传统的英语语言艺术课的学校相比,在整合了 RULER 的英语语言艺术课的学校里,具有更高水平的师生关系,学生更加自主并且领导力更高,老师则更愿意考虑学生的兴趣和动机。历时2年的追踪研究也发现,上了 RULER 课程的班级表现出更强的情绪支持、更好的组织和更多的教学支持。

近些年来,研究者基于不同的情绪智力理论模型,对前人的方法进行改进,开发了新的针对儿童青少年的情绪智力训练方法。一方面,纳斯塔萨等(Năstasă et al.，2021)基于梅耶尔和萨洛维(Mayer & Salovey,1997)的情绪智力四维模型,开发了一种新的基于体验式学习技术的练习,并通过实验验证其效果。样本由238名16岁至19岁的青少年组成,研究者设计了八项练习,包括识别自己和他人的情绪、发展情绪词汇、理解情绪的原因等,以帮助青少年探索和发现自己的资源从而促进个人发展。通过学习处理资源,该方法帮助个人实现注意力集中和参与,同时也获得未来资源的基础。另一方面,维格尔等(Viguer et al.，2017)验证了一项为期两年的情绪智力干预计划(EDI:你想在情绪星球上旅行吗?)的有效性,这是一个为西班牙10至12岁儿童设计的适合在学校实施的情绪智力训练项目。EDI 项目是基于巴昂(Bar-On,2006)的情绪—社交智力的模型开发的,设计了一个穿越情感世界的旅程,EDI 是一个来自情绪星球的喜剧角色,引导孩子们完成项目的主要活动。研究者在其中使用了诸如电影论坛、讲故事、戏剧、小组讨论、案例研究和音乐治疗等技术。

虽然关于情绪智力的训练方法更多地针对青少年开发,但也有研究者针对成人群体进行情绪智力的干预,研究对象包括护士、教师以及运动员等特定职业,结果发现心理研讨会、正念训练或专门为提升情商开发的应用程序均对情绪智力有不同程度的提高效果,但它们应用的广泛性和效果的稳定性还有待进一步考察(Ajilchi et al., 2019; Campo et al., 2016; Kozlowski et al., 2018; Kuk et al., 2019; Kyriazopoulou & Pappa, 2021; Orak et al., 2016; Poonamallee et al., 2018)。其中,正念是指有意地以一种非评判或评估的方式关注当前的体验而产生的意识。如采用一种运动正念训练(mindfulness sport performance enhancement,MSPE),其目的是帮助运动员将正念应用到他们的运动和一般生活中,同时提高运动员的情绪智力。MSPE 以特定运动冥想为目标,从久坐发展到积极正念(Ajilchi et al., 2019)。

小结

情绪智力影响着我们生活的方方面面。高情绪智力的员工往往有更好的工作绩效,但是两者的关系也不是一成不变的,也会受到认知智力等其他因素的调节;情绪智力是心理健康重要的保护性因素,高情绪智力的个体的心理健康水平更好,对其社会网络更加满意,更可能获得较好的社会支持;情绪智力具有发展性和可提高性,针对青少年情绪智力促进的 RULER 课程和 EDI 情绪智力干预计划,以及针对成人情绪智力促进的心理研讨会、正念训练或专门为提升情商开发的应用程序均对情绪智力有不同程度的提高效果,但其应用的广泛性和效果的稳定性还有待进一步考察。

复习思考题
1. 请评述"成功的二八原则",即成功=20%智商+80%情商。
2. 你会如何培养一个孩子的情绪智力呢?在培养情绪智力的过程中需要注意哪些问题?情绪智力培训课程的有效性是如何产生的?

第 9 章

情绪与注意

情绪与注意作为心理活动与行为的调节和控制机制,在心理学的研究中均占据着重要的地位。情绪与注意的关系是情绪与认知研究中的重要内容,备受研究者关注。本章将分四节内容介绍情绪与注意的相关研究成果。

第一节 情绪与注意的研究概述

注意作为心理活动的调节和控制机制,在近代心理学发展初期就受到了研究者的关注。但随着行为主义和格式塔心理学的兴起与传播,注意几乎被排斥于心理学研究之外。后来随着认知心理学的兴起,注意又重新成为认知心理学的一个重要研究领域。同样地,情绪作为行为的调节与控制机制,虽然贯穿于整个心理学的研究中,但因其在测量、实验操作和量化方面的困难,在很长一段时间内并未获得足够的重视,直至认知心理学兴起,情绪研究才重获新生。认知心理学作为一种重要的心理学思潮,对心理学的各个分支产生了深远的影响。情绪与注意的研究也受到这一心理学思潮的影响,伴随着认知心理学的兴起逐步发展起来。

1 情绪与注意的研究历程

根据研究取向和技术手段,可以将情绪与注意的研究划分为情绪与注意的认知心理学研究和情绪与注意的认知神经科学研究两个主要阶段。

1.1 情绪与注意的认知心理学研究

在情绪与注意的认知心理学研究阶段,主要采用信息加工的认知心理学、实验心理学和实验心理病理学及相关学科的方法,借助相对固定的实验程序探讨情绪与注意的关系。

早在认知心理学诞生之初,就有研究涉及情绪与注意的关系。莫瑞(Moray, 1959)在研究听觉选择性注意时发现了经典的"鸡尾酒会效应"(cocktail party effect),即在对注意资源有较高要求的双耳分听任务中,被试的名字即便出现在非追随耳的刺激流中也可能会被注意到。该研究被看作是情绪与注意研究的早期示例(如,Yiend, 2010)。

到了20世纪80年代初期,研究者开始利用双耳分听技术系统探讨被试对听觉通道中情绪性材料的注意加工(Halkiopoulos, 1981)。后来研究者采用经典的注意研究范式探讨情绪对注意的影响,关注的是情绪性刺激的注意偏向,也称情绪性注意(emotional attention)(如,Hansen & Hansen, 1988; Pratto & John, 1991; Siegrist, 1995)。情绪性注意是指个体具有对情绪性信息进行选择性加工的注意偏向,主要关注的焦点是刺激的情绪特性对注意的影响(Lang, 1995)。几乎同时,在实验心理病理学领域,一些研究者认为个体的情绪状态也会强烈影响其注意加工的特性(如,Burgess et al., 1981; Mathews & MacLeod, 1985, 1986)。例如,研究者采用 Stroop 的颜色命名任务的变式,考察个体的情绪状态对选择性注意的影响。结果发现,焦虑个体对中性词语的颜色命名显著慢于控制组被试,这种劣势在威胁性词语的颜色命名任务上表现得更加明显(Mathews & MacLeod, 1985)。个体的情绪状态对注意的影响已成为社会和临床实验心理学感兴趣的研究主题。到了20世纪末,研究者开始探讨注意训练对情绪的调节作用。格罗斯将注意分配作为情绪调节的一种策略,随后研究者对情绪调节的注意分配策略展开了较为系统的研究(Gross, 1998)。

1.2 情绪与注意的认知神经科学研究

自20世纪80年代以来,随着科学技术的发展和认知神经科学的兴起,研究者开始采用认知神经科学的手段对情绪与注意问题进行深入探讨,以了解情绪与注意关系的大脑机制(Compton, 2003; Schindler & Bublatzky, 2020)。

事件相关电位技术拥有较高的时间分辨率,在探讨情绪性刺激注意加工的时程方面具有优势,但空间分辨率相对较弱,仅能够探讨头皮区域的电生理活动。例如,辛德勒和布布拉茨基(Schindler & Bublatzky, 2020)对情绪性面孔和中性面孔加工的ERPs研究进行系统综述,特别关注注意对情绪性信息加工的早期成分(P1, N170)、中期成分(P2, EPN)和晚期成分(P3, LPP)的影响,结果发现,恐惧和愤怒的表情能够有效地调节 N170、EPN 和 LPP 成分。

功能性核磁共振成像技术拥有较高的空间分辨率,能够探测大脑深部的活动,对于探讨负责情绪与注意加工的大脑区域具有优势,但其时间分辨率较低。例如,维卢米尔等人(Vuilleumier et al., 2001)使用事件相关的 fMRI 技术,评估大脑对恐惧和中性面孔的反应是否受空间注意的调节,结果发现由面孔所引发的梭状回的激活会受到注意的强烈影响,但左侧杏仁核对恐惧面部的反应不受注意的影响。恐惧面孔所诱发的右侧梭状回的活动强于中性面孔。由此可见注意和情绪对面孔加工有着不同的影响,杏仁核对威胁相关表情的反应不受注意的影响,而梭状回对面孔的反应则受到注意强有力的影响。

功能性近红外光谱技术介于ERPs和fMRI二者之间,具有一定的时间分辨率和空间分辨率。例如,普利赫塔等(Plichta et al.,2011)采用fNIRS技术检验情绪线索是否对听觉有促进作用,结果发现与中性声音相比,愉快和不愉快的声音能够增强听觉皮层的激活程度。

近年来,随着神经调控技术的发展,研究者们开始利用各种神经调控技术,包括重复性经颅磁刺激(repetitive transcranial magnetic stimulation,rTMS)(Cinq-Mars et al.,2022;Keuper et al.,2018)、经颅直流电刺激(transcranial direct current stimulation,tDCS)(Sanchez-Lopez et al.,2018)、经颅交流电刺激(transcranial alternating current stimulation,tACS)(Liu et al.,2022)、经颅超声刺激(transcranial ultrasound stimulation,TUS)(Sarica et al.,2022)和神经反馈(neurofeedback)(Kadosh & Staunton,2019)等技术,探讨情绪与注意的认知神经机制。这些仪器设备配合使用,取长补短,将能够更好地探讨大脑的认知功能,对情绪与注意关系的研究也有一定的促进作用。

2 情绪与注意研究的内容

情绪与注意研究主要关注两个方面的科学问题,一是情绪对注意的影响,二是注意训练对情绪的调节作用。前者还可分为情绪性刺激的注意偏向和个体情绪状态对注意的影响这两个主题。

2.1 情绪性刺激的注意偏向

该领域的研究者所关注的科学问题主要是情绪性刺激的注意偏向,即人们对情绪性刺激的加工是否需要注意的参与,情绪性的刺激是否能够有效地捕获注意(彭晓哲,周晓林,2005;Yiend,2010)。

第一个有关情绪性刺激注意偏向的系统性研究是由哈尔基波洛斯(Halkiopoulos,1981)在其博士学位论文中完成的。该研究探讨的是听觉通道中情绪性刺激的注意偏向。他采用双耳分听的追随程序,首先给被试的双耳同时呈现一对词语,然后要求被试只注意一只耳朵并大声重复呈现在该耳朵的词语,同时忽略非追随耳的词语。在词对出现后很短的时间内,可能会出现一个纯音,被试尽可能迅速地对该纯音进行反应。

结果发现当纯音在同一耳紧接着一个威胁词出现时,比起纯音在另一耳紧接着威胁词出现时,高焦虑特质个体(但那些低焦虑特质的人没有)对纯音反应更快。这一结果表明,在注意资源有限的情况下,人们对情绪上突显项目的意识水平会更高。

认知实验心理学家和认知神经科学家比较关注情绪性刺激的注意偏向,主要使用情绪性或非情绪性的词语和自然刺激材料(如场景、面孔等),着重考察视空间注意、听觉通道的注意和跨通道的情绪性注意(Compton, 2003; Yiend, 2010),结果发现与不带情绪色彩的刺激相比,具有情绪意义的刺激更能够吸引注意,引起注意偏向。还有一些研究考察了不同刺激类型之间的系统差异,发现对情绪性信息的注意可以从绩效指标(如反应时、错误率、眼动和神经激活模式等)上反映出来(如,Schindler & Bublatzky, 2020; Schupp et al., 2006)。

2.2 个体情绪状态对注意的影响

研究者往往首先使用声音、视频、图片等材料诱发正常被试产生不同的情绪状态,然后探讨不同情绪状态下个体的注意加工特点。也有研究关注心理病理人群(如焦虑人群、抑郁人群)与正常人群注意加工特点的差异。已有证据表明焦虑个体通常会表现出负性偏向(见综述,Heinrichs & Hofmann, 2001)。也有研究者对特质性焦虑影响注意偏向威胁的相关研究进行综述,发现在58%的研究中注意偏向和高焦虑相关,而在剩下42%的研究中二者则不相关(Calvo & Avero, 2005)。

已有证据表明情绪对注意偏向的影响发生在注意分配早期的定向阶段,而不是晚期的脱离阶段(如 Bradley et al., 2000; Calva & Avero, 2005; Mogg et al., 2000)。例如,有研究发现,在伤害相关图片呈现后的前500毫秒内被试表现出了注意偏向,但是在图片呈现后的1 500—3 000毫秒期间表现为注意脱离(Calvo & Avero, 2005),这意味着伤害相关图片首先会吸引观察者的注意,随后观察者又对图片做出回避反应。佩卡姆等人(Peckham et al., 2010)对29项实证研究的结果进行元分析,考察抑郁症患者对负面刺激的注意偏向程度,结果发现,使用情绪Stroop任务的研究得到的抑郁和非抑郁样本之间的差异相对较弱,而使用点探测任务的研究却显示组间有较强的显著差异,其结果支持抑郁症患者对负面信息存在反应偏向。

2.3 注意训练对情绪的调节作用

在关注情绪对注意影响的同时,也有研究者关注注意训练对情绪的调节作用(见综述,邢采,杨苗苗,2013)。如前所述,自格罗斯(1998)提出了情绪调节的过程模型以来,研究者开始关注分心(distraction)和沉思(rumination)两种注意分配策略对情绪调节的影响。对病理性烦躁不安(dysphoria)患者和抑郁症患者进行的研究发现,诱导患者使用分心的策略可以有效地减少其烦躁、抑郁的症状,而使用沉思策略则会保持甚至加剧患者的症状(Nolen-Hoeksema，2000)。对健康被试进行的研究发现，采用分心的策略可以有效地减轻被试抑郁的情绪(Kross & Ayduk，2008)；而沉思则会导致个体产生更多的负面情绪，且持续时间更长(Bushman et al.，2005；Watkins，2004)。

近年来，越来越多的研究者开始关注注意分配在情绪调节过程中的作用及其机制(Isaacowitz et al.，2009；Lutz et al.，2008)。有研究发现，注意分配在情绪调节过程中发挥重要的作用，而且可以通过反复训练改变注意分配的策略(Lutz et al.，2008；Rueda et al.，2007)。更重要的是，注意训练不仅可以改变个体的注意模式，还可以改变个体加工情绪的方式，从而改善个体的情绪反应(如，Heeren et al.，2011；MacLeod，2012；MacLeod & Mathews，2012)。

小结

情绪与注意是情绪心理学和认知心理学的交叉领域。情绪与注意的研究大致可以分为情绪与注意的认知心理学研究和情绪与注意的认知神经科学研究两个阶段。两个阶段都关注情绪对注意的影响和注意训练对情绪的调节作用这两个方面的问题。研究发现，人类注意系统对情绪性刺激存在一定的反应偏向，注意训练对个体的情绪状态存在一定的调节作用。

复习思考题
1. 简述情绪与注意研究的两个阶段。
2. 简述情绪与注意研究的主要内容。

第二节 情绪与注意研究的实验范式

情绪与注意的研究方法主要源自认知心理学、实验心理学、实验心理病理学以及相关学科，其经典的实验范式主要包括抑制范式、搜索范式和线索范式三大类。

1 抑制范式

近年来随着心理学家对抑制过程的关注，越来越多的研究者利用抑制范式来研究情绪性刺激的注意偏向(白学军 等，2013)。抑制范式多种经典的实验任务被用来研究情绪与注意的关系，比如情绪 Stroop 任务、情绪 Flanker 任务和情绪 Simon 任务等。

1.1 情绪 Stroop 任务

情绪 Stroop 任务由经典 Stroop 任务发展而来，用以研究任务无关情绪刺激对任务相关信息的干扰作用（Gotlib & McCann，1984）。在该任务中，向被试呈现不同颜色的情绪词和中性词，要求他们忽略词语的意义，尽可能快地命名词语的颜色。结果表明，被试命名情绪词语颜色的时间长于命名中性词语（Mathews & MaeLeod，1994；Williams et al.，1996）。该结果表明情绪性刺激更能吸引注意或占用注意资源，即情绪刺激可以引起注意偏向。

然而一些研究者对此提出了质疑，认为情绪 Stroop 效应反映了个体的抑制过程，而非注意偏向过程，即当要求个体命名情绪词的颜色时，个体可能需要有意识地抑制自己对词义的注意。这一过程需要消耗注意资源，使得命名颜色的反应时变长。还有研究者认为，在情绪 Stroop 任务中，存在早期和晚期加工过程。注意偏向过程发生在早期阶段，抑制过程发生在晚期阶段。情绪 Stroop 效应在这两个过程中是如何体现的，还需要进一步研究。

另有研究者采用词—面孔情绪 Stroop 任务（情绪 Stroop 任务的变式），即在情绪面孔上叠加情绪词，要求被试对面孔或词的情绪效价进行判断。考察当面孔和词的情绪效价不一致时，情绪信息间的相互干扰。埃特金等（Etkin et al.，2006）采用该任务检测出冲突适应效应，表现为被试在前一试次中经历冲突后会使其在当前试次中更好地解决冲突。另外通过与经典 Stroop 效应比较，发现内隐情绪冲突加工过程中前扣带回（anterior cingulated）激活与杏仁核（amygdala）之间联结的失败是广泛性焦虑症的主要原因（Etkin et al.，2010）。

1.2 情绪 Flanker 任务

在 Flanker 任务中，中心目标刺激与两侧分心刺激同时出现时，两侧分心刺激会干扰被试对中心目标刺激的判断，使其反应变慢（Eriksen & Eriksen，1974）。在该任务中目标刺激和干扰刺激的空间位置固定，且被试具有很强的动机将注意分配给目标刺激并同时忽略干扰刺激，因此使用该范式可以更精确地探查被试的注意偏向（Horstmann et al.，2006）。

在情绪 Flanker 任务中（如图 9.2-1），如果目标刺激为正性情绪面孔，那么干扰刺激为负性情绪面孔时的反应时显著大于干扰刺激为正性情绪面孔时的反应时，出现 Flanker 效应；如果目标刺激为负性情绪面孔时，却未出现 Flanker 效应。这种 Flanker 效应在正负性情绪面孔上的分离，证实了负性情绪面孔对注意的捕获。

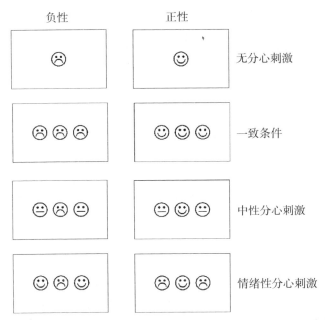

图 9.2-1　情绪 Flanker 范式。要求被试判断出现在屏幕中央的刺激是正性还是负性,无论该刺激单独出现还是两侧伴随有干扰物出现。

来源:Fenske & Eastwood,2003.

1.3　情绪 Simon 任务

西蒙和鲁德尔(Simon & Rudell,1967)发现当刺激位置与反应位置位于同侧时会比位于异侧时成绩更好,这是一种典型的空间刺激—反应相容性现象,被称为 Simon 效应。

情绪 Simon 任务中的刺激带有情绪信息,刺激的情绪信息和呈现位置会影响被试的反应。如要求被试通过左、右按键判断呈现在屏幕左侧或右侧的正性或中性面孔的性别,一半被试对男性面孔按左键,女性面孔按右键;另一半被试做相反按键。结果发现当面孔呈现位置和反应位置一致时,个体对两类面孔的反应没有差异;而当二者不一致时,个体对正性面孔的反应更快。该结果表明正性情绪促进了冲突加工(如图 9.2-2)。

2　搜索范式

搜索范式包含基于空间的目标搜索和基于时间的目标搜索,视觉搜索范式是基于空间的目标搜索,而注意瞬脱范式则是基于时间的目标搜索。研究情绪与注意关系的视觉搜索范式大多使用情绪性刺激的视觉搜索范式和情绪性注意瞬脱范式。

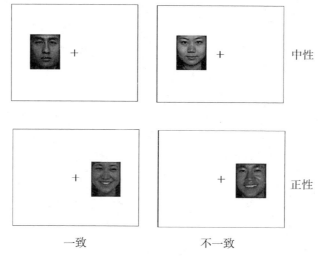

图 9.2-2　情绪 Simon 任务。要求被试判断出现在屏幕左右两侧的正性和中性面孔的性别。当面孔出现位置(屏幕左/右侧)与按键位置(左/右键)一致时,为一致条件;反之,为不一致条件。
来源:Xue et al.,2013.

2.1 情绪性刺激的视觉搜索范式

如图 9.2-3 所示,在使用情绪性刺激的视觉搜索范式的实验中,被试需要从同时呈现的情绪性干扰物中搜索情绪性目标(靶子)。研究发现,人们可以快速搜索并发现负性情绪刺激。从生物进化角度来看,负性情绪刺激(如愤怒表情、暴力、血腥、凶猛的动物等)往往具有威胁性,与人类的生存息息相关,会得到优先加工(Sutherland et al.,2017)。进一步的研究表明,负性情绪刺激在注意捕获上的优势是由目标刺激的情绪属性导致的,而非目标刺激的独特性或刺激本身所具有的负性情绪色彩的作用(文涛等,2011)。

然而,负性情绪的面孔简图并非在全部搜索范式中都可以获得优先注意,在基于时间的视觉标记范式中,负性情绪面孔并不总是能够引起强烈的注意偏向(Hao et al.,2005)。情绪刺激的搜索绩效受被试本身情绪特质的影响,如威胁性情绪刺激对高焦虑个体具有极强的干扰效应(Eastwood et al.,2001,2003),善良程度高的被试搜索愤怒背景下高兴面孔的速度更快(孙俊才 等,2019)。

研究还发现情绪面孔视觉搜索存在不对称性效应:无论是真实面孔还是面孔简图,当负性情绪面孔作为目标,正性情绪面孔作为分心物时,目标搜索速度较快,反之目标搜索速度则较慢(Hansen & Hansen,1988)。对此效应的解释主要涉及面孔的情绪因素和知觉因素。情绪观强调不同面孔具有的情绪差异是导致搜索不对称性效应

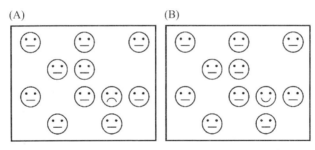

图9.2-3 情绪性刺激的视觉搜索范式。(A)要求被试从中性面孔中搜索负性面孔,(B)要求被试从中性面孔中搜索正性面孔。

来源:Frischen, Eastwood, & Smilek, 2008.

的原因,而知觉观则强调知觉差异的作用,未来研究有必要整合情绪因素和知觉因素来解释该效应(徐展,李灿举,2014)。

2.2 情绪性注意瞬脱范式

情绪性注意瞬脱是由对情绪刺激的注意引发的特殊注意瞬脱现象,多采用双任务快速序列视觉呈现(rapid serial visual presentation, RSVP)范式诱发。如图9.2-4所示,T1为情绪刺激,T1的报告任务也指向情绪属性,其反应会受到情绪的影响,对情绪性刺激T1的识别加工还会干扰对T2的识别加工,使其正确率进一步下降,出现情绪注意瞬脱效应(贾磊 等,2016)。

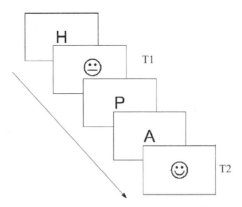

图9.2-4 情绪性刺激的注意瞬脱范式。序列呈现字母和情绪性面孔,操纵两个靶刺激(情绪性面孔)的时间间隔和情绪效价,要求被试识别出两个情绪性面孔的效价。

来源:贾磊 等,2016.

注意瞬脱反映了时间维度上的认知资源限制。有研究发现，知觉负荷对注意瞬脱效应的作用受到情绪类型的影响，对恐惧面孔探测的正确率在高知觉负荷条件下显著降低，而对中性面孔的加工则不受知觉负荷水平的影响（贾磊 等，2012）。

情绪效价在对抗注意瞬脱中起关键作用，正性图片的对抗效应强于负性图片，但唤醒度对注意瞬脱对抗效应的影响不显著。在早期注意选择阶段，记忆驱动的注意捕获效应不受工作记忆表征的情绪效价的影响，但认知控制会在早期注意捕获之后促使注意快速脱离记忆匹配的干扰刺激，其影响效果受目标刺激情绪效价的调节（黄月胜 等，2021）。

3　线索范式

线索范式（cueing paradigm）也称提示范式，包括由波斯纳和科恩（Posner & Cohen，1984）提出的空间线索范式和麦克劳德等（Macleod et al.，1986）开发的点探测范式。

3.1　情绪刺激的空间线索范式

在空间线索范式中，目标刺激出现在左视野或右视野，从而注意在左右视野之间转移。目标刺激出现之前先呈现线索刺激，目标刺激出现在线索刺激的同一空间位置称为有效提示，出现在线索刺激的相反空间位置称为无效提示。结果发现，无效提示条件下的反应时慢于有效提示条件下的反应时，产生提示效应（杨小冬，罗跃嘉，2004）。

线索范式是研究情绪刺激注意偏向的常用范式（如图 9.2-5）。斯托尔马克等（Stomark et al.，1995）用负性和中性的情绪词作线索，探查情绪性线索对大学生注意转移的影响，并记录脑电信号。结果显示，词的情绪效价（负性、中性）和线索的有效性（有效、无效）之间产生了显著的交互作用。当情绪词作为线索时，有效线索条件下的反应时明显短于无效线索条件下的反应时，而且情绪词作为线索时产生的这种差异大于中性词，负性情绪词作为线索时诱发的 P3 成分的波幅增大。这些结果表明当负性情绪词作为有效线索时，个体能获得比中性词更高程度的注意。

3.2　情绪刺激的点探测范式

情绪刺激的点探测范式如图 9.2-6 所示，在计算机屏幕上成对出现中性刺激和情绪刺激（面孔或词语），然后呈现探测刺激，探测点出现在中性刺激或情绪刺激的某个位置上，要求被试尽快判断探测刺激的位置（如，左侧或右侧）或性质（如，探测刺激是圆形或十字）。该范式的假设是：对探测刺激位置或性质做出判断的反应时会随被试对其出现区域的注意而缩短，即探测刺激出现在被试先前注意的区域时，反应时较短；反之，反应时较长（MacLeod et al.，1986）。

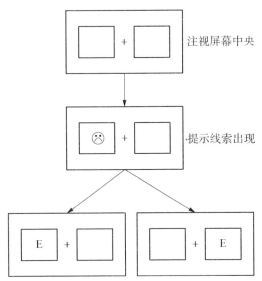

图 9.2-5 情绪性刺激的提示/线索范式。要求被试识别出现在提示位置和非提示位置上的目标字母。

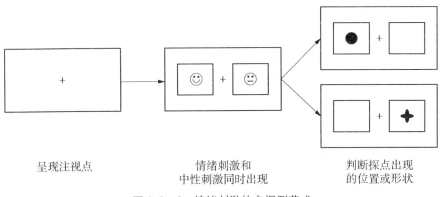

图 9.2-6 情绪刺激的点探测范式

有研究者将点探测实验与双耳分听实验范式相结合,在追随耳中呈现故事信息,在非追随耳中呈现负性或中性的词,要求被试根据追随耳的信息,对显示屏上随机呈现的探点做按键反应(杨小冬,罗跃嘉,2004)。研究发现,高焦虑的被试表现出对负性词语的注意偏向(柳春香,黄希庭,2008;杨小冬,罗跃嘉,2004),甚至阈下呈现的负性刺激依然会引发注意偏向(Bradley et al.,2009;Mathews & MacLeod,1986;Mogg et al.,2000)。然而,高焦虑个体对正性情绪刺激是否也存在注意偏向则一直存在争议。例如,有研究表明高焦虑特质个体对负性情绪词语和正性情绪词语都存在注意偏向(Mogg et al.,1990)。

小结

研究情绪与注意关系的实验范式可以分为三类,其中抑制范式主要包括情绪 Stroop 任务、情绪 Flanker 任务和情绪 Simon 任务,使用此类范式可研究情绪性刺激的注意偏向,即情绪性刺激的注意捕获;搜索范式主要包括基于空间维度的情绪性刺激的视觉搜索范式和基于时间维度的情绪性刺激的注意瞬脱范式,使用此类范式可研究对情绪性刺激的觉察和识别;线索范式主要包括情绪性刺激的线索范式和情绪性刺激的点探测范式,使用该类范式可研究情绪性刺激对注意的捕获与维持。

复习思考题
1. 请思考如何使用三类范式更好地研究情绪与注意的关系。
2. 如何解释情绪刺激搜索中的不对称性。

第三节 情绪对注意的影响

当谈及情绪对注意的影响时,情绪既可以指刺激的情绪性质,也可以指个体的情绪状态(包括个体的心境状态、人格特质或临床上的失调)。无论是情绪性刺激还是个体的情绪状态都会对注意产生一定影响。

1 情绪性刺激对注意的影响

在研究情绪性刺激对注意的影响时,研究者试图回答个体对情绪材料(包括正性和负性材料)的加工与对中性材料的加工有何不同,以及为什么会存在这种差异。下面将从重要的实验研究成果和相关的理论解释两个方面加以介绍。

1.1 重要实验研究成果

利用视觉搜索范式对普通人群情绪性注意的诸多研究均发现,当情绪性项目作为目标时,对情绪性项目的搜索比对中性项目的搜索更快,而当情绪性项目作为干扰项时,则比中性项目更具有干扰性(如,Frischen et al., 2008; Hansen & Hansen, 1988)。部分有关情绪面孔搜索的研究发现愤怒优势效应(angry superiority effect),即对愤怒面孔的搜索比对愉悦面孔的搜索更快更准确(如 Hansen & Hansen, 1988)。

但也有研究发现存在愉悦面孔的搜索优势(Craig et al.,2014)。

利用提示/线索范式在普通人群中确实发现了情绪性刺激的注意偏向。这类研究常使用特定的刺激材料,如生物学相关的刺激或威胁性刺激,且呈现时间较短(500 ms)。例如,有研究在普通人群中使用提示范式,结果发现当情绪刺激作为线索时,对有效提示的目标反应时间较快(Stormark et al.,1996)。也有研究发现,相较于中性刺激,刺激的情绪性更容易促进该刺激对注意的捕获,并削弱注意从该刺激上脱离开来的能力(Koster et al.,2004;Koster et al.,2007)。

诸多利用注意瞬脱范式考察普通人群的情绪性注意的研究发现,当在T1位置呈现情绪性刺激时会降低对T2的识别准确性(Keil & Ihssen,2004),而在T2位置呈现情绪性刺激则会提高对T2识别的准确性(Anderson,2005),这两种注意效应主要是由于刺激的情绪唤醒度而不是效价所决定的,是由情绪性刺激的凸显性捕获注意所造成的,而不是对情绪性刺激主动注意的结果(Most et al.,2006;Most et al.,2007)。对唤醒度高的正性情绪和负性情绪的靶子搜索有更高的准确率,且出现在注意加工的早期阶段(叶榕 等,2011)。利用条件化的训练程序也可以获得类似的结果(Arnell et al.,2007;Smith et al.,2006)。

1.2 相关理论解释

尽管研究者对情绪性注意的关注日益增加,但对其内在机制的理解还不够深入,究竟是由于刺激的情绪性还是其他特性捕获了注意并不清楚。目前研究者将情绪材料视为一种高凸显的材料,借用特征整合理论(feature integration theory)和偏向竞争理论(bias competition theory)对情绪性注意的内在机制进行解释。

特征整合理论将注意看作结合单个特征(特征联合)形成复杂刺激表征的过程(Treisman & Gelade,1980)。因此在视觉环境中搜索复杂的目标(联合搜索)也是一个较慢的序列搜索过程,需要不断地进行注意选择、加工和拒绝,直至发现目标。对于情绪性信息的注意来说,一方面,问题就变为情绪性刺激是如何被加工的,是否高度凸显的情绪特征能够从视觉环境中跳出。有关情绪性注意的研究发现,情绪性刺激相对中性刺激似乎更加凸显,更容易捕获观察者的注意。另一方面,注意脱离情绪性刺激的难度大于中性刺激。

偏向竞争理论是用于解释竞争项目之间注意选择的重要理论(Desimone & Duncan,1995)。由于信息加工系统的容量有限,人类需要通过信息表征之间的注意竞争来处理超负荷的信息。自下而上和自上而下的因素都能够影响任意表征的相对激活水平,因此会偏向竞争获胜者。这就导致知觉者选择重要的表征,而拒绝次要的表征。在情绪性注意的背景下,刺激材料的情绪特征可以被看作增加了刺激的凸显度,导致自下而上的注意偏向。在普通人群和个体差异研究中发现,个体将注意偏向情绪性信息而非中性信息,这意味着注意效应的情绪性差异依赖于偏向竞争理论所预测的加工优先性的变化(Calvo et al.,2008;MacLeod & Mathews,1991;Mathews & Milroy,1994)。

虽然上述两个理论能够解释情绪性信息之所以会被优先注意,但却并没有阐明这种凸显性为什么归因于情绪性。目前也有研究者从进化的视角出发提出其他的解释,如某些刺激的生物学准备(如威胁性刺激),或者从心理病理学理论中借用效价评价(Fox et al.,2001;Heeren et al.,2012;Koster et al.,2004)。

目前情绪性刺激注意偏向产生的机理仍不明确,注意偏向可能是由于易化作用、抑制作用或者二者共同作用的结果。下一步研究的重点应加强理论方面的整合,概括出统一的理论。情绪性刺激注意偏向的脑机制及时间进程仍然是未来研究的焦点。后续研究还应扩展研究材料范围,使研究结果更具普遍性。异常人群的情绪注意偏向、机制以及症状的缓解和治疗也是心理学工作者和临床工作者共同面对的课题。

2　个体情绪状态对注意的影响

在研究个体情绪状态对注意的影响时,通常的做法是通过一定的方法或技术手段,诱发普通人群产生一定的情绪状态,然后考察不同情绪状态的个体加工中性刺激时的注意特点。同时,该部分内容也涉及焦虑或抑郁群体加工情绪性刺激所表现出来的效应,其目的是了解特殊人群加工情绪性信息的注意特点。

2.1　重要实验研究成果

有关普通人群情绪状态对注意加工影响的研究并不多,而涉及焦虑、抑郁群体的注意加工特点的研究则相对较多。

弗雷德里克森和布拉尼根(Fredrickson & Branigan,2005)利用视频诱导普通被试分别产生愉悦、满意、中立、愤怒或焦虑的情绪,然后利用整体—局部任务测量被试的注意广度。结果发现,与处于中性状态的被试相比,处于正性情绪状态的被试注意广度变宽了,而处于负性情绪状态的被试注意广度相对变窄了。

早期对病理人群的研究发现,与中性刺激相比,焦虑病人能更好地检测未被注意到的与焦虑相关的刺激(Burgess et al.,1981;Foa & McNally,1986)。马修斯和麦克劳德(Mathews & MacLeod,1986)发现,当任务与呈现在非注意通道上的威胁词语一致时,广泛性焦虑障碍病人的反应比正常人更慢。这些结果表明,与焦虑相关的刺激在控制注意资源方面是有效的。伯恩和艾森克(Byrne & Eysenck,1995)发现,高低特质焦虑的个体在检测愉悦目标面孔时的成绩一样好,但高特质焦虑的个体在检测愤怒目标面孔时更快。该结果表明,高焦虑个体能够更快地检测出威胁信息。也有研究发现,在特定的恐惧症状(Ohman et al.,2001)和社会焦虑症状(Gilboa-Schechtman et al.，1999)中存在被试间的差异。伊斯特伍德等人(Eastwood et al.，2005)发现,在社会焦虑和恐惧个体中,搜索负性目标面孔的效率高于搜索正性目标面孔的效率,但在强迫症病人和控制组中则不存在该效应。

已有研究发现,焦虑症患者和高特质焦虑的正常人均表现出威胁相关的空间注意偏向,但该效应在亚临床群体中的可靠性稍弱,这似乎表明,焦虑最主要的形式是与对负性刺激的注意偏向相联系的(MacLeod & Mathews，1988；Mogg et al.，1990；Mogg et al.，1995)。然而后续的研究发现,当目标与线索的位置相同时,并没有出现与焦虑相关的差异,只有当目标出现在与威胁提示的位置不同时,与焦虑相关的差别才表现出来。这意味焦虑个体在注意锁定方面与正常人没有差别,但注意从威胁性刺激上脱离的速度变慢了(Derryberry & Reed，1994；Fox et al.，2001；Yiend & Mathews，2001)。福克斯等人(Fox et al.，2002)用愤怒、愉悦和中立面部表情作为外周提示,也发现在高特质焦虑中,对两类情绪面孔的注意脱离都变慢了。

已有研究发现,重度烦躁不安组的注意瞬脱效应更大且注意瞬脱期更长(Rokke et al.，2002)。当操纵 T1 位置上刺激的情绪效价时,高度烦躁不安的人群对 T2 的识别会受到 T1 位置上负性词语的影响而削弱,这意味着注意瞬脱效应的增强(Koster et al.，2009)。当在 T1 位置上呈现威胁性词语时,状态焦虑个体表现出比非焦虑个体更大的注意瞬脱效应(Barnard et al.，2005)。当操纵 T2 位置上刺激的情绪效价时,结果发现低焦虑个体比高焦虑个体表现出对恐惧和愉悦表情更强烈的注意瞬脱效应；而高焦虑个体对恐惧表情的注意瞬脱效应显著降低(Fox et al.，2005)。也有研究采用中性的 T1 和内容变化的 T2 考察蜘蛛恐惧者的注意瞬脱效应,结果发现所有被试都表现出对情绪性 T2 检测减弱的注意瞬脱效应,而蜘蛛恐惧症者的注意瞬脱效应更弱(Trippe et al.，2007)。

2.2 相关理论解释

针对个体情绪状态对注意影响的研究成果,研究者们提出了几种主要的理论对之进行解释,主要包括图式理论(schema theory)、双阶段理论(dual stage theory)、动机分析模型(motivation analysis model)和注意控制理论(attentional control theory)。

图式理论是由贝克(Beck，1976)和鲍尔(Bower，1981,1987)提出的。贝克提出负性功能失调图式会引起信息加工的偏向。他使用联结网络模型对其进行表示,在该模型中情绪节点的激活扩散会增加对相似内容材料的通达。尽管该理论在其他领域仍然保持着一定的影响力,但不足以解释失调相关的认知偏差模式。

双阶段理论是由威廉姆斯(Williams)及其同事提出的,该理论将启动与精细化区分开来(Williams et al.，1997)。启动是指刺激内部表征的早期自动化激活,能够暂时增强刺激的可通达性。精细化是一个晚期的策略性过程,这个过程会产生并增强表征之间的关联，因此会影响提取过程。一般认为精细化偏向是导致抑郁个体中情绪一致性效应的根本原因。

动机分析模型主要用于解释状态和特质焦虑对威胁性刺激认知加工的影响，但也涉及其他情绪的一致性效应(Mogg & Bradley, 1998)。该模型包含两个认知结构：效价评估系统和目标约定系统。该模型认为，高低特质焦虑的个体出现差异的原因是对什么构成威胁的评价，而不是注意系统对威胁做出怎么样的反应。抑郁的特点是对外部目标失去兴趣，允许模型去解释情绪一致缺失的现象。模型的核心部分是警觉逃避假说，该假说认为威胁价值和注意偏向之间存在着曲线关系，以至于所有的个体都表现出最初适应性地避免威胁，之后随着威胁强度的增加，表现出强烈的警觉。该假说已经受到了来自注意研究的有限证据的支持，并与来自线索化研究的证据一致(Weierich et al., 2008)。

注意控制理论是由埃森克及其同事(Eysenck et al., 2007)在整合认知干扰理论和加工效能理论的基础上提出的，用于解释个体的焦虑水平和抑制控制关系的理论。该理论假设个体的焦虑水平会削弱其中央执行系统的注意控制能力，从而损害个体的认知能力。中央执行系统主要包括三个相对独立的成分：抑制(inhibition)、转换(shifting)和刷新(updating)，其中抑制和转换的完成需要注意控制功能的参与。也有研究发现，个体的焦虑水平会削弱个体对干扰刺激(Berggren & Derakshan, 2013)和优势反应(Basten et al., 2011)的抑制能力。尽管注意控制理论能够较好地解释许多实验结果，具有一定的影响力，但在一些核心问题上仍然未能达成共识：比如并不能确定焦虑水平和注意控制能力之间的因果关系，可能是焦虑水平影响了个体的注意控制能力，也可能是个体的注意控制能力影响了焦虑水平；此外，是特质焦虑还是状态焦虑影响了个体的注意控制能力仍然存在争议(魏华，周仁来，2019)。

小结

本节主要介绍了情绪对注意的影响，包括情绪性刺激对注意的影响和个体情绪状态对注意的影响两个方面的内容。已有研究发现，情绪性刺激相对中性刺激具有捕获注意的能力和延迟注意脱离的能力。正性情绪状态能够扩大注意的范围，而负性情绪状态会使注意范围变得狭窄。个体的状态焦虑和特质焦虑都会对注意产生一定的影响。

复习思考题

1. 简述情绪性刺激对注意的影响及其理论解释。
2. 简述个体情绪状态对注意的影响及其理论解释。

第四节 注意训练对情绪的调节

本章第一节已经提及,在情绪影响注意的同时,注意同样也会影响个体的情绪。本节将主要介绍注意对情绪的影响,特别关注注意训练对情绪的调节作用。已有研究表明注意训练可以改变个体的情绪状态,缓解情绪障碍的发生,使个体保持正性的情绪状态,该方法已经成为注意障碍治疗中的一种重要方法。

1 注意分配策略调节情绪

格罗斯(1998)提出了情绪调节的过程模型(process model of emotion regulation),认为情绪调节贯穿情绪发生的整个过程,在情绪发生的不同阶段会产生不同的调节策略,主要包括情景选择、情景修正、注意分配、认知改变和反应调整。注意分配作为情绪调节的一种策略,主要关注注意分配中的分心(distraction)、专心(concentration)和沉思(rumination)对情绪的调节。分心是指将注意力从当前的情境中转移开来,集中于事件的非情绪方面;专心是指将所有的认知资源投入到某一特定任务上或者某一情绪事件上;而沉思则是指将注意力集中于个体的感受和事件导致的后果上。已有研究表明,分心策略可以有效地减少患者烦躁、抑郁的症状,而沉思则会加剧这些症状(Nolen-Hoeksema, 2000);对于健康个体来说,分心策略可以有效减少个体的抑郁情绪,而沉思则会使个体产生更多的负面情绪(Bushman et al., 2005; Kross & Ayduk, 2008)。

近年来,研究者开始关注注意分配策略调节情绪的神经生理机制(Lutz et al., 2008)。给观察者呈现负性材料时,沉思策略会提高杏仁核的激活水平并延长其兴奋时间(Ray et al., 2005),面对压力事件时沉思会提升可的松(一种肾上腺皮质激素)的水平(Roger & Jamieson, 1988)。大量研究表明,注意转移可以有效地降低情绪相关的脑激活水平。与注意集中策略相比,在注意转移条件下情绪唤起核心区域杏仁核的激活水平会显著降低(Pessoa et al., 2005)。与低分心任务负荷相比,高分心任务负荷下早期情绪性注意偏向减弱(Doallo et al., 2006)。电生理学的研究表明,在被试完成情绪评价任务的过程中,情绪刺激诱发的 P3 波幅显著大于中性刺激,当被试关注的对象与情绪无关时,情绪刺激比中性刺激诱发的 P3 波幅小(Yuan et al., 2012)。由此可见,注意的分配可以显著影响情绪相关的神经活动水平,从而改变观察者对情绪刺激的反应。

上述研究表明,注意分配策略能够调节个体的情绪,同时注意分配策略可以通过反复的练习加以改善(Lutz et al.,2008)。因此,可以通过注意训练改变个体的注意模式,改变个体对情绪的反应(MacLeod & Mathews,2012)。美国精神病学杂志和临床心理学年鉴均有文章总结注意训练的效果,对注意训练方法给予了高度评价(MacLeod & Mathews,2012)。

2　调节情绪的注意训练

调节情绪的注意训练主要是通过行为任务来训练个体的注意模式,包括点探测任务(dot-probe task)、视觉搜索任务(visual search task)、目标导向的注意训练(goal-directed attentional training)和注意训练技术(attentional training technique)(邢采,杨苗苗,2013)。其中前3种范式均以训练被试的视觉注意模式为目标,通过计算机完成相应的训练任务,称为基于机器的注意训练,也称为注意矫正程序或注意偏向矫正治疗。而后一种范式则侧重于听觉通道注意模式的训练。

点探测任务是注意训练的常用方法。首先向被试呈现500—1000毫秒的两个视觉刺激,通常是一个中性刺激和一个情绪性刺激,或者是两个效价不同的情绪刺激。两个刺激可以左右或者上下呈现;在刺激消失后,电脑屏幕上会出现一个探测点,要求被试对探测点的位置或方向做出快速反应(Heeren et al.,2012)。通常此类注意训练程序每次持续10—20分钟,大多数为200个左右的训练试次(Mogg et al.,2017;Schmidt et al.,2009)。

利用点探测任务探讨注意训练对情绪调节的影响时,常用的因变量指标多来源于被试的自我报告,如自我报告的焦虑和抑郁水平、知觉压力量表和状态特质焦虑问卷等。针对临床症状的病人开展的研究还采用了一些测量临床症状的量表,如社会交互焦虑量表、社交恐惧筛选问卷和社交恐惧与焦虑问卷等,以及一些辅助的测查注意训练效果的量表,如贝克抑郁问卷、贝克焦虑问卷、生活质量问卷、SCL-90-R症状检查表和人际问题问卷等。还有部分研究者将生理数据和行为表现作为衡量情绪反应的指标。生理指标有皮质醇释放量、皮肤电反应和事件相关电位等;行为指标则是通过让被试完成一项任务(如即兴演讲等),整合多种指标衡量被试的绩效(Bradley & Lang,2000;Goodwin et al.,2017)。

大量的研究证实,点探测任务通过将被试的注意从非目标刺激上脱离,再朝向目标刺激,以此改变被试的注意模式,进而实现情绪调节的目的(Heeren,Peschard & Philippot,2012)。点探测任务训练既可以改变正常人群的情绪状态,也可以缓解患有情绪障碍的临床病人的症状,对于改变其他临床患者(如疼痛患者,Sharpe et al.,2010)的情绪反应也有帮助。对于正常人群来说,训练被试将注意集中在负性刺激上会表现出对负性信息的敏感以及更高的焦虑水平,注意训练的效果不限于在训练中使用过的刺激物，也能泛化到新异刺激上(MacLeod & Mathews，2012)。对于情绪障碍的人群来说，训练个体远离负性刺激，有助于缓解广泛性焦虑症、社交焦虑障碍和社交恐惧症的症状。然而，也有研究发现，点探测任务无法有效缓解创伤后应激障碍患者的症状和注意模式(Schoorl et al.，2013)。

点探测任务改变注意模式的效果也存在年龄差异。对老年人来说，朝向正性刺激的注意训练使其对图片负性区域的注视显著减少，而对年轻人进行朝向负性刺激的注意训练之后却表现出更多的对负性区域注视的减少(Isaacowitz & Choi，2011)。

视觉搜索任务也被一些研究者用于注意训练，德沃格德等(De Voogd et al.，2014)采用视觉搜索的注意偏向校正程序减轻青少年的社交恐惧程度。结果发现，经过两轮训练以后，注意偏向校正组的被试显著降低了对负性信息的注意偏向，而且自我报告的社交恐惧分数也有明显下降。近期也有研究者采用视觉搜索任务对有反社会倾向的青少年罪犯的注意偏向进行训练，结果发现，经过情绪面孔搜索训练，具有较高攻击性水平的青少年罪犯对情绪面孔的注意偏向有所下降(Zhao et al.，2022)。由此可见，视觉搜索的注意偏向校正程序在降低青少年的社交恐惧程度方面或许是有效的。

目标指向的注意训练是约翰逊(Johnson，2009)在点探测任务的基础上发展而来的调节情绪的注意训练方法。该方法在实验任务方面不同于点探测范式，要求目标指向组的被试持续注视正性刺激而不管探测点出现在正性刺激还是负性刺激上；而无目标指向组的被试只需要对箭头的方向做出快速反应即可。研究结果表明目标指向的注意训练方法可以改变被试的注意模式，能够实现情绪调节的目的。

注意训练技术是韦尔斯(Wells，1990)为了缓解惊恐症提出的。该技术是用在听觉通道上的注意训练范式，由三个训练任务组成：选择性注意、注意转换和分配性注意，目前均以临床病人为主。在选择性注意任务中，要求病人将注意集中在多个声音中的一个声音上，大约持续5分钟；注意转换任务则要求病人在多个声音之间进行五秒一次的注意转换，大约持续5分钟；分配性注意则要求病人尽可能多地同时注意多种声音，持续2分钟左右。有研究表明注意训练技术能够通过改变个体的注意模式，从而达到调节情绪的效果(Levaux et al.，2011；Sharpe et al.，2010)。但也有研究指出该技术并没有引起注意模式的明显改变，这可能与训练的程度有关(Watson & Purdon，2008)。

注意训练虽然能够通过改变注意模式在一定程度上对个体的情绪进行调节，但是注意训练能否导致情绪调节过程在更长的时间范围内发生持久、稳定的改变尚需要进一步的检验。目前以正常人群为被试的研究都只包含单次的注意训练，证实了单次注意训练可以即时性地改善其情绪状态，但是缺乏对正常群体的持续注意训练的研究。注意训练是否对情绪障碍有预防效果以及效果如何都是未来研究者可以继续深入探究的课题。

小结

本节主要介绍了注意分配策略对情绪调节的影响以及调节情绪的注意训练方法两方面的内容。当个体面临负性情绪时,分心策略是一种较好的情绪调节方法。点探测任务、视觉搜索任务、目标指向的注意训练以及注意训练技术等多种注意训练的方法均可用于调节个体的情绪。

复习思考题
1. 简述注意分配对情绪的调节作用。
2. 调节情绪的注意训练方法及常用的因变量指标。

第 10 章

情绪与学习

著名的耶克斯—多德森定律(Yerkes-Dodson law)指出,动机的最佳水平随任务性质的不同而不同(Yerkes & Dodson, 1908)。例如,学习比较简单的任务时,动机水平较高时成绩最佳;学习难度中等的任务时,动机水平适中时成绩最佳;而学习比较复杂的任务时,动机水平较低时成绩最佳。与动机相似,情绪也会影响人们的学习过程。例如,焦虑是一种紧张不安的情绪,中等程度的焦虑会引起最佳的学习效果,而焦虑程度过高或过低则会降低学习效果。本章首先介绍情绪如何影响人们的学习,以及情绪影响学习的神经机制;然后介绍情感化学习如何影响人们对中性刺激的情绪反应,以及情感化学习对认知的影响及其应用;最后介绍情绪在学生学习与学业成就中的作用。

第一节 情绪对学习的影响

近年来,在心理学研究中,研究者主要探讨了正性情绪(如高兴)和负性情绪(如悲伤)对学习的影响。但由于不同学习类型涉及的认知策略和加工过程不同,正性和负性情绪对不同学习类型的影响大相径庭(Kensinger, 2007; Rowe, Hirsh, & Anderson, 2007)。本节将分别探讨情绪对外显学习和内隐学习的影响,并介绍情绪影响学习的脑机制研究。

1 情绪对外显学习的影响

外显学习是有意识、有目的、需要付出努力的学习。学生在课堂教学中的大部分学习都是外显学习。在以班级为基础的课堂教学研究中,研究者一般通过设计不同的学习环境来诱发不同的情绪,以探讨正负性情绪与教学方式和学业成绩的关系。

例如,研究者通过 25 个陈述句构成的心境诱发程序来诱发正性和中性情绪,并通过不同颜色和形状的结合来设置正性和中性的学习材料(Um et al.,2012)。结果发现,诱发的正性情绪会增加学习者的心理努力水平,提高迁移成绩但不会提高理解成绩,并且该效应会受动机和心理努力的调节;而借助学习材料的情感化设计诱发的正性情绪则会同时提高迁移和理解成绩,降低知觉任务的学习难度,并且该效应不受其他因素的调节。

为了进一步验证情感化设计的作用,研究者用不同颜色和形状的结合来设置正性和中性的学习材料(Plass et al.,2014)。结果发现,在学习材料中单独呈现圆形似脸的形状,或者这一形状以暖色调呈现都可以诱发被试的正性情绪,但是单独呈现暖色调则不会诱发被试的正性情绪;并且,在学习材料上单独呈现颜色或形状以及二者结合呈现都会促进对所学内容的理解,但是只有所呈现的似脸的形状为中性色调时,才会提高对所学知识的迁移,这说明人们对所学习内容的理解和迁移可能依赖于不同的知识基础。此外,一项元分析研究也发现,相比于中性情绪,正性情绪可以提高多媒体学习中的学习和迁移成绩,并且使得心理努力和学习满意度更高(周丽 等,2019)。

由于强烈的负性情绪如焦虑、考试恐惧或者抑郁会对学习产生有害的影响,因此,在课堂教学的研究中都会尽量避免设置负性情绪条件。然而,在实际生活中,学生会在各种各样的情绪和心境下学习知识和获得技能,因此,研究者也考察了负性情绪在学习中的作用(Brand, Reimer, & Opwis, 2007)。他们首先要求被试回忆高兴或者悲伤的生活事件并在 15 分钟的时间里写出来,以诱发被试的正性或者负性情绪,然后要求被试完成河内塔等任务。结果发现,负性情绪组被试的迁移效应低于正性情绪组,说明正性情绪有助于人们学习河内塔等创造性问题的解决。

然而,遗憾的是,上述课堂教学研究结果尚不能清晰地说明正性情绪是如何促进学习的(Leutner, 2014)。为了探讨情绪影响外显学习的认知机制,研究者采用相对简单的材料在实验室情境下进行了大量研究。结果表明,不仅情绪刺激会引起比中性刺激更好的记忆成绩,而且诱发情绪也可以提升记忆效果。例如,人们对高唤醒度的负性刺激的记忆要显著好于中性刺激,并且即使在唤醒度很低时,人们对正性或者负性刺激的记忆也好于中性刺激(Kang et al.,2014)。此外,人们对学习材料的记忆还受他们在记忆材料时的心境的影响(Blaney, 1986)。本书第 7 章已详细介绍情绪如何影响记忆,下面只重点介绍情绪如何影响学习中的认知灵活性。

为了探讨情绪对学习过程中认知灵活性的影响,研究者考察了情绪在创造性问题解决中的作用。例如,在"蜡烛"问题中,给予被试一支蜡烛、一盒大头钉和一包火柴,要求将蜡烛固定在墙上,从而让它燃烧时不至于把蜡烛油滴到桌子上或者地板上。研究发现,正性情绪组被试的完成情况显著好于控制组,说明正性情绪有助于打破思维的定势,提高认知加工的灵活性(Ashby, Isen, & Turken, 1999)。再如,在远距离联想任务中,给予被试三个词或字(如毯、眉、发),要求被试想出一个与这三个字词都相关的字或词(如毛)。研究发现,正性情绪可以提高远距离联想的准确性,有助于提高创造性问题的解决(Ashby, Isen, & Turken, 1999)。这些研究发现与"情绪即信息"理论相一致,说明在正性情绪下人们会更倾向于对内容关系的加工(Clore, Gaspe, & Garvin, 2001; Gaspe & Clore, 2002; Shang, Fu, Dienes, & Fu, 2013)。

此外,研究者采用音乐和视频材料来诱发被试正性、中性和负性的情绪状态,然后让不同情绪状态的被试分别学习基于规则的和需要信息整合的类别材料(Nadler, Rabi, & Minda, 2010)。结果发现,在基于规则的外显类别学习中,正性情绪组的学习成绩显著好于中性和负性情绪组;但是,在需要信息整合的内隐类别学习中,不同情绪组被试的学习成绩差异不显著(见图10.1-1)。并且,对第一个组段中每个被试的反应策略的分析发现,在基于规则的外显类别学习中,正性情绪组比中性和负性情绪组会更多地使用单一维度规则的策略;而在需要信息整合的内隐类别学习中,正性情绪组也会比中性和负性情绪组更多地使用信息整合的策略。说明,在基于规则和需要信息整合的类别学习中,正性情绪组的被试会比中性和负性情绪组的被试更多地采用最佳的学习策略,表现出更大的认知灵活性,并且情绪状态对内隐学习和外显学习可能具有不同的作用。

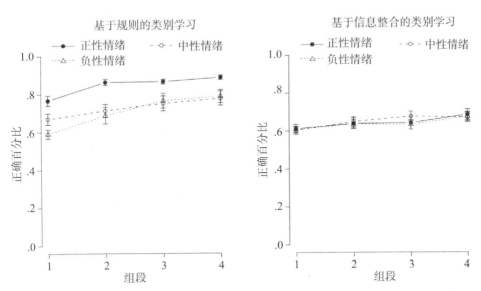

图10.1-1 三种心境条件下人们在不同组段的反应正确率。左图是对基于规则(rule-based, RB)的类别刺激的反应正确率,右图是对信息整合(information integration, II)的类别刺激的反应正确率,误差线是标准误。
来源:改编自 Nadler, Rabi, & Minda, 2010.

2 情绪对内隐学习的影响

内隐学习即无意识学习,指有机体在与环境接触的过程中不知不觉获得了一些经验并因之改变其事后某些行为的学习(郭秀艳,2004)。我们对母语的学习以及日常事物的分类等大多通过内隐学习完成。在内隐学习的实验室研究中,研究者多采用序列学习、人工语法学习等范式。在序列学习中,通常一个刺激会出现在四个不同的位置上,被试需要根据刺激出现的位置进行反应,被试不知道的是刺激出现的位置顺序是有规律的。当改变刺激出现的位置序列时,通常发现被试反应变慢而且错误增多,说明被试学到了有关刺激出现的序列知识;但外显测验结果却表明,被试并不知道自己获得了知识,说明其获得的知识是无意识的(张卫,2000;Fu, Bin, Dienes, Fu, & Gao, 2013)。为了探讨情绪状态对内隐学习的影响,研究者比较了抑郁症患者与正常被试的内隐序列学习成绩(Naismith, Hickie, Ward, Scott, & Little, 2006)。结果发现,抑郁症患者的内隐序列学习成绩明显低于正常被试的学习成绩,并且这一成绩与自我报告的情绪障碍和焦虑特质的得分显著相关,说明负性情绪可能降低内隐序列学习的成绩。然而,采用情绪图片来诱发被试的正性和负性情绪状态的研究却发现,情绪状态对内隐序列学习成绩的影响不显著,并且,负性情绪不是降低而是提高人工语法学习的成绩(Pretz, Totz, & Kaufman, 2010)。

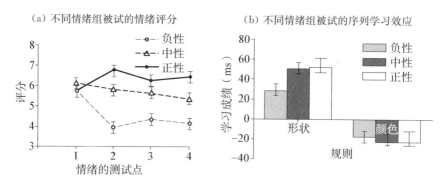

图 10.1-2 不同情绪组被试的情绪评分和序列学习效应。(a)不同情绪组被试的情绪评分,(b)不同情绪组被试的序列学习效应。
来源:改编自 Shang et al., 2013.

在人工语法学习中,通常在学习阶段呈现一系列的字符串,要求被试去记忆这些字符串,被试不知道的是字符串是按照一定的语法规则生成的。当在测验阶段要求被试判断所呈现的字符串是否遵循了学习阶段的语法规则时,被试的分类成绩一般会显著高于随机水平,说明被试无意识地学到了生成字符串的语法规则(Wan, Dienes, &

Fu,2008)。由于在人工语法学习中,人们通常学到的是一个刺激后面跟随哪个刺激的较为简单的序列关系;而在内隐序列学习中人们学的是两个刺激后面跟随哪个刺激的更为复杂的序列关系。因此,情绪状态对内隐序列学习的影响可能取决于学习材料中序列关系的复杂性。

为了验证这一假设,研究者采用音乐等来诱发被试正性、中性和负性的情绪状态,并且设置了包含一阶序列(根据前面一个刺激来预测后面出现的刺激)和二阶序列(根据前面两个刺激才可以预测后面出现的刺激)的学习材料(Shang et al.,2013)。结果发现,负性情绪会降低被试对复杂二阶序列的内隐学习成绩,但不会影响被试对简单的一阶序列的内隐学习成绩,说明情绪状态对内隐序列学习的影响受到学习材料复杂性的调节。这一结果与以往有关遗忘症患者的研究相一致,支持"情绪即信息"理论假设,说明负性情绪会降低人们对复杂序列关系的加工。

3 情绪影响学习的脑机制

在20世纪50年代,研究者曾认为,认知过程受大脑皮层调节,而情绪加工则受边缘系统调节(LeDoux,2000)。但是研究者很快发现,边缘系统的一个主要结构海马损伤会导致非常严重的长时记忆受损等学习障碍,说明这种观点是错误的。之后,研究者主要探讨了恐惧条件反射学习的脑机制。在巴甫洛夫经典条件反射的研究中,条件刺激(conditional stimulus,CS)经过多次与无条件刺激(unconditional stimulus,US)配对出现,会获得无条件刺激的情绪特征。例如,当让一只老鼠听到一个声音(CS)后接着受到一次电击(US),在声音和电击配对出现几次后,老鼠只听到声音时也会出现自卫反应。

有关动物尤其是啮齿类动物的研究表明,杏仁核在恐惧学习中具有重要作用。到20世纪90年代,有关人类被试的研究也进一步证实,杏仁核是支持恐惧学习的重要脑区。例如,杏仁核受损的病人对面孔或者声音刺激中情绪的分辨力受损,并且恐惧学习的成绩降低;脑功能成像的研究也表明,不仅生气或者恐惧的面孔比高兴的面孔引起更强的杏仁核激活,恐惧学习也会引起杏仁核活动的提高(LeDoux,2000;Janak & Tye,2015)。杏仁核接收每个感觉通道感觉区的信号,并且有通向负责知觉、注意和记忆功能的脑区的投射,可以确定感觉刺激是否存在危险。当杏仁核由丘脑或者皮层感知到的事件激活时,它可以调节它所投射到的脑区的活动,控制来自大脑的信息类别;此外,杏仁核还可以通过与不同"唤醒"网络的联接来间接地影响大脑皮层的感觉加工。因此,传统观点认为,皮层下通路会迅速将刺激特征的粗糙信息传到杏仁核,再进入主要感觉皮层,参与情绪加工的时间较早;而皮层通路则会将精细加工的皮层信息传达到杏仁核,但会有一个时间上的延迟,参与情绪加工的时间较晚。另有研究发现,对于人类而言,杏仁核受损会干扰内隐情绪记忆但不会影响外显情绪记忆,而内侧颞叶的受损会破坏外显情绪记忆但不影响内隐情绪记忆(LeDoux,2000)。

近年来,随着脑成像技术的发展,研究者对情绪影响学习中认知加工的神经机制有了更深入的了解。例如,采用 fMRI 等具有较高空间分辨率的脑成像技术的研究表明,具有强烈情绪色彩的视觉、听觉和嗅觉刺激,会增强由通道特异的感受区、皮层下区域(特别是杏仁核)和前额叶组成的分布式网络的神经活动;而采用 ERP 等具有较高时间分辨率的脑成像技术的研究表明,情绪刺激会影响不同阶段的波形,包括时间窗为 120—300 毫秒之间的早期 ERP 成分以及大于 300 毫秒的晚期 ERP 成分(Steignberg, Brökelmann, Rehbein, Dobel, & Junghöer, 2013)。实际上,大脑皮层对刺激的分析很快,如在不到 50 毫秒的时间内大脑皮层就可以对感觉区输入的视觉刺激进行一个初步的粗糙分析。更重要的是,前额叶在对刺激的快速加工中起十分重要的作用。例如,来自人类被试颅内脑电记录的研究表明,前额叶在视觉刺激出现后的 30—60 毫秒和听觉刺激出现后的 45—60 毫秒就有反应(Steignberg et al., 2013)。

有研究者指出,尽管经过上丘和丘脑枕到达杏仁核的皮层下通路通常被认为是对视觉情绪刺激的快速的无意识的加工通路,但是一些解剖学和心理学的实验结果表明这一观点是有问题的(Pessoa & Adolphs, 2010)。他们认为,杏仁核在评估视觉情绪刺激的生理意义时,主要是通过与大脑皮层网络的协同来完成的;并且,是多条视觉通路而非仅仅上丘—丘脑枕—杏仁核来对情绪视觉信息进行快速、粗糙加工,这些通路可能包括杏仁核、框额皮层、前脑岛、前扣带回等多个脑区。

尽管研究者对情绪刺激加工的神经机制进行了较为深入的研究,但是,有关情绪状态影响认知加工的相关理论和实证研究还比较欠缺。阿什比等(Ashby et al., 1999)首次提出,脑内多巴胺水平的增加可能调节正性情绪对认知加工的影响,情绪状态对学习的影响可能与奖赏对学习的影响具有相同的神经机制。他们认为,正性情绪与脑内多巴胺水平的提高有关,正性情绪有助于提高创造性问题的解决,就是由于前扣带回中多巴胺释放的增加提高了认知的灵活性,从而促进了认知观点的选择。然而,值得指出的是,尽管研究者认为多巴胺与情绪加工有关,但是这无法排除思维和计划等认知加工在其中的作用。

小结

通过情绪诱发和情感化设计等诱发的正性情绪都会提高认知灵活性,从而促进外显习得知识的的迁移,并有助于创造性地解决问题,相反,负性情绪则不利于学习的迁移和创造性问题的解决。不过,情绪对内隐学习和外显学习的作用还略有不同。正性情绪会提高基于规则的外显类别学习成绩,但不影响基于信息整合的内隐类别学习成绩;而负性情绪会提高对简单学习材料的内隐学习成绩,但降低对复杂学习材料的内隐学习成绩。杏仁核是情绪加工的一个重要脑区,在情绪对学习的影响中起重要作用;前额叶和内侧颞叶如海马等脑区会参与其中,形成一个分布式的脑网络;脑内多巴胺等神经递质的释放也会直接影响情绪在学习中的作用。

复习思考题

1. 简述情绪会如何影响外显学习和内隐学习。
2. 试结合相关研究说明情绪影响学习的脑机制。

第二节 情感化学习

1 情感化学习的定义

日常生活中的一切事物都具有情感属性。一些情绪反应是与生俱来的。人类经过漫长的进化,能够迅速分辨某些事物(例如蛇)是"愉快的"还是"不愉快的"(Öhman & Mineka, 2001)。与花朵等中性图片相比,三岁的婴儿能够在九宫格之中较快地找出蛇或蜘蛛的图片(LoBue, Rakison, & DeLoache, 2010)。虽然婴儿从未接触过蛇和蜘蛛,但是,他们还是能够分辨威胁性刺激和中性刺激。

除了天生的情绪反应,人类还可以将环境中配对出现的事件迅速联系在一起,使一个先前不能诱发情绪反应的刺激获得诱发情绪的能力。当一个中性刺激(即条件刺激,CS)与一个会引发情感反应(例如,导致个体情感状态改变)的刺激(即无条件刺激,US)多次配对呈现之后,这个中性刺激就具备了引起情感反应的能力。如果一个中性线条图(CS)与电击(US)配对呈现一定次数后,当中性线条图单独呈现时,也可以诱发恐惧情绪。通过学习,原本中性的刺激获得了情感效价,可以和无条件刺激一样影响人类的行为,这个过程就是情感化学习(Bliss-Moreau, Barrett, & Wright, 2008)。在情感化学习过程中,条件刺激大多是中性的,而无条件刺激是情绪性刺激,也有少数研究使用的条件刺激也是情绪性的,如表情(Morris, Friston, & Dolan, 1997; Morris, Öhman & Dolan, 1998)。情感化学习属于经典条件反射的范畴(刘爱萍,李琦,罗劲,2012),以往研究对这一学习过程的命名并不统一(De Houwer, Baeyens, & Field, 2005),包括评价性条件反射(刘爱萍 等,2012;赵显,李晔,刘力,曾红玲,郑健,2012;Gast, Gawronski, & De Houwer, 2012),厌恶性学习或恐惧条件反射(吴润果,罗跃嘉,2008;Morris, Friston, & Dolan, 1997; Pessoa, 2010; Sehlmeyer et al.，2009)，评价性学习(De Houwer et al.，2005；Lipp & Purkis，2006)，社会条件反射(Davis, Johnstone, Mazzulla, Oler, & Whalen, 2009)，以及情感化学习(Blessing, Keil, Gruss, Zöllig, Dammann, & Martin, 2012；Lim, Padmala, & Pessoa, 2008；Lipp & Purkis, 2005)等。

  原本中性的 CS 经过情感化学习，获得了 US 的情绪效价后，CS 在其他认知过程中也具有类似情绪刺激的效应。一项听觉研究中，情感化学习阶段，被试先听到一些朗读积极、消极或中性词的男性嗓音；然后，完成一个序列评价启动任务，先听到一个由学习阶段发音人朗读的中性词(启动刺激)，再判断后面的目标词的情绪效价。结果发现了反向启动效应：与情感化学习阶段的发音人朗读的单词和启动任务的目标词情绪效价一致时相比，当情感化学习阶段的发音人朗读的单词效价与启动任务中的目标词效价相反时，即使启动刺激是同一个发音人朗读的中性词，被试对目标词的判断反应时也显著缩短。而且，被试对情感化学习阶段朗读不同情绪词的嗓音的评价全部为中性，表明反向启动效应不是基于被试的策略和外显的反应，而是由于发音人的声学特征经过学习获得了情感效价。虽然被试认为这些嗓音是中性的，但对目标词效价判断还是受到了朗读启动词的嗓音声学特征(而不是启动词语义本身效价)的影响(Bliss-Moreau, Owren, & Barrett, 2010)。

  情感化学习在生活中应用广泛。如果你知道一个装果汁的瓶子被错误地标记成了农药，你还愿意喝这瓶中的果汁吗？也许你会说"不"。因为这饮料的标签，诱发了恶心的情绪反应。饮料虽然没问题，但和这些表面特征配对在一起，也具有了诱发恶心反应的能力。商家也常用情感化学习来推销产品，例如请性感的明星(US)来为产品(CS)做广告。

2 情感化学习的分类

  按照条件刺激与无条件刺激的呈现顺序，情感化学习范式可以分为以下三种：第一种是前行条件反射程序(forward conditioning procedure；De Houwer, Thomas, & Baeyens, 2001)，即条件刺激先于无条件刺激呈现。第二种是后行条件反射程序(backward conditioning procedure；De Houwer et al.，2001)，即无条件刺激先于条件刺激呈现。前行条件反射和后行条件反射研究使用的大多是能引发强烈情感或生理反应的无条件刺激，如电击(Lim et al.，2008；Padmala & Pessoa, 2008)或情绪图片(赵显 等，2012；Gast & De Houwer, 2012)。第三种是最小情感化学习(minimal affective learning)(Bliss-Moreau et al.，2008；Todorov & Olson, 2008；Verosky & Todorov, 2010, 2013)，其非条件刺激通常是通过外显知识(如描述行为的句子)来形成情绪反应，条件刺激与无条件刺激经常是同时呈现的。

按照无条件刺激的情绪强度,情感化学习范式可以分为两类:一类是通过强烈的情绪刺激或真实的情绪经历来形成情绪反应,比较有代表性的是恐惧条件反射、评价性条件反射;另一类是通过外显知识(如指导语)来形成情绪反应,如指导性恐惧和最小情感化学习。

2.1 恐惧条件反射

恐惧条件反射是一个中性刺激通过与一个令人厌恶的刺激(如电击)配对出现,让这个中性刺激变得令人厌恶(Gazzaniga, Ivry, & Mangun, 2009/2011)。经过恐惧条件反射,CS 具有对厌恶刺激的预测性(Walther, Nagengast, & Trasselli, 2005),提示存在潜在威胁。恐惧条件反射是探测威胁性刺激的重要方式,是开启自我保护机制的关键,对物种的生存非常重要(Sehlmeyer et al., 2009)。检测恐惧条件反射效应主要通过测量自主神经系统的唤醒或潜在惊吓(如心率改变和皮电反应)来实现。不需要主观报告来测量条件反射效应,因此实验对象分布广泛,可以是果蝇等模式动物,也可以是人类(参见 Gazzaniga, Ivry, & Mangun, 2009/2011)。目前有关情感化学习的神经和分子生物学机制的研究主要使用这一方法。

已形成恐惧条件反射的条件刺激在嗅觉和视觉上会得到不同的加工。一项研究将物理性质完全相同(同分异构体)的两种气体中的一种与电击配对呈现后,被试在后面的任务中就可以分辨两种气体。该研究使用 fMRI 发现,某一种气体形成恐惧条件反射后,两种气体在初级嗅觉皮层诱发的神经活动差异显著(Li, Howard, Parrish, & Gottfried, 2008)。另外一项研究把一个低对比度的光栅[①]和电击配对,在随后任务中,被试会更快而准确地探测到和电击配对呈现过的光栅,视觉皮层中的 V1 区对光栅的反应也明显增强(Padmala & Pessoa, 2008)。有研究也发现,恐惧条件反射可以提高人们对恐惧表情的识别能力。该实验使用恐惧和中性两种表情,每种表情被处理成浅红色和浅蓝色两种。在学习阶段,只有某种颜色的恐惧面孔会和电击配对呈现。之后,请被试快速判断面孔是恐惧的还是中性的。在表情识别任务中,恐惧图片的表情强度从 0 到 100% 递增。结果发现,被试更多地把与电击匹配过的那种颜色的面孔判断为恐惧(仅限于恐惧表情强度是 40%—60% 的面孔)(Lim & Pessoa, 2008)。

以上研究的条件刺激都是与反应任务有关的。后续研究发现,即使条件刺激与反应任务无关,也可以影响视觉加工。在一项研究中,实验材料是嵌在黑色或白色圆圈中的恐惧或中性面孔,但只有嵌在黑色圆圈中的恐惧面孔(CS+)在学习阶段与电击配对呈现。接下来的任务是请被试数出屏幕上快速呈现的一系列字母中"X"的个数。

[①] 光栅(gabor grating):是由高斯函数生成的一组黑白线条间隔排列的图像,可设置不同的线条朝向,以及黑白线条的对比度。

在每个试次开始后的 300 到 1 000 ms 之间,插入两张与任务无关的面孔。结果发现,视觉皮层的 V1 和 V4 区对 CS+的反应增强(Damaraju, Huang, Barrett, & Pessoa, 2009)。另外一项研究在学习阶段给被试呈现恐惧和中性面孔,恐惧面孔与电击配对呈现;之后要求被试忽略背景图片(恐惧或中性面孔)完成字母探测任务,任务难度分为高、低两种。结果显示,与电击配对过的面孔在杏仁核和梭状回诱发了较强的活动。但是该效应只在低难度的条件下存在。这说明,只有在大脑认知资源足够加工情感刺激的时候,恐惧条件反射才能影响视觉加工(Lim et al., 2008)。

恐惧条件反射也会导致一种精神疾病——创伤后应激障碍(posttraumatic stress disorder, PTSD)。PTSD 是指个体由于经历对生命具有威胁的事件或严重的创伤,导致系列精神症状长期持续的精神障碍(安献丽,郑希耕,2008)。地震等大灾难的经历者、救援者通常是 PTSD 的易感人群(陈文锋,禤宇明,刘烨,傅小兰,付秋芳,2009)。PTSD 的典型动物模型是恐惧条件反射。例如,先对动物进行电击刺激(US)与声音刺激(CS)的配对训练,之后将动物重新置于训练过的环境下或者条件线索下,动物会表现出对该整体训练环境和具体条件线索的恐惧(安献丽,王文忠,郑希耕,2009)。因此,对恐惧条件反射的研究有助于探索如何消除中性刺激与恐惧刺激间的条件联结,使恐惧条件反射减弱或消退,从而治疗和预防 PTSD。

2.2 评价性条件反射

生活中,人们都乐于和喜欢的人交往,不愿意接触自己不喜欢的人。偏好和态度是心理学研究的热点,评价性条件反射是影响偏好和态度的重要途径(De Houwer, 2007; Walther et al., 2005)。与恐惧条件反射的厌恶性 US 不同,评价性条件反射的 US 既可以是积极的,也可以是消极的(刘爱萍 等,2012; De Houwer, 2007; De Houwer et al., 2001)。恐惧条件反射测量的是行为或者生理指标的变化,但评价性条件反射更加关注评价分数的变化(刘爱萍 等,2012)。而且,评价性条件反射中,CS 对 US 并没有预测意义,只是获得了 US 的情绪效价(Walther et al., 2005)。

以图片—图片范式为例,在实验材料准备阶段,要求被试观看 50 张图片,并把它们分成令人喜欢的,不喜欢的或中性的。然后选出两张被试最喜欢的图片和两张最不喜欢的图片作为 US,再选出 4 张被试认为中性的图片作为 CS,把每个 CS 和 US 匹配,形成四对 CS-US。另外选出 2 张中性图片组成中性—中性配对作为基线条件。在情感化学习阶段,所有配对的图片呈现 20 次。在评价阶段,被试给学习过的 10 张图片评分,从-100(非常不喜欢)到 100(非常喜欢)。结果发现,被试对于令人喜欢的图片配对过的中性图片的评价比较积极,而对于不令人喜欢的图片配对过的中性图片评价比较消极(De Houwer et al., 2001)。评价性条件反射经常被应用在广告中。例如,可口可乐公司曾推出一系列"喝一瓶可乐和一个微笑"("have-a-Coke-and-a-smile")的广告,将可乐品牌名(CS)和很多微笑着、开心的人的照片重复配对呈现,希望这样可以提升消费者对品牌的喜爱度(De Houwer,2007)。

2.3 指导性恐惧

除了恐惧条件反射之外,人们还可以通过间接知识学习到刺激的厌恶属性,而不需要直接体验厌恶刺激,这就是指导性恐惧(instructed fear; Olsson & Phelps,2004)。指导性恐惧的形成依赖于海马来形成记忆(参见 Gazzaniga, Ivry, & Mangun, 2009/2011, p.324)。一项研究中,使用两张愤怒面孔作为CS,学习阶段开始前,给被试呈现其中一张愤怒面孔(CS+)并告诉他们在学习阶段这张面孔会和电击配对出现1—3次。然后给被试看另一张愤怒面孔(CS-),并告诉他们这张面孔不会和电击匹配。虽然实验中并没有真实的电击,但通过指导语使被试形成对CS+的恐惧反应。结果发现,被试对CS+的皮电反应显著大于对CS-的皮电反应。在之后的消退阶段,告知被试这个阶段没有电击。但他们对CS+的皮电反应还是显著高于CS-(Olsson & Phelps, 2004)。进一步研究发现,在指导性恐惧的基础上,如果施加真实的厌恶性刺激,会增强对条件刺激的恐惧反应(Raes, De Houwer, De Schryver, Brass, & Kalisch, 2014)。

2.4 最小情感化学习

与指导性恐惧类似,为了最好地适应环境,人们根据有限的经验就可以决定是否喜欢一件物品,或一个人(Bliss-Moreau et al., 2008)。不需要真实情感体验,情感化学习应该在"最小"(minimal)的学习条件下也可以进行,即最小情感化学习。在情感化学习阶段,请被试观看一些中性面孔(CS)与情绪性句子(US)的配对,要求被试想像这个人做了句子描述的行为,并记住每个面孔—句子配对。行为有积极(如,"在公交车上给孕妇让了座")、消极(如,"偷了盲人的钱")或中性(如,"接了一个电话")三种。在随后的评价阶段,要求被试凭直觉快速判断单独呈现的面孔是积极的、消极的还是中性的。结果显示,与积极句子配对过的面孔被判断为积极的概率显著高于随机水平(0.33),与消极句子配对过的面孔被判断为消极的概率也显著高于随机水平,表明被试在"最小"条件下学到了句子的情感信息;而且,大五人格量表上外倾性评分高的被试会更多地将与积极句子匹配过的中性面孔判断为积极(Bliss-Moreau et al., 2008)。情感化学习效应很稳定。例如,在评价阶段,即使面孔只呈现35 ms而且被掩蔽,人们仍然会认为与消极句子配对过的面孔更不可信;如果要求被试在1 500 ms内做判断,情感化学习效应依然存在(Verosky, Porter, Martinez, & Todorov, 2018)。该研究进一步将面孔呈现时间缩短到27 ms,请被试评价面孔并报告是否熟悉该面孔,结果显示,即使被试表示自己不熟悉面孔,情感化学习效应依然存在,表明即使面孔短暂呈现,人们在评价面孔时也可以相对自动地提取之前学习过的情感信息。近期研究

(Ferrari, Oh, Labbree, & Todorov, 2020)将场景图片和房屋图片作为 CS,情绪句子作为 US,也发现了最小情感化学习效应。

情感化学习和面孔自身特质可以一起影响人们对面孔的印象。一项研究使用情绪性句子作为 US,发现经过对高信任度和低信任度面孔的情感化学习后,人们仍然认为高信任度的面孔比低信任度的面孔更加可爱,更加可信;与积极句子匹配过的低信任度面孔的评分显著高于和消极句子匹配过的低信任度面孔;情绪句子对高信任度的面孔的影响也有一致的趋势(Todorov & Olson, 2008)。日常生活中,我们经常遇到陌生人,如何在新的环境中快速决定哪些人是可以信赖的?如果对方的面孔与某个熟悉的人相似,可能会影响我们对这个陌生人的印象。一项研究用 morphing 技术将新面孔和情感化学习过的面孔进行融合,并操控新异面孔占的比例分别为 65% 和 80%。在预实验中,被试认为这些合成面孔都是新面孔。经过情感化学习,被试需要评价学过的面孔和合成面孔的可信度。实验假定与积极句子配对学习过的面孔为"积极"面孔,与消极句子配对学习过的面孔为"消极"面孔。结果发现,与"积极"面孔相似的合成面孔比与"消极"面孔相似的合成面孔的可信度更高(Verosky & Todorov, 2010),表明最小情感化学习可以泛化到外貌相似的面孔。后续实验也发现对新合成面孔的评分存在情感化学习的泛化效应:类似"消极"面孔的合成面孔的评分低于类似"积极"面孔的合成面孔。而且,在存在认知负荷(记忆任务)的情况下,甚至是指导语要求被试不要根据外貌相似性对合成面孔做评价时,泛化效应仍然存在(Verosky & Todorov, 2013)。这说明基于面孔相似性的情感化学习的泛化是自动发生的。韩尚锋等(2018)进一步发现,面孔的情感化学习的泛化效应影响人们对于学过的面孔相似度为 50% 的陌生面孔的热情、能力和吸引力的评价。以上研究中的 US 都是情绪性句子(如,"偷了盲人的钱"),另一项研究使用信任游戏范式进一步证明了情感化学习的泛化效应。在信任游戏(情感化学习阶段)中,被试看到合作者的面孔,决定是否把 10 美元本金投资给对方,如果投资,对方获得 40 美元,可以全部自己留下,也可以给被试 20 美元作为回报。根据合作者在游戏中的表现,将面孔分为"可信"(回报率高)、"中性"(回报率中等)、"不可信"(回报率低)三类。之后,用 morphing 技术,设置不同比例,将 3 类面孔分别与新异面孔进行融合。然后请被试完成另外一个信任游戏,在 2 名合作者的面孔中选择 1 名作为投资对象。其中 1 张面孔是新异面孔,另一张是合成面孔。结果显示被试更愿意选择容貌与"可信"面孔相似的合作者,而不愿意选择容貌与"不可信"面孔相似的合作者。他们进一步用 fMRI 发现了情感化学习泛化效应的神经基础,合成面孔中"可信"面孔占的比例越大,加工信任和奖赏的背内侧前额叶皮层的活动越强。合成面孔包含"不可信"面孔比例越大,加工厌恶和威胁的杏仁核活动越强(FeldmanHall, Dunsmoor, Tompary, Hunter, Todorov, & Phelps, 2018)。

一些研究探讨了最小情感化学习对双眼竞争中面孔视知觉加工的影响。一项发表在《科学》杂志的研究先让被试学习中性面孔—句子配对,句子分为积极、中性和消极三类。在之后的双眼竞争任务中,被试的左眼和右眼分别看到面孔(包括学习过的,也包括新面孔),或者房子。记录被试分别看到"面孔""房子"或者二者混合的时间。结果发现,与消极句子匹配呈现过的面孔,在双眼竞争任务中占知觉主导的时间(只看到面孔的时间)显著长于其他类型的面孔,表明情感化学习以自上而下的方式影响视觉加工(Anderson, Siegel, Bliss-Moreau, & Barrett, 2011)。换言之,我们对于他人的了解不仅影响到我们对他们的感觉和看法,而且影响我们是否能在第一时间看到他们。另一个研究使用相同范式,用中国面孔和中国被试发现了类似的结果(Mo, Xia, Qin, & Mo, 2016)。近期研究进一步考察了情感化学习效应和面孔吸引力对双眼竞争中面孔知觉的影响。经过对高吸引力和低吸引力面孔的情感化学习后,与消极句子配对过的面孔在双眼竞争中更容易被首先知觉到,并且被抑制的时间更短。而且情感化学习效应不受面孔吸引力的影响(Shang & Yang, 2021)。这表明情感化学习效应不受面孔自身特质的影响。

既然最小情感化学习是依据外显知识来形成,那么情感化学习效应是否依赖外显记忆呢?前文所述最小情感化学习的泛化效应以及对双眼竞争知觉的影响研究中,都在学习阶段后加入了记忆检测,确保被试记住了一定数量的面孔和句子配对,才可以进入测试阶段。这可能存在一个问题,或许人们并不认为面孔本身具有情绪效价,而只是根据面孔来回忆面孔所匹配过的行为,然后再根据行为的情绪效价来评价面孔?有研究发现,情感化学习效应并不依赖外显记忆。例如,海马损伤的病人虽然外显记忆受损,但表现出与正常人类似的最小情感化学习效应(Todorov & Olson, 2008)。而且判断阶段被试需要根据直觉尽可能快速反应,由于限制了反应时间,被试不大可能外显地回忆出面孔曾经匹配过的句子(Bliss-Moreau et al., 2008)。后续研究考察了被试对与中性面孔配对呈现的情绪句子效价的记忆,请被试判断学习阶段与面孔一起呈现的句子内容是高兴的还是悲伤的,发现该记忆成绩处于随机水平,认为情感化学习效应可能不依赖于对句子的记忆(Bridge, Chiao, & Paller, 2010)。另一项研究对比了阿尔兹海默症患者和健康被试的情感化学习效应,为最小情感化学习不依赖于外显记忆提供了更直接的证据。结果显示,经过学习面孔—情绪句子配对之后,阿尔兹海默症患者和健康被试对面孔的评价都发生了与情绪句子效价对应的改变。另外,阿尔兹海默症患者的心率与对面孔的评价分数呈显著相关,但健康被试的心率与面孔评价分数相关不显著。表明阿尔兹海默症患者和健康被试都产生了情感化学习效应。过了190分钟后,呈现学习过的面孔和新异面孔,请被试再认哪些面孔是学过的,并回忆出对应的句子。阿尔兹海默症患者对面孔的再认成绩处于随机水平,而且不记得任何句子。但健康被试可以再认出部分面孔,并回忆出一部分句子(Blessing et al., 2012)。该结果进一步表明阿尔兹海默症患者的情感化学习效应不依赖于外显记忆,但健康被试则会受到外显记忆的影响。因此，为了更精确地分离外显记忆和最小情感化学习效应，未来的研究中可考虑在单独呈现 CS 的任务之前加入 1 到 2 个分心任务，或者在实验结束后加入记忆检测任务。

3　情感化学习的神经机制

情感化学习的神经机制研究主要使用恐惧条件反射范式。元分析发现，参与恐惧条件反射的脑区是杏仁核、脑岛以及前扣带回（Sehlmeyer et al.，2009）。吴润果和罗跃嘉（2008）对恐惧条件反射的神经回路进行总结，认为杏仁核中的外侧核、基底核、附属基底核和中央核是最主要的脑区。以声音的恐惧条件反射为例，作为 CS 的声音信息由听觉丘脑和听觉皮质传送到外侧核；这时作为 US 的电击带来的痛苦感受也由脊髓—丘脑通路到达了外侧核。外侧核负责整合来自大脑多个区域的信息，使恐惧反射的联结得以形成。接着，外侧核将信息投射到中央核。最后信息经过脑干到达身体各部的效应器，引发条件反射（吴润果，罗跃嘉，2008；Gazzaniga，Ivry，& Mangun，2009/2011）。

恐惧条件反射和指导性恐惧都会引起人的恐惧条件反应。一项元分析比较了指导性恐惧和恐惧条件反射激活的脑区，发现在指导性恐惧中，背内侧前额叶皮层的前部被激活；在恐惧条件反射中，背内侧前额叶皮层/背侧前扣带回的后部被激活，表明其与指导性恐惧所激活的脑区有一定重叠（Mechias，Etkin，& Kalisch，2010）。

其他研究探讨了最小情感化学习的神经机制。fMRI 研究发现，在学习阶段，与和中性句子配对学习的人脸相比，腹内侧杏仁核和背内侧杏仁核/无名质对与消极和积极句子配对学习的人脸的反应显著增强，但是腹外侧杏仁核对与消极句子配对的人脸的反应最强，其次是与积极句子配对的人脸，对与中性句子配对的人脸的反应则最弱（Davis et al.，2009）。另外，与那些不和句子配对的面孔相比，背内侧前额叶皮层对与积极句子和消极句子配对的面孔反应更强烈，而且背内侧前额叶皮层的活动程度与情感化学习的绩效相关（Baron，Gobbini，Engell，& Todorov，2011）。另外一项研究考察了海马损伤病人与海马和左侧杏仁核还有颞极都受损的病人，发现海马损伤病人的情感化学习效应与正常被试相同，但是海马和左侧杏仁核还有颞极都受损的病人没有表现出学习效应（Todorov & Olson，2008），表明杏仁核和颞极是参与最小情感化学习的重要脑区。

小结

情感化学习是指中性刺激与会引发情感反应的刺激多次配对呈现之后，原本中性的刺激获得了情感效价,可以和情绪性刺激一样影响人类的行为。情感化学习研究主要使用恐惧条件反射、评价性条件反射、指导性恐惧和最小情感化学习四类实验范式。情感化学习涉及包括杏仁核和背内侧前额叶皮层等多个脑区。

复习思考题
1. 情感化学习研究有哪些常用的实验范式?
2. 简述最小情感化学习与记忆的关系。

第三节 学业情绪

1998 年,美国教育研究协会(American Education Research Association)召开了主题为"情绪在学生学习与成就中的作用"的学术年会,来自世界各地的研究者就学业情绪研究进行了深入探讨。2002 年,美国的《教育心理学家》(*Educational Psychologist*)杂志刊发了一期由 8 篇文章组成的学业情绪(academic emotions)研究专栏。自此,学业情绪研究日益引起学界的关注,并成为教育心理学和情绪心理学的研究热点。2011 年,美国的《当代教育心理学》(*Contemporary Educational Psychology*)杂志刊登"学生的情绪和学习参与"专栏,标志着学业情绪的研究已经进入全新阶段。

1 学业情绪的内涵

佩克伦等(Pekrun et al., 2002)最早提出学业情绪的概念。他们将学业情绪定义为与学业学习、课堂教学和学业成就直接相关的各种情绪,特别是与成功或失败相关的那些情绪。俞国良和董妍(2005)认为,学业情绪是指在教学或学习过程中,与学生学业相关的各种情绪体验,包括高兴、厌倦、失望、焦虑、气愤等。还有研究者提出,学业情绪是学生在学习情境中产生的与学业相关的各种情绪体验(桑青松,卢家楣,2012)。概而言之,学业情绪指的是影响学生学习过程和学业成就的各类情绪。

在学业情绪的结构上,目前大多研究者赞同佩克伦等(Pekrun et al., 2002)的观点,根据唤醒度和愉悦度把学业情绪划分为四种类型:积极高唤醒度情绪(positive high arousal emotions),包括高兴、希望和自豪;积极低唤醒度情绪(positive low arousal emotions),即放松;消极高唤醒度情绪(negative high arousal emotions),包括气愤、焦虑和内疚;消极低唤醒度情绪(negative low arousal emotions),包括无助和无聊(董妍,俞国良,2007)。

一般认为,学业情绪具有三个特征:①多样性:学生会体验到各种不同的情绪经验,既包括对认知加工过程监控和调节的情感,也包括直接促进或者延迟学生学习行为的情绪;②情境性:学业情绪会受到学习任务及其要求的影响,不同学生在不同学习情境下会产生不同的学业情绪;③动态性:在学习过程中,学业情绪会随着学习任务和学习情境的变化而改变(Efklides,2005)。

2 学业情绪的测量

目前主要采用问卷法来测量学业情绪。佩克伦等(Pekrun et al.,2011)编制了学业情绪问卷(the achievement emotions questionnaire,AEQ)。该问卷既可以测量一般学业情绪(特质学业情绪),又可以测量某个具体课程的学业情绪,还可以测定某个特定时间的学业情绪(状态学业情绪)。问卷共有232个项目,分为课堂相关情绪量表(测查8种情绪,80个项目)、学习相关情绪量表(测查8种情绪,75个项目)和考试相关情绪量表(测查8种情绪,77个项目)三部分,共计有24个分量表。AEQ的三个部分可以分开使用,也可以同时使用。量表采用5点计分。赵淑媛和蔡太生(2012)对AEQ进行了中文版修订。结果表明,AEQ中文版具有较高的信度和良好的结构效度。利希滕费尔德等(Lichtenfeld et al.,2012)研制出了质量较高的学业情绪问卷(小学版)(the achievement emotions questionnaire-elementary school,AEQ-ES)。

我国研究者开发的相关问卷主要有:(1)青少年学业情绪问卷(董妍,俞国良,2007)。该问卷共72个项目,包括四个分问卷:积极高唤醒分问卷(测查自豪、高兴和希望3种情绪,共16个项目)、积极低唤醒分问卷(测查满足、平静和放松3种情绪,共14个项目)、消极高唤醒分问卷(测查焦虑、羞愧和生气3种情绪,共17个项目)和消极低唤醒分问卷(测查厌倦、无助、沮丧和心烦4种情绪,共25个项目)。问卷采用5点计分。(2)大学生一般学业情绪问卷(马慧霞,2008)。该问卷由羞愧、焦虑、气愤、兴趣、愉快、希望、失望、厌烦、自豪和放松等10个分测验组成。所测10种情绪又分属于消极高唤醒(羞愧、焦虑和气愤)、积极高唤醒(兴趣、愉快和希望)、消极低唤醒(失望和厌烦)、积极低唤醒(自豪和放松)四个维度。

在未来的研究中,可综合利用观察法、问卷法、实验法和神经心理学方法,来分析教师和学生在课堂中不断变化发展的情绪,并对学业情绪过程所包含的认知和情感成分进行实时测量(徐先彩,龚少英,2009)。

3 学业情绪的影响因素

学业情绪会受到多种因素的影响,这些因素可以分为个体层面和环境层面两大类。

3.1 个体因素

影响学业情绪的个体因素主要包括性别等人口学变量和认知能力等心理特征。

性别。研究发现，初中男生的积极学业情绪多于女生，女生的消极学业情绪多于男生(陈京军 等，2014；董妍，俞国良，2007；Hankin & Abramson，1999)。学业情绪的性别差异与学科有关：在数学学习中，男生有较多的积极情绪，女生有较多的消极情绪(熊俊梅 等，2011)；而在语文和英语学习中，男生有较多的消极情绪，女生有较多的积极情绪(徐速，2011)。

年级。总体而言，积极情绪随年级的升高而下降，消极情绪随年级的升高而上升(陈京军 等，2014；董妍，俞国良，2007；徐速，2011)；而初中二年级是语文学困生学业情绪变化的转折点(薛辉，程思傲，2013)。

生源地。农村大学生在积极学业情绪上的得分显著高于城市大学生，在消极学业情绪上的得分显著低于城市大学生(赵淑媛 等，2012)。

认知能力与学业成绩。高逻辑推理水平学生报告最多的学业情绪是高兴，中等逻辑推理水平学生报告最多的学业情绪是厌倦，而低逻辑推理水平学生报告了更多的焦虑和愤怒(Goetz et al.，2007)。学习不良(俞国良，董妍，2006)和阅读困难或数学困难(Sainio et al.，2021)的青少年的积极学业情绪显著低于一般青少年，而消极学业情绪显著高于一般青少年。

成就目标。丹尼尔斯等(Daniels et al.，2008)的一项纵向研究显示，那些追求高掌握目标和同时追求高掌握—高成就目标的学生体验到了更多的高兴，报告了较少的厌倦；而追求高成就目标的学生比高掌握目标的学生体验到更多的焦虑，但与追求高掌握—高成就目标的学生并无显著差异。佩克伦、埃利奥特和梅尔(Pekrun，Elliot，& Maier，2009)发现，掌握目标可负向预测无聊、愤怒、无助；成就—接近目标可正向预测希望、自豪；成就—回避目标可正向预测愤怒、焦虑、无助，负向预测希望、自豪。其他研究表明，如果学生把成绩看作判断任务和个人能力的基础，那么掌握目标就能预测自豪和希望等学业情绪(Putwain et al.，2013)。

归因方式。对学业成功的内部归因能够正向预测积极学业情绪(Weiner，1985)，而不良的归因方式与学生的考试焦虑和失望情绪呈显著正相关(Abela & Seligman，2000)。

学业控制感。高学业控制的学生报告了更少的厌倦和焦虑情绪，而且更加自信(Perry et al.，2001)。佩克伦等(Pekrun et al.，2002)提出了学业情绪的控制—价值评估理论，认为学业情绪的主要来源是控制评估和价值评估。前者是学生对自己能否完成学习任务、掌握学习材料的评估，其相关因素包括自我效能感、归因方式、成就预期;后者则是学生对学习任务重要性和有用性的评估,由过程评估和结果评估两部分组成。例如,只有当学生对学习任务很有兴趣、认为自己有能力达到学习目标,并且认为所学的东西是很有价值的时候,才会产生高兴这种积极高唤醒的情绪。佩克伦(Pekrun,2006)进一步指出,影响学业情绪的学业控制感主要有两类:(1)环境控制感,指环境—结果期望(situation-outcome expectancies),是不需任何自身的努力而环境自动会产生积极结果,或者是没有采取相应的措施则产生消极结果,它意味着对结果外部控制的评价;(2)行为控制感,包括行为—控制期望(action-control expectancies)和行为—结果期望(action-outcome expectancies),前者是指某一行为会被接受和执行的期望(只是简单地对能否产生这一行为的评价),后者是指对一个人的行为所产生结果的期望,如产生积极结果或者阻止、消除某些消极结果。

自我概念。学业自我概念与学业情绪相关显著(陈京军 等,2014;Goetz et al.,2008)。女生在数学学习中的消极情绪可能与低数学自我概念有关(熊俊梅 等,2011)。

3.2 环境因素

教师教学等学校因素、同伴和家庭环境等对儿童青少年的学业情绪具有一定影响。

教师教学。学生的课堂情绪感受及其对教师的情绪感受取决于教师授课的"生动活泼性"(乔建中 等,1994)。阿索尔等(Assor et al.,2005)的研究表明,教师对学生失败的惩罚、不允许学生有独立的观点等消极教学行为可以引发学生的愤怒和焦虑情绪。弗伦泽尔、佩克伦和戈茨(Frenzel, Pekrun, & Goetz, 2007)的研究显示,学生知觉到的课堂教学质量和对课程的整体评价与高兴呈显著正相关,与焦虑、愤怒及厌倦呈显著负相关;学生知觉到的教师惩罚和教师对失败的消极评价可以正向预测学生的焦虑和愤怒。

学科内容。研究发现(徐速,2011),六年级与八年级学生表现出对数学等理科科目的更多喜爱和较少厌倦;六年级对语文的焦虑程度最高,八年级对语文的焦虑程度最低。

教育干预。"班级辅导+教师与家长辅导"的系统心理干预方法可以增加初二学生的积极学业情绪,减少消极学业情绪,并且干预后间隔一个月有延续效应(马惠霞 等,2009)。归因训练改进了高一学生的归因方式,使他们体验到更多的积极学业情绪(马慧霞,张寒,2013)。活动教学法能够有效降低大学生的消极学业情绪,增强大学生的积极学业情绪(马惠霞 等,2010)。

同伴。一方面,愉快和平静等积极学业情绪与积极的同伴交往有关,而疲倦等消极学业情绪与社会惰化有关、与积极的同伴交往呈显著负相关(Linnenbrink-Garcia et al.,2011)。另一方面,与学习不良青少年相比,普通青少年的积极低唤醒学业情绪受课堂因素和人际因素的影响更大(董妍 等,2013)。

家庭。父母期望与子女的愉快和自豪呈显著正相关,与子女的焦虑和愤怒呈显著负相关(Frenzel et al.,2007)。家庭支持与积极情绪存在显著正相关(徐速,2011)。

实际上,各个体之间、各环境因素之间以及个体因素与环境因素之间存在着相互联系与相互影响,需要更多的研究来深入探究这些因素对学生学业情绪的复杂影响。

4 学业情绪对学生学习的影响

4.1 学业情绪对学习动机的影响

研究发现,学业情绪更可能预测掌握目标,而与成就目标无关,特别是消极情绪能够负向预测掌握趋近目标(Linnenbrink & Pintrich,2002)。积极高唤醒情绪、积极低唤醒情绪与学业自我效能存在显著正相关,消极低唤醒情绪与学业自我效能存在显著负相关;自豪、兴趣和放松对学业自我效能均有显著正向预测作用,其中自豪的预测力最强(李洁,宋尚桂,2011)。当然,学业情绪对自我效能的影响可能比较复杂。特纳等(Turner et al.,2002)发现,羞愧能使一部分学生对学习更加丧失信心,降低对自己的期望和自我效能;而能使另外一部分学生增加动机,并获得更高的学业成就。此外,学业情绪还可以作为先前学业成就与学习动机之间的中介变量,而对学习动机产生影响(张春梅 等,2017)。

4.2 学业情绪对学习策略的影响

积极情绪有助于个体灵活使用学习策略,而消极情绪则更容易使人采用僵化的学习策略(Pekrun et al.,2002)。高兴、自豪与认知策略、元认知策略成显著正相关,而生气、焦虑、无助、厌倦与认知策略、元认知策略成显著负相关(熊俊梅 等,2011)。同样,学业情绪在先前学业成就与学习策略之间具有中介效应(张春梅 等,2017)。

4.3 学业情绪对学业成就的影响

虽然有研究者认为学业情绪尤其是消极情绪与学业成就的关系不明确(Lane et al.,2005),但是更多的研究发现学业情绪与学业成就存在显著关联,即积极学业情绪与学业成就呈正相关,消极学业情绪与学业成就呈负相关(陆桂芝,庞丽华,2008;赵淑媛 等,2012;Camacho-Morles et al.,2021;Pekrun et al.,2011)。此外,有研究显示,积极学业情绪和消极学业情绪均能显著预测学业拖延(常若松 等,2013)。

学业情绪对学业成就的影响既可以是直接的,也可以是间接的。佩克伦等(Pekrun et al.,2002)提出,情绪对学习的影响可能是通过一系列中介机制实现的,这些中介机制包括学习动机、学习策略、认知资源以及自我调节学习等。佩克伦等（Pekrun et al.，2009）的研究发现，学生的学业情绪与其控制感和价值评价、动机、学习策略的使用、自我调节学习和学习成绩都相关。董妍和俞国良（2010）的研究表明，学业情绪可以对学业成就产生直接影响，也可以通过成就目标、学业效能、学习策略等中介变量对学业成就产生间接作用。此外，学业情绪还可以作为中介变量对学业成就产生影响。李文桃等（2017）的研究表明，学业情绪能够显著中介学校氛围与学业成就之间的关系。

小结

学业情绪是指影响学生学习过程和学业成就的各类情绪，可以分为积极高唤醒、积极低唤醒、消极高唤醒和消极低唤醒四类，并具有多样性、情境性和动态性三个特征。国内外研究者编制了多个质量较高的问卷来测量学业情绪。性别、认知能力和成就目标等个体因素，以及教师教学、家庭和同伴等环境因素都会对学业情绪产生一定影响。学业情绪对学习的影响体现在学习动机、学习策略和学业成就等多个方面。

复习思考题

1. 学业情绪会受到哪些因素的影响？
2. 学业情绪对青少年学习具有什么作用？

第 11 章

情绪与决策

决策,通俗来讲就是做出选择或决定,即对已有选项进行评估和选择的过程。虽然目前探讨情绪对决策的影响已成为决策领域的热点问题,但在早期经典的期望效用理论中,研究者往往会回避情绪在决策中的作用,强调认知评价的主导作用。本章将依次介绍预期情绪(anticipated emotion)、预支情绪(anticipatory emotion)、偶然情绪(incidental emotions)与决策的相关心理学研究及其成果。

第一节 预期情绪与决策

20 世纪 80 年代,研究者将情绪作为效用提出一些预期情绪理论。预期情绪不是即时的情绪反应,而是一种由决策者预期的、伴随某种决策结果在未来将要发生的情绪反应,如预期后悔或预期失望。早期的后悔和失望情绪理论先后提出,人们在决策时会把预期后悔和失望引入决策过程中,以力争将后悔或失望情绪降至最低。

1 情绪在期望效用理论中的处境

早期决策理论完全排斥情绪的作用,认为情绪难以琢磨、不期而至,因而一直回避探讨情绪对决策行为的影响。传统经济学中奉行的是"理性人"假设,在这些经济学家眼中,人是理性的决策者,全知全能且不感情用事,总是在排除情绪因素对决策的影响,而追求个人利益的最大化。

1947 年,约翰·冯·纽曼(John von Neumann)和奥斯卡·摩根斯坦(Oskar Morgenstern)提出期望效用理论(expected utility theory),该理论并不是要描述人们的实际行为,而是阐述在满足一定理性决策的条件下,人们应该如何决策。该理论认为,人类总是期望使自己能够得到的效用最大化,在做决策时人们会使用自己的理性,根据自己掌握的所有信息做出最优化选择——这就是"理性人"假设。基于这个假设,期望效用理论认为,期望效用值最大的方案就是最佳决策方案。所谓期望效用值,就是决策可以给人们带来的价值。例如,假设你面临两个方案:A. 你有100%的机会获得400元,B. 你有50%的机会获得1000元,50%的可能一无所获。你会如何选择?按照期望效用理论,个体首先会根据每个选项的客观价值和客观概率计算出各选项的效用值:A的期望效用值是 $400 \times 100\% = 400$;B的期望效用值则是 $1\,000 \times 50\% + 0 \times 50\% = 500$,然后选择出预期效用最大的那个选项,即选项B。总体而言,该理论并未着重探讨主观因素的作用,因此也并未涉及情绪因素在个体决策中的作用。

随后研究者对期望效用理论进行扩展。萨维奇(Savage)于1954年在《统计学基础》一书中提出主观期望效用理论,该理论与期望效用理论的最大区别在于,将人们对某事件发生的主观概率也纳入进来,用主观概率代替期望效用理论中的客观概率。但无论是期望效用理论还是主观期望效用理论,在追求客观性和数量化的过程中均将情绪因素排除在外,从而使得这些理论在增强客观性的同时,也丧失了对诸多现实现象的解释能力。

2 后悔与失望情绪理论

研究者首先提出后悔理论用以说明预期情绪在决策中的作用(Bell,1982; Loomes & Sugden,1982)。该理论假设:如果决策者意识到自己选择的结果可能不如另外一种选择结果时,就会产生后悔情绪,它是一种基于认知的负性情绪;反之,就会产生愉悦情绪。这些预期情绪将改变期望效用函数,决策者在决策中会力争将后悔降至最低。例如,如果个体预先想象到购买陌生产品会产生后悔情绪,那么他/她就会更愿意买自己原先熟知的产品,而不会冒着让自己后悔的风险去购买新产品。继预期后悔理论之后,研究者又提出失望理论,该理论认为失望是当某种选择可能会产生几个不同的结果,而自己最终获得的结果较差时所体验到的一种情绪(Loomes & Sugden, 1986)。与后悔理论一样,预期到的失望情绪也可通过改变效用函数而影响个体的决策,因此决策者在决策中会尽力避免失望情绪的产生。

后悔和失望是两种相似且与决策关系密切的负性情绪。后悔和失望理论均通过认知评估将预期情绪引入到决策过程中,它们的共同之处在于二者都源于对已获得结果和预期结果间的比较;区别之处在于后悔是源自实际结果和另一个自己未选的实际存在(或想象存在)的更好结果之间的落差,即后悔情绪源自错误的决策,而失望是由实际结果与预期不符而导致的。简言之,后悔强调不同选择间的比较,而失望强调同一选择所引起的不同结果间的对比(索涛 等,2009)。

迄今为止,研究者主要考察了预期后悔情绪的作用,但对于预期失望情绪的探讨还比较少。目前预期后悔已被广泛用于解释一些经典的决策现象。例如,预期后悔被用来解释不作为惯性(inaction inertia)(李晓明,李晓琳,2012)。如果人们先前曾错失一个有吸引力的机会,当差一些的类似机会再出现时,个体仍会倾向于继续放弃这一机会而选择不作为,这一现象被称为不作为惯性。例如,你很喜欢商场的一款鞋子,这款鞋子在先前的特价促销活动中曾打过5折,由于种种原因你没有买,现在5折特惠活动已经取消,但该款鞋子仍可打7折,那么你会如何选择?通常个体会预期到如果现在购买该款鞋子,由于之前曾错失更优的机会,自己将会感到后悔。因此,为了回避未来的预期后悔,此时个体将会更倾向于继续放弃这一机会,由此产生不作为惯性。再如,预期后悔也常被用来解释忽略偏误(omission bias)。当行动和不行动都会产生类似的不利结果时,人们通常会认为不行动是相对更好的选择,因此会更偏好无需行动的选项,这一现象被称为忽略偏误。相关研究发现,出现这种结果的原因在于:与不行动相比,采取行动意味着个体需要对自己的行为承担更多的责任,由此也会因决策失败带来更高的预期后悔,所以为了回避后悔个体通常会倾向于不采取行动(Gilovich & Medvec, 1995)。例如,研究者发现,当母亲意识到如果给孩子接种疫苗后将可能导致其死亡时,将预期到强烈的后悔情绪,因此会降低她们给孩子接种疫苗的意愿,即使孩子死于疾病的概率要远高于死于接种疫苗的概率(Ritov & Baron, 1990)。

3 主观预期愉悦理论

继预期后悔和失望理论之后,研究者又提出一个基于预期情绪进行选择的模型,即主观预期愉悦理论(subjective expected pleasure theory)(Mellers et al., 1999)。根据这一理论,决策者会通过权衡每一赌博选项的预期愉悦和预期痛苦,评估每个赌博选项的平均预期愉悦程度,并最终选择具有最大预期愉悦程度的那个选项。即个体在决策过程中会致力于实现预期愉悦情绪的最大化。

主观预期愉悦理论将情绪视作一种效用,这与主观期望效用理论在本质上是类似的。但二者又有所区别,主要区别在于预期情绪不同于效用。首先,效用一般被认为伴随收益的增加而增加,而预期情绪则还依赖于比较、惊奇等因素。意想不到的微小收获所带来的愉悦甚至高于意料之中的巨额收益所带来的愉悦。其次,效用是相对稳定的,而预期情绪则会伴随信念和比较过程而发生变化。主观预期愉悦理论用预期情绪代替预期效用,进而将预期情绪引入到决策过程,可以很好地解释个体在实际生活中的某些决策行为。但这一理论本身也存在局限,关键在于人们对情绪的主观预期是否准确,尽管研究者(Mellers et al., 1999)通过实验证明预期情绪与真实情绪间存在很高的相关,但也有研究者对个体情绪预测能力的精确性提出质疑(Gilbert et al., 1998)。

无论是预期后悔理论、预期失望理论还是主观预期愉悦理论都是在期望效用理论的基础上发展而来的,它们均为期望效用理论的变式,即都采用基于结果和认知的理性视角。它们均强调在情绪、认知与决策三者之间,情绪的作用是通过认知评估这一中介来实现的(庄锦英,2003)。在探讨预期情绪与决策行为关系的理论和研究中,情绪仍需以认知评估为中介来影响个体的决策行为,且仅涉及与决策结果紧密相关或作为决策结果的那部分情绪,因此仍属于因果主义取向(consequentialist perspective)的理论模型。

小结

本节从期望效用理论出发,重点介绍了预期后悔理论、预期失望理论以及主观预期愉悦理论如何解释预期情绪在决策中的重要影响。这类由决策者预期的、伴随某种决策结果在未来将要发生的预期情绪会被个体纳入决策中的期望效应函数,进而影响其最终决策。

复习思考题
1. 决策中的失望与后悔情绪的联系与区别是什么?
2. 结合自己的经历,谈谈预期后悔对决策的影响。

第二节 预支情绪与决策

诸多崇尚理性的早期决策理论通常将情绪作为一种干扰人类认知过程的附加现象而将其排除在外,虽然预期情绪理论试图在期望效用理论的框架内将情绪因素引入到决策理论中,但该类模型仍然认为预期情绪是认知评估的副产物。当经济学等传统决策领域中的研究者主要关注预期情绪对决策的影响时,认知科学和社会心理学领域的专家却日益强调个体在决策过程中的即时预支情绪对决策的直接影响。自扎荣茨(Zajonc,1980)开始,研究者日益关注个体决策时的即时情绪体验在决策行为中扮演的重要、积极并极具适应性的角色,他的著名论断"偏好无需推断"确立了情绪反应在快速评价和趋避行为中的主导作用,甚至指出情绪对决策的影响已经超越认知因素的作用。预支情绪是决策者在决策过程中所体验到的即刻情绪,它通常是由选择本身所激发的一种情绪反应,如焦虑、恐惧等。近年来,随着对情绪与认知关系研究的深入,研究者对预支情绪影响决策过程的认识也更加全面与深刻。

1 "风险即情绪"模型

"风险即情绪"(risk as feelings)模型指出,除预期情绪外,决策过程中的即时预支情绪(如愤怒、恐惧和焦虑等)也可以直接影响个体的认知评估和决策行为,此时情绪已成为与认知过程并驾齐驱,甚至超过认知作用的一种重要因素(Loewenstein et al., 2001)。因此,该模型与秉持认知过程占主导的预期情绪理论已有本质区别。这种区别和争议主要存在于两个方面(如图11.2-1所示):(1)即使不经过认知评估的中介,情绪也会产生(概率、结果和某些其他因素可以直接激发情绪);(2)情绪反应在认知评估对行为的影响中至少起部分中介作用。

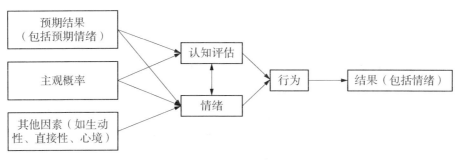

图 11.2-1 "风险即情绪"模型
来源:Loewenstein et al., 2001.

来自"情绪即信息"(feeling as information)模型和情绪启发式(affect heuristic)理论的大量研究表明:个体对风险信息的情绪反应经常会偏离其对风险的认知评估,当这种偏离发生时,情绪对决策行为具有直接影响(Schwarz & Clore, 1983, 2007; Slovic et al., 2002)。但上述模型均未针对情绪反应偏离认知评估的原因给出很好的解释,因此"风险即情绪"模型旨在探讨个体对风险信息的情绪反应何时以及为何会偏离其对风险的认知评估,并探讨情绪和认知如何交互影响个体的决策行为(Loewenstein et al., 2001)。

该模型认为个体对风险信息的情绪反应之所以有时会偏离认知评估,是因为个体的情绪反应和认知评估分别受制于不同的影响因素。具体而言,主要源自两个方面:(1)关于风险的概率和结果信息虽对情绪反应和认知评估均会产生影响,但影响模式却并不相同,例如,情绪反应通常对概率信息并不敏感,但概率信息是认知评估的核心成分;(2)某些情景因素虽对认知评估影响较小,但却会对个体的情绪反应产生重要影响。这些情景因素包括:①对决策结果所形成心像的生动性。通常心像能力上的个体差异以及实验任务对决策结果描述的生动性等情景因素可改变个体的情绪反应。例如，与"所有可能原因"导致的死亡相比，人们更愿意为因"恐怖袭击"导致的死亡支付更多的航空旅行保险费，虽然前者除其他很多原因外已隐含包括了恐怖袭击，但这种描述并不有利于自动激活个体的对恐怖场景的生动想象。②决策的时间进程。即决策行为与决策结果出现的时间间隔，通常二者在时间上越接近，则情绪反应越强烈。例如，当个体被告知其将在1分钟、3分钟或12分钟后遭受电击时，他们的心率、皮肤电阻和主观焦虑水平与间隔时间均会成反比。③对特定情绪反应的生物或进化准备。人类和其他动物似乎先天对某些事物具有恐惧情绪。例如，即使一只从没见过猫的老鼠，在嗅到猫的毛发气味时也会表现出恐惧反应。除了这种先天性恐惧之外，相比于某些刺激（如花、蘑菇和几何图形），人类和灵长类动物更容易对一些恐惧相关性刺激（如蜘蛛、蛇、水和封闭空间）形成条件性恐惧反应，而且这些条件性恐惧反应一旦形成通常就会难以消除，即使有些时候在个体的认知层面上这些刺激是无害的。相比于自然的恐惧性刺激，个体对一些在认知层面可以产生威胁感的人造危险刺激（如枪、汽车和吸烟）却缺乏进化上的心理准备。因此，它们通常只会激发人们较低的恐惧反应，由此导致个体对外界刺激在认知评价和情绪反应上的分离。

也有研究者在"风险即情绪"模型的基础上，分别采用不同的风险决策任务探讨了预支情绪和预期情绪对个体风险决策行为的预测作用（Schlosser et al.，2013）。研究结果一致发现，预支情绪对个体的决策行为具有更显著的预测力，而预期情绪的预测作用较小。例如，在实验中，被试需要在"肯定获得5美元"以及一张"50%的概率获得10美元，50%的概率一无所获"的彩票中进行选择，并报告他们对两个选项的即时预支情绪体验以及当面对所有可能结果时的预期情绪（获得确定的5美元、选择彩票且最终获得10美元以及选择彩票但结果一无所获），用以考察不同情绪反应对个体决策行为的预测力。另外，该实验还同时评估了不同选项的主观概率。结果发现，即时性的预支情绪可显著预测个体的决策行为，而预期情绪的预测力较小。重要的是，即时情绪与决策之间具有直接联系，而并非由预期情绪或主观概率所中介。

2 情绪性权衡困难下的决策行为

情绪性权衡困难（emotional tradeoff difficulties）领域的研究也着重探讨了决策过程中的预支情绪对个体决策行为的影响。情绪性权衡困难是指个体对与价值目标（valued goal）相关的特性（如生命、健康、环保、时间等）进行权衡时，会产生一定程度的负性情绪，从而使决策者在情绪上难以对不同特性进行权衡（李晓明，傅小兰，2004）。

在情绪性权衡困难条件下，负性情绪最小化成了决策的基本目标之一（Luce，2005）。例如，研究发现，伴随着情绪性权衡困难的增加，个体会更多地进行基于特性的加工(attribute-based process)①,但与此同时信息获取量和加工时间也会增加。该研究说明在情绪性权衡困难下,提高决策准确性和降低负性情绪的目标并存(Luce et al.,1997)。决策过程中的预支负性情绪对决策行为的影响不仅反映在个体的决策过程上,也体现在其对一些特殊选项的偏好上。这些特殊选项通常能够通过帮助个体避免特性间的权衡,以达到降低其负性情绪的目标。例如,以往研究曾探讨情绪性权衡困难对个体决策行为的影响,实验选用了三种回避选项:缺省选项、在所有特性上都优于其他选项的优势选项和延迟选项(Luce,1998)。这三个选项的共同特点是,如果被试选择它们,就可以不必进行特性间的权衡,从而会降低其体验到的负性情绪。研究发现,决策过程中所产生的负性情绪与个体对回避选项的选择成正比。中介分析表明,决策过程中的负性情绪可以中介权衡困难程度对回避选项选择的影响。研究者还发现,人们选择回避选项的同时,其反应时间也会增加,这就排除了选择回避选项是为了降低认知努力程度的解释,说明个体选择回避选项是为了降低其负性情绪。

上述研究均说明在情绪性权衡困难条件下,提高准确性和降低负性情绪的目标共存,支持了应对行为模型(coping behavior framework)所提出的负性情绪条件下两种应对行为共同作用的观点(Susan & Lazarus,1988)。该模型认为,激活的情绪会导致一系列的应对行为,这些应对行为可以分为两类:(1)以问题为焦点的应对(problem-focused coping),旨在解决导致负性情绪的问题情景,以提高决策的准确性;(2)以情绪为焦点的应对(emotion-focused coping),旨在降低负性情绪,而非改变外部环境。后者可进一步细分为两类:①逃避,即把自己与有压力的情景隔离;②改变问题情景的意义,即将个人的失败重新评价为其他人的责任。对于多数的负性情绪情景,基于问题和基于情绪的应对方式会同时产生。

贝特曼、卢斯和佩恩指出个体的决策行为依赖于各标准间的权衡(Bettman et al.,1998)。他们基于诸多实验证据对努力—准确性模型②(Payne et al.,1993)进行扩展,在认知努力最小化和准确性最大化这两个标准的基础之上又提出了另一个重要标准:负性情绪最小化(negative emotion minimization),即在情绪性权衡困难条件下,人的决策行为会依据这三个标准进行。

---

① 基于特性的加工指个体随后获取的信息与前一次的信息属于同一特性但分属于不同的选项,例如个体需要在多门课程中根据个人兴趣、通过率、教师素质和专业相关性4个维度进行选择时,如果个体前后两次均关注于个人兴趣维度(分属于不同课程)上的信息,则属于基于特性的加工;基于选项的加工(alternative-based process)指个体随后获取的信息与前一次的信息属于同一选项但分属于不同的特性,如果个体前后两次均关注了课程1在不同维度上的信息,则属于基于选项的加工。当基于特性的加工占主导时,通常意味着个体会更少地进行特性间的权衡。
② 努力—准确性模型认为个体在决策过程中会根据决策情景所要求的准确性和认知系统所能提供的认知资源对各种策略进行选择。

小结

本节分别从"风险即情绪"模型与情绪性权衡困难领域探讨了个体在决策时的即时预支情绪体验对决策行为的影响。这些研究认为决策过程中不仅存在受认知评估影响的预期情绪，还存在可独立于认知评估的即时预支情绪，这些情绪可以直接影响个体的决策行为，情绪对决策的影响得到进一步重视。

复习思考题

1. "风险即情绪"模型如何解释个体对风险信息的情绪反应有时会偏离认知评估？
2. 结合自身经历，思考情绪性权衡困难如何影响个体在决策中的应对方式？

第三节 偶然情绪与决策

过去几十年中，与当前决策任务无关的偶然情绪成为情绪与决策关系研究领域的重点。偶然情绪是指由非当前决策任务的其他因素所诱发的一种情绪，它会自然地随着我们日常生活的好坏体验而波动，正如，天气可以影响个体的情绪体验。在具体研究中，研究者通常会在决策任务前通过一定的情绪诱发方式在实验室中激发个体的偶然情绪，或者开展一些更具有生态效度的现场研究（如在晴天或雨天分别电话询问被试），以探讨偶然情绪或心境对决策的影响。

研究者提出了一些不同的模型来解释偶然情绪与决策的关系。例如，伊森和帕特里克（Isen & Patrick, 1983）从情绪的动机功能角度出发提出的情绪维持假说（mood maintenance hypothesis），旨在解释积极情绪对风险决策的影响。该假设认为处于积极情绪下的个体具有维持其积极情绪的基本动机，由此导致个体更倾向于回避可能会干扰其积极情绪的选择。所以相比控制组，当处于真实的博弈情景时，积极情绪下的个体为了继续维持他们的积极情绪将避免去冒险。在探讨偶然情绪与决策关系的研究中，目前已得到较好发展并具有广泛解释力的模型是"情绪即信息"模型（Schwarz & Clore, 1983），且随着新研究的出现，该模型也逐渐发展并完善了其理论观点（Schwarz, 2012）。虽然研究者提出该模型既适用于与决策任务相关的即时预支情绪，也适用于与当前决策任务本身无关的偶然情绪或心境，但目前围绕该模型的相关研究主要集中于探讨偶然情绪与决策的关系。

1 "情绪即信息"模型

"情绪即信息"模型认为,相比于个体对自己情绪体验的敏感,个体对其情绪来源却相对不敏感,通常他们会自动将其情绪体验判定为与当前任务相关,并将这种体验当作一种重要信息来进行随后的决策与判断(Schwarz,2012;Schwarz & Clore,1983,2007)。一方面,该模型认为与其他信息类似,情绪作为一种标示环境状态的信息可直接影响个体的判断与决策,积极体验意味着当前环境良好,进而影响个体对当前可选项的判断,使其认为当前选项总体是好的、可接受的。例如,与消极情绪相比,积极情绪下的个体会对事物做出更积极的评价(Kim et al.,2010)。另一方面,该模型认为情绪可用来标示对于个体的目标而言当前情境是有利或是不利的,进而影响个体的决策策略。积极情绪意味着当前环境良好,在此情境下个体会倾向于采用直觉的、启发式的自上而下信息加工策略,会依赖于已有的知识结构而忽略当前的细节问题。而消极情绪则意味着环境出现问题,处于消极情绪下的个体更容易采用全面系统性的自下而上的信息加工策略,较少依赖于已有知识结构而对问题细节给予较多关注。

"情绪即信息"模型的基本假设

1. 人们会把他们的情绪视为一种信息来源。不同类型的情绪会提供不同类型的信息。

2. 特定情绪的影响力依赖于它对当前任务的主观信息价值。

a. 个体通常会认为他们的情绪与处于注意焦点中的内容相关;这种倾向容易使个体认为偶然情绪也是相关的。

b. 当情绪被归因为一种偶然来源时,它的信息价值将降低;相反,当个体意识到有相反的外因作用,但仍能体验到这种情绪时,情绪的信息价值将增强。

c. 情绪的变化比稳定的状态更具信息价值。

3. 当情绪被当作一种信息时,个体对它们的运用遵循与其他情绪相同的原则。

a. 情绪的影响力会随着其与当前任务的主观相关性而提高,而随着其他诊断性(diagnostic)信息的可获得性而降低,即其影响力是个体加工动机和加工能力的函数。

b. 人们从某一特定情绪所能得出的结论依赖于(i)个体所要回答的认知性问题,(ii)个体所采用的基于经验的常民理论(lay theory)。

4. 正如其他信息一样,情绪可以:

> a. 成为判断的基础。
> b. 影响决策的加工策略；负性情绪则意味着环境中出现了问题，使得个体倾向于进行深入分析性的、自下而上的加工方式；而正性情绪意味着一个良好的环境，在此情境下个体可能会更倾向于进行整体性的、自上而下的启发式加工。
>
> 来源：Schwarz, 2012.

随着研究的深入，该模型不再限于判断与决策领域，而是被广泛应用于解释不同类型的情绪体验与诸多思维过程的关系。另外，"情绪即信息"模型对其诸多观点也不断拓展，提出人类的思维过程伴随着各种各样的主观体验，不仅包括心境和情绪，还包括元认知体验和躯体感觉。例如，施瓦茨（Schwarz，2012）认为元认知体验（如回忆或加工信息的难易体验）也可对个体的判断过程产生影响。换言之，人们倾向基于他们对信息加工的难易感进行判断。这种主观体验可来自与决策无关的不同方面。例如，任务要求（举出几个或很多例子）、加工流畅性（图形—背景的对比度高低以及字体阅读的难易度）和身体运动（眉毛的舒展）。这些因素所引发的努力感可影响个体对事物真实性、发生频率、风险水平或美感的判断，即更容易加工的信息通常会被判定为更为准确、更可能发生、风险更低及更为美丽。

"情绪即信息"模型是基于情绪的效价观所提出的，因此对情绪的划分比较粗糙。虽然施瓦茨（Schwarz，2012）曾提出"不同类型的情绪会提供不同的信息"，但该模型并未对此进行细致解释。在当前决策研究，只关注情绪的效价已远不能满足解释情绪与决策间的复杂关系。大量研究发现，各种不同的具体情绪对决策具有其特定影响，对这些现象的解释需要借助于对情绪更本质特征的探讨，但这仅靠强调情绪的信息价值是难以实现的。与"情绪即信息"模型不同，评价趋向模型（appraisal-tendency framework）认为每种情绪都有其特定的认知评价趋向和评价主题，旨在更加细致地探讨具体情绪对决策的影响（Han et al., 2007）。

2 偶然情绪对决策影响的研究趋势

当前研究已不再局限于基于情绪的效价观探讨偶然情绪是否及如何影响个体的决策行为，开始日益关注偶然情绪对决策的影响条件、具体情绪对决策的影响以及偶然情绪与决策对象情感属性对决策的交互影响。

2.1 偶然情绪对决策的影响条件

目前，该领域的研究问题已从探讨"偶然情绪是否会影响决策？"这一基本问题，转为更为关注"偶然情绪对决策的影响条件如何?"施瓦茨和克罗尔(Schwarz & Clore, 2007)指出情绪的主观信息价值和相关性是决定情绪对决策影响力的两个重要条件。在总结以往研究基础上,也有研究者提出 5 个关键的调节变量,即:情绪的突显性、对目标的代表性、判断的相关性、判断的可塑性以及加工深度。简言之,当前情绪越突显、看起来越源自目标、与当前判断越相关、当前判断任务越富可塑性以及个体越更多地采用启发式而非系统的加工策略,情绪就越可能被视作重要信息,进而影响其随后的决策(Greifeneder et al., 2011)。

研究者还探讨了个体差异以及决策任务方面的调节变量。首先,在个体因素上,研究者发现,对于那些更相信情绪可为自身决策指明方向的个体而言,偶然情绪会对其决策产生更大影响(Avnet et al., 2012)。情绪理解力高的个体可有效识别出偶然情绪与当前决策无关,进而降低偶然焦虑对其风险决策的影响。人们在决策策略的选择上存在个体差异(Yip & Côté, 2013),例如,有人会更倾向采用基于情绪的整体性取向进行决策,而有人则倾向采用基于理性的分析性取向决策(Marks et al., 2008),相对而言,情绪可能会对前一类个体的决策具有更大影响。其次,在客观因素上,研究者发现,任务难度以及情绪激活水平的匹配度可影响情绪的信息价值,当激活水平与任务难度匹配时(困难任务下的低激活和容易任务下的高激活),积极情绪才会提高个体的绩效判断(Tobin & Tidwell, 2013)。另外,情感体验对于近期决策影响更大,即情感系统是即刻判断或决策所固有的,研究者指出未来可将结果推广到不同的主观体验(认知、情绪和身体体验)和心理距离(社会、空间和时间距离)上(Chang & Pham, 2013)。

2.2 具体情绪对决策的影响

以往研究通常更关注"情绪效价对决策具有何种影响?"目前研究者日益关注"具体情绪如何影响决策?"评价趋向模型提出,除效价外,情绪还可从其他认知维度上加以区分,该模型尤为强调控制性和确定性两个维度的重要性(Han et al., 2007)。例如,快乐是积极情绪,但也与确定性和个人控制相关;愤怒和恐惧虽效价相同,但二者各自与个体对当前情境的确定性/不确定性和对负性事件的个人控制/情景控制相关。所以恐惧和愤怒虽同属消极情绪,也可能对决策具有不同影响,同时不同效价的愤怒和快乐情绪也可能有类似影响。因此应采用一种情绪特异性的研究取向。该模型提出后推动了一系列实证研究。例如,研究者利用掷骰子任务考察具有不同愉悦度和确定性的三种具体情绪(快乐、愤怒和恐惧)对风险决策的影响。结果发现,与愤怒和快乐(均属确定性的情绪)相比,恐惧个体会更可能做出安全选择(Bagneux et al., 2012)。也有研究发现,相比于不确定性的悲伤情绪(通过一段关于"亲人在一场意外事故中去世"的电影片段诱发),确定性的悲伤(通过一段关于"两个人在聆听并感悟一段充满悲伤情绪的歌剧"的电影片段诱发)以及厌恶情绪下的个体在爱荷华赌博任务中会更多选择有利纸牌(Bollon & Bagneux, 2013)。

评价趋向模型及有关研究突破了以往研究主要考察情绪效价这一局限性,展现出更为复杂多样的情绪与决策间的关系,但目前该领域研究多基于确定性维度,将确定性高的愤怒与确定性低的悲伤、恐惧或焦虑情绪进行比较。未来可将相关研究拓展到其他具有不同评价主题的情绪上,如失望或后悔(Zeelenberg et al., 1998)。已有研究者发现,事先通过一定的诱发方法激发个体的偶然后悔或失望情绪后,二者对禀赋效应(endowment effect)①或亲社会行为的影响存在差异(Martinez et al., 2011a, 2011b)。除探讨消极情绪对决策的影响外,研究者从进化论视角出发认为每种情绪均具有其适应性功能,并考察不同的积极情绪(自豪和满足)对判断及决策过程的影响(Griskevicius et al., 2010)。积极情绪通常更有利于提高决策质量,如感恩可使个体更倾向于选择远期更优选项,提高人们在跨期选择中的耐心(De Steno et al., 2014)。

另外,研究者也发现,在激活度和确定性维度具有共同特性的恐惧和兴奋情绪易受外部环境影响而发生转化。以往研究常认为,恐惧会引发风险回避行为,但也有研究发现,恐惧可因外部决策情景而被重新解读为兴奋情绪,从而提高个体的风险偏好(Lee & Andrade, 2015)。即在一个模拟股票投资的情景中,恐惧情绪会提高个体的风险回避;但当同一任务被描述为赌场游戏时,恐惧情绪却会提高个体的风险承担行为,兴奋体验在其中具有中介作用。该研究表明,同一情绪会随外部环境和决策任务而发生变化。例如,日常生活中,大喜容易转化为大悲,悲痛也易于转化为愤怒。因此,未来研究应更加关注情绪的动态性以及随情景变化的可变性,从而深入理解情绪在决策中的作用。

2.3 偶然情绪与选项的情感特性对决策的交互影响

以往研究常关注个体的情绪体验,但却尚未重视选择本身的情感属性。不过,日常生活中个体的选择往往附有一定的情感属性,例如,你可选择去美丽的海滨享受宁静,也可选择去做冒险性攀登运动,这两个可选项本身具有一定的情感属性。那么,个体的情绪体验和选项的情感属性会如何交互影响其决策行为呢?目前只有少量研究对此进行探讨。研究者发现积极/消极情绪未必一定会导致更为积极/消极的评价。当商品有特定的情感诉求时,这些情感诉求与个体的情绪在性质上是否匹配要比情绪效价本身更重要(Kim et al., 2010),例如,当人们感到安静/兴奋时,个体对彰显宁静

---

① 即人们为了得到一个商品所愿支付的最高价格通常少于他们一旦拥有而要放弃它时所要求的最低价格。比如说,当人们需要对自己所拥有的一件东西(如咖啡杯)定价时,这一价格通常比他们所愿意为购买这件东西而支付的买价更高。

性/冒险性诉求的旅游商品将做出更积极评价。这一结果提示,积极情绪下的个体更偏好能维持其当前情绪的商品,激活度的匹配在该偏好评估中具有重要作用。但也有研究者发现,愉悦度和激活度对决策有显著交互作用,积极情绪下的个体会倾向于选择与其激活度相匹配的商品,消极情绪下的个体会选择与其激活度相反的商品,并认为这一结果源于个体具备降低消极情绪及维持积极情绪的基本动机(Di Muro & Murray,2012)。

上述研究体现出当探讨偶然情绪对决策的影响时,应考量选项本身的情感属性。未来可考虑运用更细致的情绪操纵方法以探讨在不同消极(如恐惧、愤怒、悲伤或厌恶)或积极情绪(如满足、自豪或惊奇)下,具体情绪与可选项的情感属性的交互作用,并探讨背后的作用机制。其次,有关研究发现,积极情绪下的个体会偏好在激活度上与之相符的商品。那么是否存在某些因素可以调节,甚至反转该趋势呢?正如,兴奋者有时也可能会更偏好安静的活动,而安静者有时也会想从事刺激性活动。例如,高度兴奋或长时间兴奋之下,个体往往希望安静下来,所以情绪的时间特性或激活度可能是重要的调节变量。

小结

本节重点关注了与当前决策无关的偶然情绪会如何影响个体的决策行为。本节首先从"情绪即信息"模型角度阐述了偶然情绪对决策的影响,随后从三个方面总结了偶然情绪对决策影响的研究趋势,即偶然情绪对决策的影响条件、具体情绪对决策的影响以及偶然情绪与决策对象的情感属性对决策的交互影响。

复习思考题

1. 简述"情绪即信息"模型。
2. 结合自己的经历,思考偶然情绪对决策的影响。

第 12 章

情绪与道德

道德是基于理性的还是情感的？这一问题千百年来一直困扰着人们。康德(Immanuel Kant，1724—1804)等哲学家坚持认为，理性是人类道德的基石；而休谟(David Hume，1711—1776)等思想家则认为，情感是人类道德的基础。心理学对道德的研究最初主要关注理性和认知发展的作用。20 世纪 80 年代以来，人们逐渐认识到情绪在道德心理过程中的作用，发现情绪对道德判断和道德行为均会产生重要影响。

第一节 情绪对道德判断的影响

道德判断是个体根据道德准则对自己或他人的行为进行道德评价的过程。受康德思想的影响，劳伦斯·科尔伯格(Lawrence Kohlberg)等心理学家认为道德判断的首要影响因素是理性的认知。但目前已有众多研究不仅证实了情绪在道德判断中的价值，而且探明了情绪影响道德判断的认知神经机制，并提出了道德判断的情绪—认知双加工等理论。

1 情绪影响道德判断的理论模型

随着相关研究的不断积累，研究者陆续提出情绪性道德判断模型、道德判断的社会直觉模型和情绪的道德放大器理论等观点，以揭示情绪影响道德判断的心理机制。

1.1 情绪性道德判断模型

皮萨罗(Pizarro，2000)指出，把情绪和道德判断看作对抗的传统观点是站不住脚的，这主要有三点原因：我们能够控制自己的情绪；情绪能够使我们反思自己的道德信念和道德原则；情绪可以通过把我们的注意和认知资源集中于当前要解决的问题等方式来促进道德推理。他提出情绪性道德判断模型,着重分析了共情参与道德判断的四类情境:(1)共情、先前道德信念、道德判断彼此一致;(2)共情和道德判断与先前道德信念不一致时,道德判断对先前道德信念的自下而上的修正;(3)先前道德信念和道德判断与共情不一致时,二者对共情的自上而下的抑制;(4)先前道德信念直接影响道德判断,而排斥共情。当然,该模型仅限于理论构思,未有相应的实证研究支持。

1.2 道德判断的社会直觉模型

基于"道德失声"(moral dumbfounding)现象,哈迪特(Hadit, 2001)提出了道德判断的社会直觉模型。所谓"道德失声"现象,是指当人们听说一些类似乱伦的故事时,能够迅速地判断这些行为在道德层面的对错,但并没有经过深入的长时间的道德推理,因此无法立即给出能够解释这一判断的适宜理由。人们会在迅速地做出判断后再去寻找能支持自己结论的理由。哈迪特认为,道德判断分为直觉和推理两个系统。前者更快速、自动化、无需主观意志努力,而后者是缓慢的、涉及意识层面、需要主观意志努力。道德判断是一个由情绪驱动的过程,情绪诱发的直觉短时间内就能够自动完成道德判断,而道德推理只是在这之后才试图为人们所做出的判断寻找合适的理由。

社会直觉模型的道德判断过程包括:①直觉判断过程:无需主观意志努力,是无意识的;②事后推理过程:需要主观努力,当作出判断之后个体开始寻找支持所作判断的理由;③对他人的推理说服过程:对他人口述自己的判断,虽然有时会产生争论,但这种口述会影响到他人直觉的情绪效价;④对他人的社会说服过程:人们的道德判断会受到周围社会群体的影响;⑤推理判断过程:当对所作出的判断不够肯定并且加工能力较高时,人们偶尔会使用逻辑推理来审视自己最初的观点;⑥自我反馈过程:人们同时会产生与最初的直觉相反的新直觉。传统的道德判断模型强调⑤和⑥这两个过程,而道德判断的社会直觉模型更强调前4个过程,同时承认后两个过程的存在,但认为这两个过程不常发生。

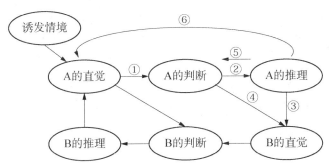

图 12.1-1 道德判断的社会直觉模型(A 代表判断者,B 代表他人)

来源:Haidt, 2001.

有许多研究支持道德判断的社会直觉模型。研究发现,与含有其他中性词的同类图片相比,被试认为那些含有阈下厌恶情绪启动词图片更不道德(Wheatley & Haidt, 2005);处在快乐心境中的被试在人行天桥困境(footbridge dilemma)中的道德判断反应时更长、更具功利性,即认为可以为了多数人的利益而牺牲少数人的性命(Valdesolo & DeSteno, 2006);采用臭气、肮脏环境、以往经历和电影片段等多种方式诱发厌恶情绪的被试对两难问题的道德判断更为苛刻严厉(Schnall et al., 2008)。

1.3 情绪的道德放大器理论

根据情绪的核心评价观点,霍伯格、奥韦斯和克尔特纳(Horberg, Oveis, & Keltner, 2011)提出了情绪的道德判断放大器理论(emotions as moral amplifier),认为不同的情绪增强了不同的道德判断。与情绪相关的认知评价会制约该情绪对随后的社会判断的影响,而这主要是通过优先考虑与先前的认知评价有关的特定关注来实现的(Han et al., 2007)。不同的情绪强调了不同的社会道德关注(见表12.1-1),因而会引发不同的道德判断。

表 12.1-1 不同情绪的社会道德关注

情绪	社会道德关注
厌恶	身体和心理的纯洁
愤怒	公正、权利、自主
蔑视	社区角色、责任
同情	伤害/关爱、弱势、需求
自豪	阶层、地位、优势
内疚	自己的违规
羞耻	自己的性格缺陷
感激	互惠
敬畏、钦佩	他人的美德

来源:Horberg, Oveis, & Keltner, 2011.

首先,情绪对道德判断的影响具有领域特异性。由于道德判断反映了具体的社会道德关注,而情绪能够增强与之相连的社会道德关注的突出性和重要性,因此,情绪只会影响某一领域的道德判断,而不会影响所有领域的道德判断。例如,研究发现,厌恶尤其强化了关于纯洁性的道德判断,易于厌恶的个体对同性恋的偏见更强,在同性恋婚姻和流产问题上的态度更为保守(Inbar et al., 2009; Tapias et al., 2007)。而与增强纯洁性或者社会阶层稳定性的行为相比,感激只会提高对他人的互惠行为的道德赞扬(Bartlett & DeSteno,2006)。

其次,情绪对道德判断的影响具有情绪特异性。即不同情绪是由不同的道德情境引发的,而不同的情绪对道德判断的影响是不同的。例如,同情和自豪对知觉他人的影响是相反的:同情增进了自我与他人的相似性,尤其是与无家可归者等弱势他人的相似性;而自豪减少了与弱势群体的相似性,增强了与职业运动员等强势他人的相似性(Oveis et al.,2010)。这在一定程度上可以解释为什么同情会激发助人行为,而自豪有可能抑制亲社会行为。

再次,情绪对道德判断的影响还表现为具身效应(embodiment effects)。情绪是一种具身现象,它的躯体反应成分会对记忆、态度、信息加工和决策产生一定的影响(Niedenthal,2007)。研究显示,与那些观看陌生白人照片或者没有被诱发出微笑的被试相比,在观看陌生黑人照片时被诱发出微笑的被试对黑人的内隐偏见会降低(Ito et al.,2006)。与那些在观看令人厌恶的视频后没有洗手的被试相比,观看视频后洗手的被试更不可能对他人的违规进行批评(Zhong & Liljenquist,2006);通过电影或气味诱发的厌恶会导致对他人道德违规的更为严厉的批评,尤其是那些对自己的身体变化高度敏感的被试(Schnall et al.,2008)。

最后,情绪也会影响道德判断的道德化(moralization)。所谓道德化,是指道德判断进入广义的价值系统的过程(Rozin,1997)。当有相关的情绪卷入时,各种社会道德问题更易于道德化(Horberg et al.,2011)。例如,美国的保守主义者对同性恋婚姻或流产等问题的厌恶可能会产生道德紧迫性,进而引发建立抗议联盟和组织等决策和政治策略;而当自由主义者则认为禁止同性恋婚姻是对民权的侵犯时,他们会产生更为强烈的愤怒或同情,其所引发的政策制定会完全相反(Inbar et al.,2009)。

2　情绪影响道德判断的认知神经机制

认知神经科学研究表明,与情绪相关的脑区在道德判断中会被不同程度地激活。这些脑区包括:①腹内侧前额叶(VMPFC)。该脑区是情绪协调与监控的神经中枢。对脑功能正常被试的研究表明,在观看能唤起道德感的照片、图片或者阅读道德陈述(Harenski & Hamann,2006;Moll et al.,2002)时,被试的 VMPFC 会被显著激活。对脑损伤病人的相关研究也得出了较为一致的结论。童年期 VMPFC 受损者的道德发展水平明显低于正常同龄人,表现出前习俗阶段的特征,即以个人为中心的和逃避惩罚的道德价值取向(Anderson et al.,1999)。与正常被试相比,VMPFC 受损者在道德两难选择中更倾向于作出功利判断(Koenigs et al.,2007)。这主要是因为该部位的损伤会导致情绪功能减弱,容易出现情绪钝化、共情能力丧失、情绪不稳定、情绪调节失常等症状(Ciaramelli et al.,2007)。②眶额皮质(OFC)。OFC 是杏仁核向大脑皮质输送情绪信息的重要部位。道德判断能够激活OFC(Moll et al.,2002),尤其是在"有意图"的道德两难情境中受到更多激活(Borg et al.,2006)。OFC的损伤会削弱对情绪性内容的推理(Goel et al.,2017)。③杏仁核。杏仁核是情绪反应和情绪评价神经回路的核心脑结构。当对自己的行为进行道德判断,或者对包括情绪痛苦在内的伤害性刺激进行加工时,被试的杏仁核会被激活(Berthoz et al.,2006;Decety et al.,2012;FeldmanHall et al.,2012)。④前扣带回(ACC)。由于困难的和真实的道德情境比简单的和假设的道德情境能够引发更多的情绪体验,因此与容易的两难问题相比,被试在进行较难的道德两难问题判断时ACC会显著激活(Greene et al.,2004;Kahane et al.,2012);与假设情境中的决策相比,被试在进行引发真实效果的道德决策时ACC也会被激活(FeldmanHall et al.,2012)。

3 道德判断中的认知—情绪加工

道德判断过程涉及认知和情绪的多个相关脑区的协同加工。①VMPFC:负责加工感觉刺激中的社会性情绪成分,并将情绪信息整合到道德判断中;②扣带后回和楔前叶:负责加工与自我有关的情绪刺激,可能与道德判断中情绪性心象的产生有关;③杏仁核:负责社会性情绪的加工,对道德情境诱发的消极情绪尤为敏感,并与奖惩信息的快速编码有关;④扣带上回和顶叶下部:负责感知和表征道德情境中的社会性信息;⑤背外侧前额叶:负责道德判断中的抽象推理和逻辑判断(Greene & Haidt,2002)。

基于此,格林等(Greene,2007;Greene et al.,2008;Greene et al.,2004;Greene et al.,2001)提出了道德的双过程加工理论。该理论认为,道德判断涉及两个不同的加工系统,一个是外显的认知推理过程,与抽象道德原则的习得和遵循有关;另一个则是内隐的情绪动机过程,与社会适应相联系。通常情况下,这两个系统会协同作用以促成道德判断。当社会适应的目标与遵守道德原则的目标不一致时(例如,道德的两难情境),这两个系统就可能产生冲突和竞争。此时,强烈的情绪常在与认知的相互竞争中胜出;而且由于情绪因素对道德判断的影响是无意识的,因此人们很难意识到这种影响。

哈迪特(Hadit,2007,2008)则综合社会生物学、认知神经科学、社会心理学、动物学和进化论等领域的理论和研究成果,提出了道德判断的认知—情绪整合观。该整合观认为,具有情绪负荷的直觉过程启动了道德判断,贯穿于整个道德判断的始终,并影响随后产生的认知加工过程;同时,道德的认知加工能校正并在某些情况下驾驭道德直觉。认知必然会带有情绪特征,而情绪本身也具有信息功能。道德判断中直觉与推理的对立并不意味着情绪与认知的对立。直觉、推理和情绪主导的判断过程对应的是信息加工的不同形式,这些加工过程的整合才会产生道德判断。道德是文化进化的产物,人类的道德在代系的发展中发生显著变化,只有将认知和情绪以及其他多种社会因素相结合才能更好地理解人类的道德。

国内研究者田学红等(2011)基于认知—情绪整合观点,提出了道德直觉的加工机制模型。他们认为道德直觉是一种同时包含道德知识和情绪情感的自动化加工系统,而道德直觉可能受到先天因素、文化信念和情绪因素的影响。

尽管已有研究证实情绪在道德判断中具有一定作用,但是有研究者认为这些还不能充分解释情绪如何影响道德判断,情绪是道德判断的必要和充分条件的假设尚未得到充分证明(Huebner et al., 2009)。今后该领域的研究应:①设计更具生态效度、且能将时间精度较高的脑电和空间精度较高的功能性磁共振方法相结合的道德研究范式;②探讨与其他决策过程相比,道德决策在认知—情感机制上有何独特之处;③分析不同效价和强度的道德情绪表现在行为和脑机制方面的差异,并考虑能否通过对特定情绪的调节和诱发,人为地控制和干预道德判断(谢熹瑶,罗跃嘉,2009)。

小结

分析情绪影响道德判断的模型主要有情绪性道德判断模型、道德判断的社会直觉模型和情绪的道德放大器理论等。认知神经科学研究表明,腹内侧前额叶、眶额皮质、杏仁核和前扣带回等与情绪相关的脑区会参与道德判断过程。在大量实证研究基础上,研究者提出了道德判断的双加工理论和认知—情绪整合观等理论来解释情绪对道德判断的影响。

复习思考题

1. 情绪的社会直觉模型与道德放大器理论有何异同?
2. 如何从认知神经科学角度理解道德的双加工理论?

第二节 情绪对道德行为的影响

道德行为是个体在一定的道德认知和道德情感的激发下,表现出来的对他人或社会具有道德意义的行为。情绪不仅对道德判断具有重要影响,而且在激发和维持个体的道德行为中发挥着不可替代的关键作用。

1. 道德情绪：情绪作为道德动机

近些年来，越来越多的研究发现情绪在道德行为中具有重要作用，道德情绪（moral emotion）的概念应运而生。

1.1 道德情绪的含义

艾森伯格（Eisenberg，2000）较早把内疚、羞耻和共情等在道德行为中具有重要作用的情绪称作道德情绪。哈迪特（Haidt，2003a）认为，道德情绪就是那些与整个社会或者至少个体的利益或幸福有关的情绪。个体违背道德规范时产生的情绪（如羞耻、内疚）或遵守道德规范时所产生的情绪（如自豪）都可被称为道德情绪。周详、杨治良和郝雁丽（2007）指出，道德情绪是个体根据一定的道德标准评价自己或他人的行为和思想时所产生的一种情绪体验。

概而言之，道德情绪指的是基于自我意识和道德认知，对自己或他人进行道德评价时产生的、影响道德行为产生或改变的一种复合情绪。

1.2 道德情绪的分类

罗津等（Rozin et al.，1999）把道德情绪分为两类：一类为羞耻（shame）、尴尬（embarrassment）和内疚（guilt）（合称 SEG）等自我意识情绪（self-conscious emotions）；另一类为蔑视（contempt）、愤怒（anger）和厌恶（disgust）（合称 CAD）等批评他人的情绪。

艾森伯格（Eisenberg，2000）认为，道德情绪主要有两类：一类是自我意识的道德情绪，包括内疚和羞耻；另一类是共情（empathy）。

哈迪特（Haidt，2003a）把道德情绪分为四类：谴责别人的情绪（蔑视、愤怒和厌恶、愤慨和憎恨等）、自我意识的情绪（羞耻、尴尬和内疚等）、他人痛苦指向的情绪（主要指同情）和赞赏他人的情绪（感激和钦佩）。

坦尼等（Tangney et al.，2007）把道德情绪分为自我意识情绪（羞耻、内疚、尴尬和道德自豪等）、他人指向的道德情绪（愤怒、蔑视、厌恶、钦佩和感激等）和共情三大类。

格雷和韦格纳（Gray & Wegner，2011）提出了分析道德情绪的新方法。他们按照两个维度来对道德世界进行划分：效价（助人和伤害）和道德类型（施动者和受动者），与之相对应会有四类道德人物：英雄、恶人、受害者和受益者。这四类人物会引发不同的道德情绪：英雄引发激励和钦佩，恶人引发愤怒和厌恶，受害者引发同情和悲伤，而受益者引发轻松和快乐。

鲁道夫和查拉克特席韦（Rudolph & Tscharaktschiew，2014）提出了划分道德情绪的三个维度：①根据指向对象,将道德情绪分为行动者道德情绪和观察者道德情绪,前者如内疚和自豪,后者如同情和感激；②根据功能,将道德情绪分为发出积极信号和发出消极信号的道德情绪,前者如自豪和同情,后者如内疚和厌恶；③根据归因方式,将道德情绪分为由可控因素引发的道德情绪和由不可控因素引发的道德情绪,前者如内疚和愤怒,后者如羞耻和同情。

范克利夫和莱利维尔德(van Kleef & Lelieveld,2022)将道德情绪分为五大类别：①与机会和归属相关的情绪(幸福、满足和希望)；②与欣赏和自我超越相关的情绪(感激、敬畏和同情等)；③与苦恼和祈求相关的情绪(悲伤、失望、恐惧和焦虑)；④与统治和地位维护相关的情绪(愤怒、厌恶、蔑视、嫉妒和骄傲)；⑤与安抚和社会修复相关的情绪(内疚、后悔、羞愧和尴尬)。

综上,可以按照情绪指向(自我意识情绪和他人指向情绪)和情绪性质(正性和负性)把道德情绪分为四类：正性自我意识情绪(自豪等)、负性自我意识情绪(内疚、羞耻和尴尬等)、正性他人指向情绪(共情、钦佩和感激等)和负性他人指向情绪(愤怒、蔑视和厌恶等)。

1.3 道德情绪的发展

道德情绪的发展以基本情绪的发展为基础,并且需要两种认知能力：一是区分他人和自我的能力,即自我意识；二是根据一定标准对自己的行为进行评价的能力(Lewis,2008)。2 岁左右,随着自我意识的发展,儿童开始获得同情和嫉妒等初级自我意识情绪。2—3 岁,儿童具备了初步的自我评价能力,从而形成内疚和羞耻等次级自我意识情绪。总体而言,儿童在 3 岁左右已经形成内疚、羞耻和自豪等道德情绪(Lewis,2007,2008),并在随后数年内不断发展而趋于成熟。在发展过程中,道德情绪会受到心理理论、气质和归因方式等个体因素以及父母教养方式和文化等环境因素的共同影响(Lagattuta & Thompson,2007)。

2 道德情绪对道德行为的影响

道德情绪既能够激发良好的道德行为,又可以阻止不良的道德行为。道德情绪对道德行为的调节作用具体表现为四个方面：①不道德行为会导致个体产生道德情绪；②道德情绪会导致个体产生行为改变；③道德情绪强烈地影响着道德判断；④从道德行为的起源来看,个体早期的道德行为一定包含有某种情感动机(Huebner et al.,2008)。

范克利夫和莱利维尔德(van Kleef & Lelieveld,2022)认为,不同道德情绪对亲社会行为的影响存在差异。他们指出,道德情绪对亲社会行为的影响可以分为两类：个人内部效应(情绪体验对自己的助人与合作行为的影响)和人际效应(情绪表达对得到他人帮助与合作的影响)。不同类型道德情绪的个人内部效应和人际效应是不同的(见表12.2-1)。

表12.2-1 不同道德情绪对亲社会行为的影响

情绪类型	个人内部效应	人际效应
与机会和归属相关的情绪	大多是积极的	可能是积极的,也可能是消极的
与欣赏和自我超越相关的情绪	大多是积极的	大多是积极的
与苦恼和祈求相关的情绪	可能是积极的,也可能是消极的	大多是积极的
与统治和地位维护相关的情绪	大多是消极的	可能是积极的,也可能是消极的
与安抚和社会修复相关的情绪	大多是积极的	可能是积极的,也可能是消极的

来源:van Kleef & Lelieveld,2022。

2.1 自我意识情绪对道德行为的影响

2.1.1 自豪对道德行为的影响

自豪是一种正性道德情绪,源于这样一种评价:个人应该为某一社会价值性结果负责或成为一个对社会有价值的人进而负起责任(Mascolo & Fischer, 1995)。当感受到自己或他人的肯定时,个体就可能产生自豪(Williams & DeSteno, 2008)。根据来源,自豪可以分为源于个人成就的自豪,和源自家庭、团体、社会、国家等集体或文化的自豪(Tracy & Robins, 2007)。

认知神经研究表明,自豪会激活多个脑区。这些脑区主要包括:①心理理论相关脑区:颞顶联合区(TPJ)、下额回(IFG)、双侧颞上回(STG)(Gilead et al., 2016; Kong et al., 2018)等;②自我参照相关脑区:腹内侧前额叶(VMPFC)、背内侧前额叶(DMPFC)和前扣带回皮层(ACC)(Stolz et al., 2020)等;③情绪相关脑区:杏仁核、脑岛、背外侧前额叶(DLPFC)(Hong et al., 2019; Roth et al., 2014)等;④奖赏相关脑区:眶额皮质(OFC)、腹侧纹状体(Gilead et al., 2016; Stolz et al., 2020)等;⑤记忆相关脑区:海马旁回、后扣带回皮层(PCC)和楔前叶(Roth et al., 2014; Simon-Thomas et al., 2012)等。由此可见,自豪主要与心理理论、自我参照、情绪加工、奖赏刺激加工、记忆等认知和情感过程紧密相关(沈蕾 等,2021)。

自豪的重要功能在于为增强或维持个体在社会层级中的地位而提升思维、深化感受和促进行为(Tracy et al., 2010)。自豪影响个体社会地位和社会价值的路径有三:①因成就而体验到的自豪能够激发对未来成就的追求;②自豪会让个体产生积极的自我评价，从而意识到自己的社会价值；③自豪通过非言语表情来增强社会地位。自豪的表情会被迅速、自动地知觉为高社会地位的信号，而且这种关联具有跨文化性(Shariff & Tracy, 2009; Tracy et al., 2013)。当然，自豪也存在"黑暗的一面"。在与成就和亲社会行为密切关联的同时，它与冲突和攻击也有一定关联(McGregor et al., 2005)，甚至会抑制对他人的同情(Oveis et al., 2010)。

自豪可进一步区分为自大的自豪(hubris pride)或 α 自豪，和真正的自豪(authentic pride)或 β 自豪(Tracy & Robins, 2007)。自大的自豪来自内部的、整体的、稳定的和不可控的自我归因(例如，我成功是因为我伟大)，个体肯定的是整体自我；而真正的自豪来自内部的、具体的、不稳定和可控的归因(例如，我成功是因为我进行了大量的练习)，个体肯定的是自我某方面的具体行为。自大的自豪与外显自尊和内隐自尊的负相关显著，而真正的自豪与外显自尊和内隐自尊的正相关显著(Tracy et al., 2009)。

自大的自豪与真正的自豪具有迥异的道德价值：前者能够引发长期的焦虑、攻击、敌意、人际问题和其他自我破坏性的行为；后者可以激发低水平的抑郁和焦虑、较少的社会偏见、成就领域的积极行为、亲社会行为、高水平的关系满意度、婚姻适应性和社会支持(Ashton-James & Tracy, 2011; Carver et al. 2010; Morf & Rhodewalt, 2001; William & DeSteno, 2009)。总体而言，自大的自豪与反社会行为密切相关，而真正的自豪与亲社会行为密切相关。

2.1.2 内疚对道德行为的影响

对内疚的心理学研究由来已久。弗洛伊德认为，内疚是在幼年时受到父母惩罚或遭到抛弃后所引发的焦虑状态，儿童把指向父母的敌意转向内部并体验为内疚感。霍夫曼(Hoffman, 2000)提出了基于共情的内疚理论，将内疚界定为一种通常伴有迫切、紧张和后悔的轻视、厌恶自己的痛苦体验。一般认为，内疚是人们通常在认为自己违反了重要的社会规则、伤害了他人的情况下产生的负性情绪(Tangney & Dearing, 2002)，涉及自我与他人区分时指向自我的负性体验、主体性、反事实思维、后悔以及未来计划之间的相互作用(Mclatchie et al., 2016)。

内疚可分为两类：违规内疚(transgression guilt)和虚拟内疚(virtual guilt)。前者是指在实际发生的伤害性行为或违规行为情境中产生的内疚。后者则是指尽管人们实际上并没有做伤害他人的事情，或所作所为并没有违犯公认的社会道德规范，但如果他们以为自己做了错事或与他人所受到的伤害有间接关系，而产生的内疚。虚拟内疚又有四类：①关系性内疚。具有亲密关系的个体在同伴一旦表现出不明原因的悲伤时，不仅会产生共情性悲伤，也会为同伴的不快而责备自己。②责任性内疚。那些对他人肩负某种责任的个体，常常会因下属所受的意外伤害而责备自己。③发展性内疚。那些在同龄人群体中获得某种突出成就的个体，在欣喜的同时，也往往会因使其他人"相形见绌"而感到内疚。④幸存性内疚。有些经历了战争、瘟疫和地震等大灾难的幸存者可能认为相比于其他人自己不值得活下来，或是认为自己在挽救其他人方面做得不够，因此而产生内疚感(Hoffman, 2000)。

内疚的相关脑区主要有：楔前叶和颞顶联合区(TPJ)(Fourie et al., 2014; Kédia et al., 2008)，前扣带回(ACC)和脑岛(Basile et al., 2014)，杏仁核和基底核(Kédia et al., 2008)，以及眶额皮质(OFC)(Morey et al., 2012)等。

内疚具有重要的道德动机功能，能够促使个体认可自己的道德责任，并采取补偿行为(Caprara et al., 2001)。许多研究表明，内疚易感性与反社会行为和危险行为存在显著负相关，而且在人生发展的各个阶段普遍存在。例如，易于体验到内疚的青少年更不可能被拘留、判刑和监禁；更有可能进行安全的性行为，更不可能吸毒(Tangney & Dearing, 2002)。内疚易感性与青少年犯罪存在显著负相关(Stuewig & McCloskey, 2005)。内疚易感性高的大学生更不可能吸毒和酗酒(Dearing et al., 2005)。此外，内疚能够促进道德内化、道德自我和道德动机的发展(乔建中, 2006)。

当然，内疚也有可能导致不良适应行为或不道德行为，尤其是当人们对超出自我控制的事件产生过度的或扭曲的责任感时。研究已经证实了内疚的负面效应(Gallagher et al., 2008)；当没有机会实施补偿行为时，内疚易于引发自我否认和自我惩罚(Nelissen & Zeelenberg, 2009)。因此，只有当人们为自己的过错承担适当的责任，承认自己的失败或违规，并且实施与违规程度相符的补偿行为时，内疚才具有最佳道德动机功能。

2.1.3 羞耻对道德行为的影响

羞耻是一种基于对整体自我的消极评价的，伴随有渺小感、无价值感、无力感的痛苦的自我意识情绪(Lewis, 1971; Tangney & Tracy, 2012)。当前对羞耻的研究有三类取向：①特质取向，把羞耻看作较为稳定的人格特征；②状态取向，强调羞耻是由某些情境引发的、具体的情感状态，而非稳定的人格特质；③类别取向，认为在某些特殊情境或领域下个体会表现出某种程度的羞耻易感性，并可据此对羞耻进行分类(高学德, 2013)。

对羞耻的神经机制的研究发现，羞耻能够激活颞上回、额下回、海马旁回、前额叶、脑岛和楔前叶等脑区(Finger et al., 2006; Michl et al., 2014)。虽然羞耻和内疚均与眶额皮质和前脑岛的激活有关，但内疚更多激活的是颞叶后部、楔前叶和颞顶联合区等与心理理论和认知控制有关的脑区(Zhu et al., 2019)，而羞耻更多与背外侧前额叶(dlPFC)和后扣带皮层(PCC)等自我加工相关脑区的活动有关(Bastin et al., 2016)。

羞耻容易引发许多适应不良行为或反社会行为。内桑森(Nathanson, 1994)提出了羞耻的"罗盘应对理论"，认为羞耻下个体的应对方式可以分为四种类型：①"逃避"：

通常产生于个体因那些由自己个性品质中(自认为)难以改变的不足所引发的羞耻情境中,或是掩盖那些可能给自己带来羞耻的某些品质缺陷,或是避开那些可能指出或发现其品质缺陷从而给自己带来羞耻的人。②"退缩":个体在体验到羞耻之时,以行为的暂时性停滞甚至逃离当时的情境来避开他人的注视,免受进一步的羞耻。③"攻击自我":个体通过自责、自虐或者自嘲、自贬等方式,将他人的注意力从其先前的蒙羞行为转移到目前的行为上以减轻自己的痛苦体验,并免受进一步的羞耻。④"攻击他人":在羞耻体验太过强烈时,个体会对使自己蒙羞的人进行抱怨、斥责甚至施以暴力。后续研究表明,在面对失败或违规时,羞耻常会激发个体的拒绝、隐藏或逃避行为(Ketelaar & Au, 2003; Sheikh & Janoff-Bulman, 2010);经诱发感受到羞耻的被试会表现出更少的共情和观点采择(Marschall, 1996; Yang et al., 2010);羞耻易感性与愤怒、敌意和指责他人、直接的身体或语言攻击、间接攻击(损害对他人重要的事情、背后议论他人)、替代性攻击、自我攻击呈显著正相关(Bear et al., 2009; Farmer & Andrews, 2009; Tangney et al., 1996)。当然,亦有研究未发现羞耻对犯罪等反社会行为的预测效应(Robbins et al., 2007; Stuewig & McCloskey, 2005; Tibbetts, 2003)。

羞耻也具有一定积极的社会适应价值。费斯勒(Fessler, 2007)区分了两种形式的羞耻:①原始的羞耻,往往由于个体处于从属地位而被激活;②遵规守纪者的羞耻,一般因为个体没有遵守某些社会文化行为准则而激活。第二种羞耻能够促进个体遵从重要的社会文化准则象。德霍格等(de Hooge et al., 2008)发现,在特定条件下,羞耻会激发一定的亲社会行为。

2.2 他人指向情绪对道德行为的影响

2.2.1 共情对道德行为的影响

共情是至今探讨最多的道德情绪。对共情的研究最早可追溯到英国著名哲学家亚当·斯密(Adam Smith, 1723—1790)。他指出,共情是由理解他人的观点并做出相应的情绪反应能力组成的。学界对共情的定义大体可分为三类:①认知性界定:侧重于共情的认知特征,强调个人知觉、角色扮演、对他人情感的认知以及社会认知等因素在共情产生中的作用(Pecukonis, 1990)。②情绪性界定:强调共情的情绪反应特征,认为共情是对他人情绪状态或情绪条件的认同性反应,其核心是与他人的情境一致的情绪状态(Pecukonis, 1990)。③综合性界定:认知成分和情绪成分在共情的产生过程中相互作用、密不可分。例如,艾森伯格和法布斯(Eisenberg & Fabes, 1998)提出,共情是一种与他人的感受相同或相近的情绪性反应,这种情绪性反应来自对他人的情绪状态或情境的认知。

认知神经科学研究揭示了共情的神经基础。认知共情(cognitive empathy)是共情的认知成分,指对他人情感的理解。其核心脑区有二:腹内侧前额叶(vmPFC)(Schnell et al.,2011;Shamay-Tsoory et al.,2009)和颞顶联合区(Mai et al.,2016)。而这两个部位是心理理论激活的脑区。由此可见,认知共情与心理理论中的情感心理理论(即对他人情感的推断)的机制相同(Walter,2012)。情感共情(emotional empathy)是共情的情感成分,指对他人情感的感受或替代性分享。其主要脑区包括:前扣带回和前脑岛(Lamm et al.,2010;Morrison et al.,2004),以及镜像神经系统(MNS)(Pfeifer et al.,2007;Raz et al.,2014)。

　　共情是一种重要的亲社会动机,能够引发个体的助人等亲社会行为。许多研究证实,青少年的共情与其外显亲社会行为之间存在显著正相关(岑国桢,王丽,李胜男,2004;Barr & Higgins-D'Alessandro,2007;Marsh & Ambady,2007;McMahon et al.,2006)。同时,共情还会影响个体的内隐亲社会倾向。研究发现,个体的内隐助人倾向与共情能力显著相关,高共情个体具有内隐助人倾向(程德华,杨治良,2009)。此外,共情还可以作为中介变量对亲社会行为产生影响。例如,共情在幼儿的观点采择与其亲社会行为(Vaish et al.,2009)、家长亲社会教育与子女亲社会行为(Krevans & Gibbs,1996)、道德强度与企业道德决策(李晓明,傅小兰,王新超,2012)之间具有显著中介作用。当然,也有研究者对共情与亲社会行为之间的关系提出了质疑。有研究显示,与共情性关注存在显著正相关的亲社会行为只有3种,而且都是非正式的助人行为、且需要受助者必须在施助者面前(Einolf,2008)。

　　共情与攻击等反社会行为存在一定关联。研究表明,共情与攻击、欺负等之间呈显著负相关(Björkqvist et al.,1992;Espelage et al.,2004;Miller & Eisenberg,1988;Munoz et al.,2011;Strayer & Roberts,2004;Warden & Mackinnon,2003);低水平共情与攻击、欺负存在高度正相关(Dewied et al.,2005;Gini & Albiero,2007;Jolliffe & Farrington,2004);共情能够有效抑制攻击行为(Findlay et al.,2006;Marcus,2008;应贤惠,戴春林,2008)。同样,亦有研究并不支持共情与攻击、欺负等行为之间的显著相关(Batanova & Loukas,2011;Jolliffe & Farrington,2006)。

2.2.2　钦佩对道德行为的影响

　　钦佩是在观察到他人的道德的、值得赞扬的和非凡的行为时产生的积极情绪。它也可被理解为对优秀他人或榜样的一种高度的喜欢和尊敬(Becker & Luthar,2007)。钦佩的典型成分是欣赏(appreciation)和鼓舞(inspiration)。钦佩可分为美德钦佩(admiration for virtue)和能力钦佩(admiration for skill)(Immordino-Yang et al.,2009)。哈迪特(Haidt,2003b)用"elevation"来表述美德钦佩,认为美德钦佩是当人们看到他人意想不到的美德行为时所产生的一种温暖的、向上提升的情绪。

　　美德钦佩与某些脑区的活动有关。它能够激活后内侧皮层(PMC)的下部和后部(这些部位与前后带回、中扣带回和脑岛相连,涉及内感受信息的处理)、前后带回、前岛叶和下丘脑（涉及动态平衡控制），以及小脑叶（Immordino-Yang et al.，2009）；还能诱发与自我参照加工有关的内侧前额叶、楔前叶和脑岛的活动（Englander et al.，2012）。

美德钦佩能够促进人们的亲社会行为。研究发现，美德钦佩可以导致后叶催产素分泌的增加，并进而增进女性的哺乳行为（Silvers & Haidt，2008）；领导者的自我牺牲和人际公平等美德行为会影响下属的钦佩，进而影响下属的组织承诺和组织身份行为，比如利他、礼貌和服从（Vianelloa et al.，2010）。

2.2.3　感激对道德行为的影响

感激是对他人的仁慈善举的一般情绪反应（McCullough et al.，2001）。它是一种愉快的情绪状态，不同于负债感（indebtedness），后者是与义务相连的一种消极情绪状态。

感激的相关脑区包括：楔前叶和颞顶联合区等心理理论相关脑区（Liu et al.，2020），豆状核等奖赏相关脑区（Liu et al.，2020），前扣带回、背内侧前额叶和丘脑等情绪相关脑区（Fox et al.，2017），以及腹内侧前额叶等价值评估相关脑区（Yu et al.，2017）。

感激的道德性质体现在两个方面：①感激产生于施惠者的道德行为（例如，亲社会行为、助人行为等）；②感激引发受惠者随后的道德动机（McCullough et al.，2001）。其道德功能可概括为三点：道德计量功能、道德动机功能和道德强化功能（McCullough et al.，2002）。研究表明，感激会促进信任与合作等亲社会行为（Bartlett & DeSteno，2006；Ma et al.，2017）；感激特质水平高的被试会更加慷慨、公平和值得信任（Yost-Dubrow & Dunham，2018），在最后通牒博弈任务中对不公平分配的接受率更高（Park et al.，2021）。

此外，感激具有重要的心理成长功能。一系列研究显示，感激能够显著降低焦虑和抑郁症状，有利于增强心理韧性、社会支持、适应性行为和心理健康（Emmons & McCullough，2003；Frederickson et al.，2003；Kashdan et al.，2006；Petrocchi & Couyoumdjian，2015；Wood et al.，2008）。

3　集体道德情绪

20世纪70年代，集体道德情绪（collective emotions in moral events）开始进入人们的研究视野。集体道德情绪指的是在道德领域中产生的集体情绪，是大多数成员因集体中他人的行为是否违背道德而产生的情绪；它既指发生在集体中的道德情绪，也指因为道德事件而诱发的集体情绪（刘晓洁，李丹，2011）。集体道德情绪的判断涉及两个方面：一是某种情绪是否为道德情绪，二是此情绪是否为集体情绪。判断某种情绪是否为集体情绪的标准,主要包括情绪与群体认同水平之间的关系、情绪是否在群体内共享、情绪是否有助于激发和调节群体间与群体内的态度和行为等(Smith et al.,2007)。

集体道德情绪的研究主要集中于集体内疚(collective guilt)和集体羞耻(collective shame)。集体内疚指向于受害的群体和个人。当个体对群体有较高认同,群体成员意识到自己应该对所属群体的伤害行为或随后造成的不良影响负有一定责任时,就会产生集体内疚。研究发现,集体内疚与后续的补偿呈正相关(Brown et al.,2008)。如果被试体验到集体内疚,就会更倾向于对受害的外群体做出补偿行为。集体内疚可以通过共情对补偿行为起作用。被试对受害群体的共情水平越高,就越有可能做出补偿行为(Brown & Čehajić,2008)。集体责任认知也会影响集体内疚与补偿行为的关系。如果被试回忆起自己所属群体受害的历史经历,他们会觉得内群体对外群体所做的伤害行为在一定程度上是有理由的,个体也不需要对伤害行为负责。这样的责任认知会降低被试的集体内疚,补偿行为也就很少发生(Wohl & Branscombe,2008)。而集体羞耻指向的是内群体本身。当内群体的软弱无能、违背道德规范或准则等不受控制的方面被公开曝光时,就会产生集体羞耻(Branscombe et al.,2004)。集体羞耻对补偿行为的影响还不明确。有研究显示,由于隐含着对内群体形象的威胁,集体羞耻会导致群体成员对外群体的各种回避、敌视,不会对外群体产生补偿倾向或行为(Lickel et al.,2004)。还有研究发现,集体羞耻存在着短期的亲社会倾向,其原因在于内群体成员为了迅速提升被损坏的群体声誉、减少群体成员的负性情绪而选择在公共场合及时做出补偿倾向或行为。集体羞耻可以通过自哀和共情来影响补偿行为(Brown & Čehajić,2008)。

集体道德情绪研究虽然取得一定成果,但是仍处于起步阶段,存在着影响因素不明确、研究方法单一以及仅限于国家和民族水平等不足。未来的集体道德情绪研究应该加大集体道德情绪纵向研究的力度,进行集体道德情绪的神经生理学实验研究,加强小群体的集体道德情绪研究、集体道德情绪的跨文化研究、集体自豪等积极集体道德情绪的研究等(刘晓洁,李丹,2011)。

小结

道德情绪集中体现了情绪对道德行为的影响。它是指基于自我意识和道德认知,对自己或他人进行道德评价时产生的、影响道德行为产生或改变的一种复合情绪。研究者从多个角度对道德情绪进行了分类,并考察了道德情绪的发展及其影响因素。自豪、内疚和羞耻等自我意识情绪与共情、钦佩和感激等他人指向道德情绪具有重要的道德功能。集体道德情绪研究也开始引起人们的关注。

复习思考题

1. 道德情绪与其他类型的情绪在含义、类型和发展上有何异同?
2. 如何结合道德情绪的认知神经基础来理解其对道德行为的影响?

第 13 章

情绪与行为

如果情绪体验和情绪表达能力是通过进化得来的,那么情绪一定是曾经适应祖先生活的。对某些特定情绪来说,确实具有适应性意义,如恐惧警示我们远离危险;愤怒让我们去攻击入侵者;厌恶让我们回避那些可能会导致疾病的食物。长久以来,人们尝试理解情绪与行为之间的关系。本章首先分析情绪与行为的发生顺序,以及身体活动和生活事件对情绪和行为的影响等;接下来讨论情绪调节与行为改变问题;随后阐述愤怒与攻击行为的关系、羞怯与网络成瘾行为的关系等;最后探讨群体情绪与群体行为之间的关系。学习本章内容将有助于人们管理自身的情绪,以及引导和管理公众情绪。

第一节 情绪与行为的关系

本节首先介绍情绪与行为先后关系的理论,以及有关生理唤醒对于情绪产生的必要性和充分性的实验研究发现,然后讨论身体活动对情绪的影响,以及生活事件与情绪和行为的关系。

1 情绪与行为,孰先孰后

如本书第 2 章所述,一般观点认为,人们先体验到情绪,之后引起心率和其他方面的变化。但詹姆斯-兰格(James-Lange)理论却认为,当处于令人恐惧的处境时,人类行为的发生先于情绪(如图 13.1-1 所示)。詹姆斯(James,1884)主张,自主神经系统唤醒、骨骼肌运动等首先发生,然后,人才体验到情绪。换言之,我们之所以体验到情绪是因为我们对身体变化的觉知,如因为逃跑才恐惧,因为攻击才生气。

按照詹姆斯-兰格的理论,可推导出两个预测:自主神经系统或骨骼肌反应能力低下的人,其情绪体验较少;诱发或提高某人的反应,将增强其情绪体验(Karat,2009)。

```
┌─────────────────────────────────────────────────────────┐
│ 一般的观点：                                              │
│                                                         │
│ 令人恐惧的处境 ⟹ 恐惧 ⟹ 逃跑，心跳加快等                 │
├─────────────────────────────────────────────────────────┤
│ 詹姆士-兰格的理论：                                       │
│                                                         │
│ 令人恐惧的处境 ⟹ 逃跑、心跳加快等 ⟹ 恐惧                │
└─────────────────────────────────────────────────────────┘
```

图 13.1-1　詹姆士-兰格理论与一般观点比较
来源：Karat, J. 著，苏彦捷等译，2011.

下面就介绍相关的研究发现。

1.1　生理唤醒对于情绪产生是必要的吗？

为了考察生理唤醒对情绪产生的作用，海姆斯等（Heims et al., 2004）对患有纯自主神经衰竭的患者做了研究。患者的自主神经系统传出的信息完全不能或几乎不能传达到身体相应的部位。因为缺乏必要的反射活动，所以他们起立时必须慢慢站起以避免昏厥。而且，当他们面对应激情境时，心跳、血压、汗液等也不会产生相应的变化。根据詹姆斯-兰格的理论，这些人应该没有情绪体验。事实却相反，这些患者不但能够报告和其他人一样的情绪体验，而且在识别小说中的人物可能会体验到的情绪时没有任何困难。只是这种情绪体验的强度远低于患病之前（Critchley et al., 2001）。情绪体验程度的减弱与詹姆斯-兰格的理论预期具有一致性。

但是，科博等（Cobos et al., 2004）对脊髓横断损伤患者进行研究。患者通常出现损伤面以下的身体部位瘫痪，胳膊和腿部无法运动，不能做到身体攻击和逃跑，但这些患者大部分报告说他们可以感受到和受伤前一样的情绪体验。这表明，情绪不需要来自肌肉运动方面的反馈，瘫痪并不影响自主神经系统的活动。

1.2　生理唤醒足以产生情绪吗？

按照詹姆斯-兰格的理论，情绪体验是由身体变化引起的。那么，人们是否在心率加快、呼吸急促、全身出汗时就一定会引起情绪变化？事实并非如此。例如刚跑完一公里的人，心率、血压、呼吸等生理变化是运动造成的，而不是情绪使然。相反，如果上述生理变化是自发产生的，那么可以理解为由交感神经系统唤醒产生的恐惧反应。在特殊情况下，经常性地急促呼吸会使人们担心患了哮喘而惊恐，这种惊恐发作是由交感神经系统异常唤醒所引起的（Klein, 1993）。

研究者假设：如果我们发现自己在笑（身体变化），我们会变得更高兴（情绪体验）。

斯特拉克等检验了"感知微笑对情绪的影响"。实验任务是让被试在嘴里放一支笔,或者用牙咬住(被试表现出的是笑容),或者用嘴唇夹住(被试的笑容被阻止住)。然后给被试一个连环画,请被试根据连环画的有趣程度进行评分。结果表明,用牙齿咬着笔的比用嘴唇夹住笔的人对连环画的评定结果更偏向有趣(Strack et al.,1988)。这项结果说明,对微笑的感知会增加快乐体验。

上述一系列的实验结果表明,人类对于身体的感知对情绪体验有一定的影响。但起关键作用的还是自主神经系统的活动而非肌肉运动。

2 身体活动对情绪的影响

如果是行为创造了情绪,那么那些全身瘫痪的人应该感受不到情绪(James,1884)。早在20世纪60年代中期,心理学家乔治·奥曼(George Aumann)就在一家退伍军人管理医院研究了那些麻痹症患者的情绪问题,以检验詹姆斯关于"丧失活动能力会妨碍情绪的产生"这一预言。奥曼认为,如果詹姆斯的假说是正确的,那么脊柱受伤部位越高(意味着身体更大一部分不能活动)的人,其情绪感受能力应该丧失得越多。奥曼找到了一些脊柱不同部位受伤的病人,对他们就情绪问题进行了采访。在实验中,奥曼让病人比较他们在受伤前后感到恐惧的频率。结果表明,脊柱底端受伤的病人感觉情况没有什么变化,而脊柱上端受伤的病人则报告说他们生病后感到自己不再恐惧了。这表明身体活动对人的情绪感受有重要影响,脊柱受伤位置越高,人们的情绪感受能力下降越快(Wiseman,2012)。

面部瘫痪是否也会影响到情绪感受能力?戴维斯(Davies)及其同事选取了一些自愿使自己面部变瘫的人参与了实验。他们招募了两组女性志愿者,其中一组注射了肉毒杆菌,另一组在额头注射一种"填充物"。注射这两种物质都旨在帮助人们拥有更年轻的面容,但只有肉毒杆菌会使面部肌肉瘫痪。随后,研究者给这些女士观看几个视频片段,分别用于诱发厌恶、欢乐和愉悦情绪,要求被试观看完每段视频片段后,给自己的情绪状况打分。结果表明,相比于那些注射填充物的女士,注射肉毒杆菌的女士们情绪反应更小。这一结果支持了詹姆斯的理论:身体活动能力(此处指面部表情)丧失会导致情绪感受能力消失(Wiseman,2012)。

3 生活事件与情感和行为的关系

生活事件是指个体在家庭、学习、工作等生存环境中发生的并要求个体必须做出改变或予以适应的情况或变化。陈红敏等(2014)认为,以往关于生活事件对个体情感反应和行为选择的影响研究,都是试图从不同生活事件和行为决策关系的角度对个体的影响机制进行解释,但不同理论之间存在争议:行为/经济理论认为人是"绝对理性"的,而平均/累加模型①、峰—终定律②和心理账户③理论却认为人是"有限理性"的。

生活事件如何对个体的情感反应和行为选择产生影响?研究者更多关注了生活事件的性质、个体的情感强度差异和数量等对个体的情感反应和行为选择的影响。事实上,个体自身对生活事件本身的认识、生活事件的可控程度、个体的预期等都可能影响到对生活事件的情绪体验程度并进而影响到行为抉择。加内夫斯基等(Garnefski et al.,2001)编制了"认知情绪调节问卷",用于测量人们在经历了负性生活事件后的9种认知情绪调节策略。他们的研究发现,认知应付策略在负性生活事件体验和抑郁、焦虑症状报告之间起着一定作用。进一步的研究显示,焦虑症状可能和其经历的负性生活事件相关,而对负性生活事件的认知情绪调节策略可能有一定的中介作用(贾惠侨 等,2013)。

关于生活事件与自杀行为之间的关系,有研究探讨了基本心理需求在负性生活事件和自杀行为之间的缓和作用(Rowe et al.,2013)。研究结论认为,治疗性支持的能力、个体的自主性和关联性,对正在经历生活压力的个体来说可能是预防自杀的一个重要策略。

小结

詹姆斯-兰格理论认为,人类行为的发生先于情绪。但研究发现,生理唤醒对于情绪产生既非必要条件又非充分条件;人类对身体的感知对情绪体验有一定加强作用,其中起关键作用的是自主神经系统的活动而不是肌肉运动。脊柱受伤位置越高,人们的情绪感受能力下降越快。个体对生活事件的认知对情绪体验和行为抉择有不同程度的影响。

复习思考题

1. 试回答情绪与行为产生谁先谁后的问题。
2. 试用前人实验研究结果说明身体感知对情绪的影响。
3. 试用前人实验研究结果说明身体活动对情绪感受的影响。

---

① 平均/累加模型是从社会心理学中整体印象形成的理论(平均模型、累加模型和加权平均模型)发展而来的。
② 峰—终定律是丹尼尔·卡尼曼(Daniel Kahneman)研究发现的,即人们对一段经历的记忆由两个因素决定:高峰(无论是正向的还是负向的)时与结束时的感觉。
③ 心理账户理论认为,人们都有两个账户,一个是经济学账户,一个是心理账户。经济学账户里,每一元钱是可以替代的,只要绝对数量相同;而在心理账户里,每一元钱需要视不同来源和去往何处,采取不同的态度。

第二节 情绪调节与适应行为

情绪调节是个体根据内外环境的要求,在对情绪进行监控和评估的基础上,采用一定的行为策略对情绪进行影响和控制的过程。情绪调节是个体为保持内外适应的机能反应,可分为有意情绪调节和自动情绪调节,也可分为自适应的和适应不良的情绪调节,而且可以使用多种调节策略。

1 有意情绪调节和自动情绪调节

情绪调节既可以是有意的和受控制的,如在人际交往中掩饰愤怒;也可以是自动的,如将注意立刻离开令人恐惧不安的图像或情景(Gross & Thompson, 2007)。情绪自动调节是指由目标驱动的对个体情绪各方面的改变,并且这种改变不需要个体进行意识决定或有意控制,也不需要个体将注意投向情绪调节的过程(Mauss et al., 2007)。对负性情绪面孔注意偏向的研究结果显示,自动情绪调节可以有效地减弱被试的负性情绪面孔注意偏向(王巧婷 等,2019)。

自动情绪调节对人们具有积极意义。自动情绪调节可促进老年人记忆和注意的正性偏向;也可以帮助那些具有行动指向的个体在目标追求过程中有效地改善情绪。所谓行动指向,是指个体采取行动解决引发压力的问题,从而改变自己正在经历的负性情绪。具有行动指向的个体,会从压力情境的负性情绪中更快恢复正常(Koole & Coenen, 2007)。在极端的社会排斥情景中,自动情绪调节能够使个体激活自身的正性情绪,改善当前的负性情绪(DeWall et al., 2011)。还有研究发现,自动情绪调节能够有效降低个体的愤怒情绪(Mauss et al., 2006)。

有意情绪调节和自动情绪调节两者之间是相互独立的并行关系。二者在脑功能活动上存在差异:腹侧前额叶负责有意的情绪调节和对结果的反馈,内侧前额叶负责自动情绪调节(Phillips et al., 2008)。对脑损伤病人的研究发现,自动情绪调节主要涉及的脑区包括前扣带回双侧的膝下沟回、双侧前额叶、前扣带回的左喙、双侧背腹侧前额叶、前扣带回背侧中线、海马以及海马旁回(Phillips et al., 2008)。

2 情绪调节的自适应与适应不良

情绪调节的自适应是指允许一个人在自己的环境中成功的功能(Bridges et al., 2004)。具备自适应功能的人,表现为当他(她)面临一种艰难的情感体验时,能够比较有效地克制这种体验而继续从事有目的的行为(Gratz & Roemer, 2004；Gratz & Tull, 2010)，同时允许情感体验按照常规发展，并通过使用各种不同的情绪调节策略而灵活实现。情绪调节的自适应可以通过训练而习得，如通过情感觉察、情感接受、使用各种情绪调节策略等训练而具备自适应功能(Berking & Znoj, 2008；Gratz & Roemer, 2004；Gratz & Tull, 2010)。

与情绪调节的自适应相反的另一个功能是情绪调节适应不良。这种适应不良表现为个体面对不良的情绪时调节困难或面临着一个艰难的情感体验时，无法控制或转移这种情感体验，进而导致注意力不能充分集中在目标导向的行为中，或不允许情感体验自生自灭(Roberton et al., 2012)。情绪调节适应不良包括情绪调节不足和情绪调节过度两种。情绪调节不足是指不能克服困难的情感体验而继续从事有目的的行为，或不能抑制冲动行为(Gratz & Tull, 2010)。这类个体无法使用情绪调节策略控制自己的行为。相反，情绪调节过度，是指个体使用情绪调节策略，努力阻止情感体验的展开。阻止情感体验展开的方式有两种：避免某种情感体验，或抑制某种情感表达(Whelton, 2004)。

情绪过度调节对攻击行为具有推波助澜的作用。罗伯顿等(Roberton et al., 2012)讨论了情绪调节与攻击行为的关系，认为情绪的过度调节可能会通过增加负性情绪、减少对攻击的抑制、折中决策过程、增加生理唤醒、减弱社会网络、阻碍困难情境处置等而最终增加攻击性。例如，有研究表明，压抑自己的情绪与自我报告的更大焦虑反应相关(Hofmann et al., 2009)。

3 情绪调节技能

情绪调节的基本技能包括情感觉察、情感接纳和运用多种情绪调节策略(Berking & Znoj, 2008；Gratz & Roemer, 2004；Gratz & Tull, 2010)。

情感觉察是指个体觉察到自身当前的情感状态。人们识别和描述内部情感体验的能力非常重要，因为它提供了在这种情感下的自适应功能的信息(Gohm & Clore, 2002)。述情障碍(alexitymia)是情感觉察失常的一种。关于述情障碍的研究表明，有述情障碍的人，典型表现是无法感知和表述自己或他人的情绪。其中情绪觉察不足表现为情绪体验的符号表征困难和详细阐述情感体验困难(Tull et al., 2005)，且低水平的情感觉察可能与攻击行为有关。

情感接纳是指不以个人道德标准评判所产生的情感(Chambers et al., 2009)，而是将积极情绪体验和消极情绪体验都看成是人的情感的必要组成部分，愉悦或平静地接纳自身的情感体验。情感接纳是允许情感伴随生理和心理过程自然而然地产生(Whelton, 2004)。情感接纳困难的人，可能会竭力回避某种情感或压抑自己的情感体验和/或表达(Chambers et al., 2009),这可能增加攻击倾向。

情绪调节策略,有些是行为策略,譬如,回避会触发有害情绪的情景;还有一些是认知策略,譬如,使用能触发想得到的情绪的记忆。大多数关于情绪调节的研究主要集中在认知、情感、生理和社会成本以及特定的情绪调节效益策略上(Butler & Gross, 2004; Gross, 2002; John & Gross, 2004)。其中,认知重评和表达抑制两种情绪调节策略受到了研究者的特别关注。认知重评是通过改变对唤起情绪的刺激的思考方式从而改变个人的情绪体验。认知重评是一项重要技能,正如两千多年前古罗马皇帝马库斯·奥雷柳斯所写到的:"如果你因外界事物而痛苦,这痛苦不是由于这件事情本身,而是由于你对它的评价;并且你有能力在任何时候撤销这个痛苦。"(Schacter, 2016)。袁加锦等(2014)考察了中国人采用这两种策略调节负性情绪的时间动态特征,结果表明表达抑制策略和认知重评策略都能有效降低负性情绪体验。近年来,随着接纳与承诺疗法的兴起,接纳也成为研究者关注的情绪调节策略之一。

小结

有意情绪调节和自动情绪调节是相互独立并行的关系,存在于不同的脑功能区域。情绪调节不足和情绪调节过度是常见的两种情绪调节适应不良。情绪调节的基本技能主要包括情感觉察、情感接纳和运用情绪调节策略。常用的情绪调节策略有表达抑制、认知重评和接纳等。

复习思考题

1. 试论述有意情绪调节和自动情绪调节的不同。
2. 试列举情绪调节的适应不良现象。
3. 试举例说明情绪调节的技能。

第三节 愤怒、恐惧、羞怯与行为

在各种情绪与行为的复杂关系中,我们选择了两种情绪和两种行为之间的关系:愤怒与攻击行为、羞怯与网络成瘾行为。分析愤怒与攻击行为的关系,旨在帮助人们通过了解愤怒调节的价值、愤怒减降的方法、愤怒控制与攻击之间的关系,减少攻击行为对社会和行为人自身的不利影响。探讨羞怯与网络成瘾的关系,意在帮助人们了解网络成瘾的个体性格的情绪因素,减少网络成瘾行为,促进羞怯个体在真实社会而非虚拟社会中的社会交往。

1 不同类型的攻击及伴随情绪

愤怒是人类四种基本的原始情绪之一,它是由于外界干扰使愿望受到压抑,目的受到阻碍,从而逐渐积累紧张性而产生的情绪体验(Krech,1980)。愤怒与攻击行为之间的关系受到了研究者的持续关注。

在社会心理学中,攻击是指故意伤害对其自身并不构成伤害的他人的任何行为(Baron & Richardson,1994)。例如,人们能看到的用枪射击、用刀刺杀或刺伤、拳打脚踢、扇耳光、公开辱骂他人等,都是典型的攻击行为。攻击是一种社会行为,它至少包括两个人:攻击者和被攻击者。攻击行为伴随的情感可能是激情、平静或超脱。例如,士兵在战场上杀敌不会感到恐惧;有时人为了经济利益,也会变得冷酷无情。攻击行为依赖于个体,同样也依赖于情境。

1.1 攻击行为分类

莫耶(Moyer,1968)最早描述了动物的七种攻击行为:(1)掠夺型攻击(捕食中的进攻),由饥饿、合适的捕猎目标所唤起;(2)在雄性之间的攻击,由相同物种中的陌生雄性动物的出现所唤起;(3)恐惧诱发的攻击;(4)应激性的或痛苦诱发的攻击;(5)地盘排他性的攻击;(6)母性攻击,雌性动物为了保护新生幼崽免受威胁而表现出的攻击行为;(7)工具型攻击。尽管莫耶提出的分类并不完整,但在理解各种攻击/防御行为之间的关系、决定其调节机制方面是一种显著进步(McEllistrem,2004)。雷特和瑞斯(Later & Reis,1971,1974)重新建构了莫耶提出的分类,确认了掠夺型攻击,并把其他六类整合成情感型攻击。

巴拉特等(Barrat et al.,1991)将攻击分成了三种广义的类型:预谋性攻击、病理性攻击、冲动性攻击。预谋性攻击是个体受其所在的社会环境和文化的影响而习得的一种有计划性和目的性的攻击行为;病理性攻击包括一些医学障碍,如心理变态,由外伤性脑损伤导致的神经系统异常、精神病和惊恐发作时的攻击行为;冲动型攻击是一种自然的脾气爆发现象,它没有计划性,也不属于医疗障碍类型。具有冲动型性格的人,情绪调节和行为控制力比较差,在攻击行为发生后随之产生懊悔,但他们并不一定能在未来的同样境遇中减少这种冲动性攻击行为。

1.2 愤怒、恐惧与"战逃行为"

人为什么会愤怒?认知心理学家认为,愤怒是一系列即兴心理对事物评价的结果的内心体验,而事物又必须具备以下条件时才受到评价:很不希望发生的、故意的、与当事人的价值观相违背的、可用生气反应进行测量的。愤怒被认为与攻击行为之间存在密切联系。恐惧也是诱发攻击行为的重要情绪之一，个体在面对威胁情境时的应激反应分为三个阶段，其中第二个为阻抗阶段，包含两种可能的反应：战斗或逃跑(Selye，1978)。这是由肾上腺素引起的被称为"战斗或逃跑"的反应。

不论哪种文化背景，攻击行为在儿童生活中出现得都很早。在大多数4—7个月的婴儿身上就出现了愤怒表情(Stenberg et al.，1983)，随后较短时间内也表现出来了攻击这种人际行为。多项纵向研究表明，1—3岁的婴幼儿比一生中其他时间都表现出更多的身体攻击性(如 Broidy et al.，2003；Cote et al.，2006；Miner & Clarke-Steward，2008；Tremblay et al.，2004)。在日托环境下，大约25%的蹒跚学步的孩子的互动包含某些身体攻击，如推搡和抢别人的玩具(Tremblay，2000，2014)。所幸大多数蹒跚学步的孩子的攻击还没有严重到足够暴力的程度。在他们那个年龄，还不足以达到伤害的程度，由于弱小，他(她)们更多服从于外部控制。随着年龄的增长，蹒跚学步时期表现出攻击的孩子们，逐渐学会了抑制身体攻击。在学前晚期和小学早期，身体攻击逐渐减弱，而口头攻击和间接攻击开始增多(Loeber & Hay，1997；Tremblay，2000；Tremblay & Nagin，2005)。

愤怒和攻击行为在幼年早期出现，对理解攻击行为的发生发展过程及其机制具有重要意义。愤怒作为挫折的反应，用推搡、击打、猛推障碍物来实现目标或达到目的，对于几乎所有蹒跚学步的孩子的生活似乎还太早，因而不能仅仅用学习过程来解释。更可能合理的解释是这类行为是婴幼儿内在偏好的一部分。早期学习过程的关键作用在于完成社会化的孩子不再攻击，即为了达到目标，他们学会了采用社会接纳的行为(Tremblay，2000；Tremblay & Nagin，2005)。

2 控制愤怒与过度调节

根据弗洛伊德的理论，生气是因为人们压抑了自己的想法。如果他们能够以一种安全的方式，比如砸枕头、大喊大叫等来释放自己的情感，将会是一种很好的宣泄方式。詹姆斯则认为这些宣泄可能是危险方法，因为人们之所以会生气是因为他们表现得很生气，故弗洛伊德的上述治疗方法往往只会使人变得更加生气(Wiseman，2012)。两位心理学大家，究竟谁的观点是正确的？

2.1 迅速止怒：平静优于大喊大叫

斯特劳斯(Straus，1979)发现，对于试图维持关系的情侣，心理学家们给出的建议大多遵循了弗洛伊德的理论：这些建议大都来自"进攻疗法"，认为情侣之间应该毫无保留地告诉对方自己的想法。当时的指导手册鼓励情侣们"释放压抑已久的埋怨情绪""双方都彼此开诚布公",并鼓励情侣们咬奶瓶并将其想象成自己的伴侣。为了搞清楚这种方法对情侣间到底是能够帮助维持其亲密关系还是会中断一段感情,斯特劳斯推定,如果情绪疏导法(即进攻疗法)是有效的,那么那些在语言上相互攻击的情侣就不太可能在身体上进行彼此攻击。斯特劳斯对学生展开调查,让他们观察父母的言语攻击、身体攻击情况。300多名学生完成了相关问卷,问卷的内容包括:"父母在面对问题时,会有效讨论问题吗?""他们彼此会恶语相向甚至嚎叫着冲出房间吗?""会彼此扔东西或者进行身体攻击吗?"调查结果发现:情侣间越是恶语相向,他们就越可能发展成拳脚相加。这提示人们:大喊大叫并不能疏导情绪。相反,恶语相向会使人们变得更加愤怒,情绪会回应你的所言所行!

那么,表现得平静是否可以让人迅速止怒?布什曼(Bushman,2011)让大学生花20分钟时间玩一个或轻松或激烈的游戏。在轻松的游戏中,学生们的任务是在安静的海底世界畅游,寻找被掩埋的宝藏;在激烈的游戏中,学生们要尽量派遣更多的血腥僵尸。之后,被试们还要做另一个游戏,即对抗一个看不见的对手,如果赢了就能大声责骂对方。实际上,并没有什么看不见的对手,并且被试一般都会赢得这场游戏。结果显示,那些之前在海底安静畅游的人攻击性明显较小,对他们想象中的敌人咒骂声音更小,并且时间也较短。

由此看来,那些试图通过表现得咄咄逼人而释放心中怒气的方法很可能使情况变得更糟。相反,要想平静下来,请彬彬有礼、举止平和。

2.2 减少愤怒的方法与技巧

埃利斯(Ellis,2005)提出情绪 ABC 理论,其中 A 表示诱发性事件(activating event),B 表示个体针对此诱发性事件产生的一些信念(belief),即对这件事的一些看法、解释,C 表示自己产生的情绪和行为的结果(consequence)。埃利斯认为,决定人的情绪的不是诱发性事件本身,而是个体对事件的归因与信念。事情发生的一切根源缘于我们的信念、评价与解释。正是由于我们拥有的一些不合理信念才使我们产生情绪困扰,久而久之,还有可能引起情绪障碍。如何应对愤怒?研究发现,减少生气的原因,澄清优先考虑的重点,让思考过夜等多种方法都值得尝试。

减少令人愤怒的诱因。一些研究发现,如果我们故意激怒参加心理实验的人员(让他们等待,让他们填写没玩没了的问卷,让他们面对故意要与被试作对的组织者),他们后来在做情绪测试时,会表现出更多的敌对和不合作态度。洛伦兹(Lorenz,1966)的实验发现,监狱中拥挤生活造成的各种失望,很容易导致高比例的愤怒:好朋友的任何微小动作都会招致人们的反感(他们清嗓子或擤鼻涕的方式),就像自己被粗暴的醉汉打了一个耳光似的。因此,减少故意激惹、减少社会排斥、改善过度拥挤的环境,是减少愤怒的重要途径。

澄清自己优先考虑的重点。换一种思维方式或换个角度,可以减少愤怒,如表13.3-1所示。

表 13.3-1 思维方式转换举例

与自己信念不符,产生愤怒	虽然与自己信念不符,但可转换思维方式做出反应
别人应当像我对他们那样对待我,否则就无法忍受,我爆发愤怒之后他们就得接受。	别人不以我对待他们的方式对待我,虽不喜欢但我可以忍受,同时告诉他们我的看法。
我必须愤怒,直到获得我所要的东西,否则人们会讥讽我。	为让他人接受我的观点,我可以用愤怒表达威慑,但这并非最佳方法。
我必须表达愤怒,否则人们会觉得我是个弱者。	我喜欢被尊重,但愤怒不是惟一获得尊重的办法。

让思考过夜。时间让您(1)重新衡量当时的情景,例如对方是否故意,并且是否有损害自己利益的想法?(2)听听别人的建议:从局外亲近的人那里得到看法;(3)具体罗列自己不满的原因,并准备好要对对方诉说的内容。

给对方留有时间表达他的观点。有能力表达自己的愤怒,但也要理解他人的情绪并给他人留下足够的时间表达,能够迅速根据情况调整自己的做法。如果不能及时将小化无,就可能将本可以避免的愤怒发泄出来。

就事论事,不要侮辱人格。易怒导致人们很快表现出夸大其辞的做法,甚至侮辱对方人格,从而导致不可逆转地损坏人际关系。如何学会在人际交往中就事论事而避免侮辱人格,见表13.3-2。

表 13.3-2 针对问题的表述与夸大其辞的表述对照

针对问题	夸大其辞
请不要打断我	你从来不让别人说话
你将一切都搞乱了	反正是别人来收拾烂摊子
你没跟我说就做这个了	你在背后做小动作
你说这个令我很不高兴	你不过是个可怜的笨蛋

尽量减少谴责。谴责会让对方持自卫态度并进而反攻,产生不满情绪,尤其在夫妻关系中。经验告诉我们,越将说话的音量水平提高,越能表达自己的愤怒,但是越可能将对方永久地伤害,而且使和解变得更难。

善于转移目标。在所有造成不良后果的情绪中,愤怒也会以看似温和的方式,继续折磨我们，它们使人情绪低落，甚至产生仇恨。好的方法是：(1)善于将愤怒状态转移，例如发泄出来；(2)善于将某些关系转移。对经常惹你生气的人，可以永远地将他与你关系拉远。

愤怒的原型意义在于激发人以最大的魄力和力量去打击和防止来犯者，换句话说，愤怒有两个作用：让我们做好战斗准备，同时愤怒以吓唬对方的方式使战斗变得不再必要，达到不战而屈人之兵的目的。

2.3 愤怒控制与攻击之间的关系

依据现有理论和临床分析，大多数因愤怒导致的暴力攻击行为，往往与当事人自己高度的愤怒体验和低水平的愤怒控制有关。但关于极端暴力的临床观察已经证实，抑制或压抑愤怒也可能成为极端暴力攻击的前提。梅加吉(Megargee, 1966)研究了暴力犯罪、愤怒和情绪抑制之间的关系，他也是最早关注过度控制概念的人之一。达韦等(Davey et al., 2005)分析了愤怒、过度控制和一些严重暴力犯罪之间的关系。他们的研究结果表明：关于暴力犯罪，既可能是情绪失去控制也可能是情绪过度控制的结果。梅加吉将暴力犯罪者分成不加克制的攻击型和长期过度控制型两类。前者为冲动和弱抑制型，后者为过度抑制和愤怒唤醒型。研究发现，这种过度抑制和愤怒唤醒型的人，最后更容易导致极端暴力行为发生(Blackburn, 1971; Lang et al., 1987)。他们的后续研究也发现，与那些温和的袭击者相比，严重暴力犯罪的成年人较少有犯罪前科，在敌意测量上得分也较低。这充分表明，过度抑制愤怒可能带来更强的攻击行为。

鉴于此，研究者开始关注愤怒体验与愤怒表达在临床上的意义。有研究者建议将过度控制个体分为两种类型："从众型"和"抑制型"(Blackburn, 1986, 1993)。从众型的人否认愤怒体验，把愤怒描述成打消焦虑、随和的和顺从的；而抑制型的个体会描述成强烈的愤怒体验，但表达愤怒却存在巨大困难，他们避免沟通与互动，也不善于报告抑郁情绪，有较差的自我意象。由此可见，无论是抑制愤怒体验还是抑制愤怒表达，都不是处理愤怒情绪的正确方式。

3 羞怯与网络成瘾

羞怯(shyness)是人们在面对新的社会环境和/或意识到社会评价的情境中体验到紧张和不适的一种性格特征。研究发现，羞怯是阻碍大学生人际交往的首要因素(伍育琦，1999)。羞怯可以引起人际关系淡漠、缺乏社会交流、自我意识和自我保护能力低下等社会问题(Henderson & Zimbardo, 1998)。而互联网的出现，使人们即使不用面对面也可以进行交流。这将有可能导致人们面对面交流、真实情景接触进一步减少,从而造成社会交流减少。相应地,人们之间的疏离感增强。相对于居住平房者,居住楼房者之间物理距离更近了,然而心理距离变得更远,甚至疏离感更强了。

网络成瘾与羞怯之间的关系是相互促进的。羞怯的个体比不羞怯的个体更容易为了逃避现实或交往而选择互联网这个虚拟世界,并沉迷其中;而网络成瘾的个体也更容易羞怯。罗青等(2013)认为互联网使用对羞怯个体有双重影响,积极方面的影响如可以降低羞怯水平;消极方面的影响如会使原本羞怯的个体网络成瘾。很多研究发现羞怯与网络成瘾关系密切。有研究者比较了中国台湾的高中生群体中网络成瘾与非网络成瘾者,发现具有羞怯人格特质的学生更容易出现网络成瘾现象(Yang & Tung, 2007)。

简言之,羞怯阻碍人际交往,而互联网的出现既可能弥补羞怯个体在面对面交往时的紧张或不适,也有可能导致羞怯个体网络成瘾。鉴于此,对于羞怯个体在使用互联网时的有效指导,帮助其做出合理安排使用互联网的时长显得尤为重要。

小结

情感型攻击分为预谋型攻击和冲动型攻击,前者通常伴随着恐惧,而后者通常伴随着愤怒。愤怒的适度调节有助于减少攻击行为,过度调节愤怒的个体有可能爆发极端暴力行为。大喊大叫不利于愤怒减降。羞怯阻碍人际交往,可能引起人际关系淡漠;有羞怯性格的人更容易网络成瘾。

复习思考题
1. 试说明愤怒与攻击之间的关系。
2. 试列举愤怒调节的几种方法。
3. 试阐述羞怯与网络成瘾之间的关系。

第四节 情绪感染与群体行为

群体行为受到群体情绪的影响,而群体情绪又受到个体之间的情绪感染的影响,本节介绍部落效应、社会风尚、群体性事件及网络舆情是如何受到群体成员的情绪感染的影响的。

1　情绪感染与部落效应

情绪感染是指一个人或群体通过情感状态和行为态度的诱导，影响另一个人或另一个群体的情绪的过程。早在1795年，经济学家亚当·史密斯(Adam Smith)就观察到人们可以通过想象自己身处他人情景和模仿他人行为来实现情绪感染。哈特菲尔德等(Hatfield et al.，1993)对情绪感染做了系统性研究。他们认为，个体之间在互动过程中，会自动和持续地模仿和同步于他人的面部表情动作、声音、姿势、动作和行为，并倾向于随时捕捉他人的情感。

情绪感染具有循环效应，即个体情绪可以影响到他人的行为、思想和情绪，这一影响过程可以在多人间交互产生，并不断增强。情绪输出者可以通过面部表情、语言、动作等多种形式表达情绪，并被接受者所感知(Ekman，1993；Falkenberg et al.，2008)。接受者也会对输出者的情绪做出回应(Baumeister et al.，1995；Lishner et al.，2008；Tamietto & Gelder，2008)，从而在双方之间产生交互作用。此时的情绪感染不仅通过直接的交互作用实现，而且可以通过间接的方式完成对周边人的交互影响，即那些注意到情绪输出者的第三方。

情绪感染很容易导致部落效应。所谓部落效应，指的是人们不知不觉就将自己归属于某一个团体，从而对抗另外一个团体的现象。此时个体在认知和行为上就表现出如下特点：对抗、自以为是和故步自封。一旦陷入了部落效应，就意味着与对手的关系变得不可调和。部落效应会放大"阵营"之间的差异性，同时将相似性降到最低，使彼此阵营互相之间令人难以感觉到友善和亲近。部落效应还会令人觉得"老子天下第一""你们都是错的"。最后结果就是，以坚定的对抗和自以为是心理编织一个巨大的硬壳，拒人于千里之外，无法看到任何别人的好，也听不进去任何意见和不同的观点(Schacter，2020)。

2　情绪感染与社会风尚

左世江等(2014)认为情绪感染是个体之间实现情绪聚合的过程，其中通过自动同步模仿他人表情、言语、姿势、行为并实现情绪聚合的无意识倾向，被称之为简单情绪感染。情绪感染发生与否，取决于观察者和表达者的关系(Hess & Fischer，2013)。一般认为，关系亲密的个体间发生简单情绪感染的可能性更大(Arizmendi，2011)；观察者与表达者之间的相似性越高，模仿行为越容易发生(van der Schalk et al.，2011)。

关于网络情境下的情绪感染研究发现，权力对于简单情绪感染具有调节作用，权力地位越高的人展现出的积极情绪越容易感染他人，并且会获得更多积极情绪的反馈；同时，高权力地位者展现出的消极情绪也越容易感染他人，但是获得的消极情绪反馈会减少（Belkin，2009）。权力影响道德判断行为，情境卷入效应明显（郑睦凡，赵俊华，2013）。正如斯坦福监狱模拟实验所得出的结论所说的：环境可以使人改变性格，而情境可以使人立刻改变行为，其中的情境卷入以及伴随的情绪感染效应使道德判断发生了改变。

简单情绪感染的发生可以分为三个阶段：模仿、反馈、感染。在模仿阶段，人们会在互动过程中持续地、同步地、自动地模仿他人的表情、声音、姿势、动作和行为。在反馈阶段，人们则对表情、声音、姿势和动作的模仿产生神经冲动，神经冲动以神经反馈的方式激活和影响个体的主观感受（Hatfield et al.，1993）。在感染阶段，人们通过模仿和反馈的作用，完成与他人的实时同步。经过这三个阶段，简单情绪感染完成，并产生相应的情绪感染效应（左世江 等，2014）。

上述研究结果提示，要营造良好的社会风尚，需要重视并培育位高权重人群的正向情绪与行为，并确保流行和模仿渠道的畅通，必要时应加大宣传力度，引领社会时尚，经过模仿、反馈、感染，最终在百姓中形成良好风尚。

3　情绪感染与群体性事件

所谓群体性事件是指具有某些共同利益的群体，为了实现某一目的，采取静坐、冲击、游行、集合等方式向党政机关施加压力，出现破坏公私财物、危害人身安全，扰乱社会秩序的事件，可分为群体性暴力事件和群体性非暴力事件（百度百科，2023）。群体性事件往往会发生多数人的语言冲突或肢体冲突，其目的或是表达诉求和主张，或是直接争取和维护自身利益，拟或是发泄不满、制造影响，因而对社会秩序和社会稳定可能会造成重大负面影响。情绪感染在促成群体性事件形成、发酵方面具有粘合作用。

群体性事件源于群体感受到了不公正。不公正既可能直接引发群体性事件，也可能通过集体效能（认知路径）和愤怒情绪（情绪路径）对群体性事件产生间接影响（贾留战 等，2013）。研究者认为，不公正感和相对剥夺感是不满情绪的社会心理基础；集群认同形成壁垒分明的对峙；集群情绪为这种对抗行动提供动力；集群效能感帮助人们树立起人多势众的必胜信念；谣言则为对立情绪火上浇油。这是群体性事件的动员机制（王二平，2013）。

从人类行为发生的内在机理看，群体性事件是参与民众在社会变迁过程中出现心理失衡，在群体心理作用下转化为群体行为的结果。相对剥夺感、社会不公感、信任缺失感、弱势认同感、社会焦虑感等相互叠加，是群体性事件发生的社会心理动因；而特定或不特定群体中的情绪感染、去个性化、群体极化、冒险转移、心理暗示等交互作用，则是群体性事件发生的群体心理机制（周感华，2011）。

从根本上减少群体性事件的方法，在于将群众的不满化解在萌芽之中，防止负性情绪感染。因此，政府工作人员及时、准确、有力地解决群众利益中的合理诉求是根本途径。

4 情绪感染与网络舆情

舆情是指在一定的社会空间内，围绕中介性社会事件的发生、发展和变化，作为主体的民众对作为客体的社会管理者及其政治取向产生和持有的社会政治态度。它是较多群众关于社会中各种现象、问题所表达的信念、态度、意见和情绪等表现的总和（百度百科，2014）。网络舆情是以网络为载体，以事件为核心，是广大网民情感、态度、意见、观点的表达、传播与互动，以及后续影响力的集合。网络舆情通常带有广大网民的主观性，未经媒体验证和包装，直接通过多种形式发布于互联网上。网络谣言、非理性声音极易引发公众对立情绪，成为激化社会矛盾、酿成重大社会事件的导火索。因此，社会各界呼吁网上出现更多理性的分析与判断，构建和谐的网络言论环境。

情绪感染是网络舆情的助推器。负性情绪通过网络传播、感染，引起了持有同样情绪的网民关注与共鸣，于是节奏被带起，使舆情向非理性的方向发展。群际情绪对于揭示群体性事件和群际冲突有重要价值。群际情绪是指当个体认同某一社会群体，将群体视为自我心理的一部分时，个体对内群体和外群体的情绪体验。

情绪与行为之间离不开认知因素的影响。无论是个体还是群体，其情绪调节、认知改变对行为方式的调整具有极其重要的意义。因此，从情绪评价与调节角度入手，对个体和群体的行为进行预测与改变，不失为良策之一。

小结

情绪感染是个体或群体之间情绪影响的过程。情绪感染容易导致部落效应，而简单情绪感染有助于社会风尚的形成。负性情绪感染更容易出现在群体事件的形成与发酵过程中。情绪感染在网络舆情中扩散更快、情绪强度更容易被叠加。

复习思考题

1. 试分析社会风尚形成中情绪感染的作用。
2. 试分析网络舆情形成中情绪感染的作用。

第 14 章

情绪与疾病

现实总会给人带来压力,而这些压力一旦过度就会导致心身系统的一系列连锁反应。首先是压力事件经过心理的加工而引起强烈的情绪反应,然后强烈的情绪反应启动行为、神经、内分泌以及免疫等系统的反应,这些心身反应的长期累积最终促发多种类型的躯体疾病以及精神疾病。这里的躯体疾病既包括细菌病毒感染所致疾病也包括多种多样的机能性疾病,如冠心病、原发性高血压、消化性溃疡等。虽然疾病的产生常常是多变量交互作用的结果,但本章将主要聚焦不良情绪对疾病的发生与发展的影响。

在学习本章内容时需要提醒的一点是,已有研究在讨论情绪与健康问题时,总容易给人一种印象:情绪,尤其是负性情绪,只会有损健康而无任何益处可言。实际上从情绪的适应性角度看,适当的负性情绪,如愤怒、恐惧等,在很多时候是能促进个体健康的。此外,在应激过程当中,积极情绪也可能成为致病因素。限于篇幅,本章仍然主要介绍不良情绪与疾病之间关系的研究成果,只在情绪调节与免疫部分会介绍少数积极情绪调节在应激中的作用。

第一节 情绪的致病机制

科学家们在探讨情绪致病的机理时都会有很多的疑问,比如,进化来的情绪为什么会致病?情绪的基本功能是生理性的还是社会性的?对这些问题,科学家持有不同的观点。生理学家们设想情绪是生物体对环境中的威胁所做出的快速反应,但过度的反应将导致生物体机能异常;社会学家们认为情绪是个体与社会群体之间相互依赖、相互作用的媒介,异常的社会压力导致异常的个体机能;认知心理学家则认为情绪是认知与生理反应之间的交互调节系统,不合理的认知导致个体对情境中威胁产生更强烈、更频繁的情绪反应,最终导致心理生理机能异常。虽然研究者的着眼点不同,但都指向相同的情绪致病机制：环境压力启动过度的情绪反应，进而启动急性或慢性的应激反应，最终导致心理生理机能的损伤。虽然完整的致病机制目前还不清楚，但情绪与应激（stress）在这一过程中的关键作用得到研究者的普遍认可（Cohen et al.，2007；Levenson，2019；Solomon et al.，1974）。

1 情绪与应激

情绪的研究早期主要在心理学领域，而应激的研究则主要是在生物医学领域。从沃尔特·坎农（Walter Cannon，1871—1945）关于应激的研究开始，至今已有一个多世纪了（Fink，2009）。这一研究主题最初只局限于生物医学领域，而几十年后，这一主题已经成为心理学的重要研究领域。这种转变在一定程度上反映了科学家们深入理解情绪与疾病的关系的过程。从坎农的开创性工作（Cannon，1915）到塞利（Selye，1936）的重要贡献，再到梅森（Mason，1975）以及拉扎勒斯的研究（Lazarus，1966），应激理论逐渐完善，应激与疾病之间的关系也逐渐清晰起来，同时情绪在应激的心理与生理反应中的中介作用也逐渐被勾勒出来。情绪与应激的综合反应首次将心理与生理两大系统实质性地关联起来。尽管纯粹的生理性应激也能够启动神经免疫系统的应激反应，但相比而言情绪性应激导致的病理影响更为久远（Li et al.，2019），情绪性应激在应激导致疾病的过程中作用更具现实意义。

1.1 应激的适应性理论

坎农（Cannon，1932）最早把克洛德·贝尔纳（Claude Bernard，1813—1878）介绍的"稳态"（homeostasis）概念（Bernard，1966）应用到应激的机制解释当中来。根据稳态的观点，所有的生理指标都有其理想的水平（正常的体温、血糖浓度、心率等），而生理调节的目的就是要达到这样一个理想的平衡态（或者"稳态平衡"），这一动态平衡将使尽可能多的生理指标优化。作为应激研究的奠基者，坎农立足于应激概念，将"应激"定义为任何打破稳态平衡的事物，而将"应激反应"定义为神经和内分泌相适应，以重新建立起稳态平衡（Cannon，1932）。

坎农通过研究动物的应激过程发现（Cannon，1915），应激导致的稳态调节作用主要表现为副交感功能的抑制与交感功能的激活。坎农提出的"战斗—逃跑"反应主要涉及交感功能的激活以及肾上腺素、去甲肾上腺素的分泌，也就是所谓的交感—肾上腺髓质系统的活动。在 20 世纪 30 年代，这个领域的另一位开拓者，汉斯·塞利（Hans Selye，1907—1982）则确定了应激反应的另外一种响应方式——糖皮质激素（glucocorticoids）的分泌（Selye，1936，1937，1946，1950）。塞利将应激引发的肾上腺分泌的一系列类固醇激素称为糖皮质激素，并提出垂体—肾上腺皮质轴（hypothalamic-pituitary-adrenal，HPA)的应激调节功能。交感—肾上腺髓质系统与垂体—肾上腺皮质系统一起就构成了应激的主要生理反应系统。很快,其他一些内分泌系统也与应激反应联系起来:应激不仅会导致一些激素(如 R-内啡肽,催乳激素,加压素和胰高血糖素等)的分泌增加,而且也会导致一些激素(如雌激素和雄激素等生殖系统的激素、生长介素等生长激素,胰岛素等能量储存激素)的分泌减少,并伴随自主神经系统的副交感神经分支的抑制(Sapolsky et al.，2000)。

坎农建立的应激理论为我们理解有机体的应激反应机制提供了基本的框架。在应激时,为了给肌肉运动运送能量,储存的能量(例如脂肪细胞)会被调动出来,释放到全身。这一能量的调动过程由心血管系统来完成,于是血压和心率开始升高,为了更好地向肌肉运动区域运送能量,机体还会同时抑制血液流到不必要的区域,例如肠道、生长、消化、组织修复和繁殖等区域系统。与能量运送相适应,免疫防御也得到增强,痛觉变得迟钝,认知的某些功能得到加强(Munck et al.，1984;Sapolsky et al.，2000)。

在应激理论提出后的几十年里,人们逐渐揭开了神经内分泌反应的更为完整的故事,包括一些缓慢起作用的激素,这些激素的缓慢调节使得机体从起初的应激反应状态恢复到常态。例如,原先应激反应中的能量调动效应导致机体储存的能量被消耗,激素调节能通过刺激食欲和增加脂肪组织来补偿应激反应中消耗的能量(Eisenberger et al.，2002)。再比如,原先应激反应中的免疫刺激效应最终会通过激素抑制免疫来抵消。这种延迟的抑制,被认为能够防止免疫系统过分活跃以致对身体的正常成分作出错误的反应,误把身体的正常成分当成是入侵的病原体。

1.2 应激的病理理论

在坎农的研究基础上,塞利开拓性地研究了应激反应的破坏性的一面,即长期暴露于应激状态下对机体机能的损害。塞利发现,在长期应激状态下,应激反应并不是完全有益的、具有适应性的,而是可能会出现病理现象,特别是消化性溃疡、肾上腺扩大和免疫器官(如胸腺)萎缩这三类疾病的病理过程(Selye, 1936)。该研究首次提供了应激与疾病关系的证据。后来,塞利进一步揭示了不同应激的共同致病机制,提出GAS综合征学说(general adaptation syndrome, GAS),将应激分为良性应激(eustress)与不良应激(distress)两大类,其中不良应激会导致疾病。这种不良的应激反应过程是一种"慢性"的病理过程,它最终引起了机体中内分泌"枯竭"的状态(Selye, 1946)。塞利的枯竭说还没有得到足够的证明,相反,持续存在的应激仍然会继续调动应激反应,而随着时间的推移,应激反应本身将会成为一种危险(Munck et al.，1984)。

如果说坎农的稳态概念能帮助我们理解有机体如何从应激态恢复到理想的稳态,

那么其后塞利的研究则进一步告诉我们有机体在遇到应激源时如何快速地适应挑战，应对挑战，进入一种异常状态（heterostasis）。这种异常状态后来被称作应变稳态（allostasis），即机体通过改变来维持稳定。而当这种改变过度就会逐渐变成一种病理性改变。

自此，应激理论进一步解释了应激事件导致疾病的基本病理过程。机能性的躯体疾病可以是由于糖皮质激素分泌受阻（如阿狄森氏病）或儿茶酚胺分泌受阻（如直立性低血压综合征）导致的应激反应失败造成，也可以是由于持续的应激反应本身造成。首先，长期的应激将能量从储存的地方运送到躯体各部位，如果持续进行，会导致肌肉萎缩、疲劳，并增加成人发病型糖尿病（maturity-onset diabetes of the young，MODY）的危险。此外，代谢应激反应的反向调节功能的长期激活会导致肥胖（Akiskal et al.，1983）。其次，心血管活动的急性增强有很高的适应性，但这种持续的增强将提高患心血管和脑血管疾病的风险。持续地抑制消化系统则会增加患吸收障碍疾病的风险。在这种情况下，对发展中的机体成长会起到抑制作用；极端的情况下，会出现由于应激导致的生长迟缓综合征（即心因性侏儒症）。虽然对生殖生理的暂时抑制可能不会导致病理生理的后果，但长期的抑制将会降低生育能力，这在男性和女性身上都有可能发生。再者，虽然在暂时性应激中，免疫系统的延迟抑制可能有助于避免免疫系统对自身免疫的影响，但长期的抑制会导致免疫系统的放松并增加感染的风险。最后，同一种激素，既能在应激过程中增强认知功能，也能对神经系统产生各种各样的有害影响，包括树突萎缩过程对突触可塑性的损害和神经突触形成的抑制（Sapolsky et al.，2000）。

1.3 应激的心理社会调节理论

在坎农与塞利的研究基础上，应激理论的研究很快又取得了新的进展。以拉扎勒斯等为代表的研究者发现，应激的致病并不是与外界的应激事件直接对应，而应激事件是否会启动应激的病理过程是由个体的认知因素在起调节作用（Lazarus，1966）。在失去认知调节的情况下，应激事件并不能够启动相应的病理过程（Jacobs et al.，1984；Lazarus，1966）。这表明个体的心理系统是应激事件与疾病之间的重要中介变量。陆续的研究揭示，儿茶酚胺释放主要出现在积极努力的情况下，而皮质醇释放则主要出现于无助和"放弃"应对的情境中（Frankenhaeuser，1983；Henry，1992；Lundberg & Frankenhaeuser，1980）。这表明，应激事件与疾病的因果关系中，情绪是最直接的中介调节机制，大脑中的认知评价系统决定着情绪的产生，而不同情绪继而启动不同的生理反应，最终决定应激事件是否导致疾病的出现。因此，拉扎勒斯与梅森等的研究在本质上是将坎农的生物应激模型发展为生物-心理-社会应激模型（biopsychosocial model）。

至此,塞利的不良应激致病说已经不能简单地解释为过多应激导致疾病,也不能解释为应激反应失败导致疾病,而应该理解为应激反应的过度激活导致疾病。这引出了一个数十年来都未曾引起应激生理学研究者重视的问题:大部分生理应激,如果严重到足以激活应激反应的程度,那么这种应激的持续存在将会损害机体功能(Kempermann & Kronenberg, 2003)。然而,这种生理应激的过度激活与持续存在并没有导致个体的快速死亡,而是引发了广泛和多样的慢性病变,其进程是如何被控制的?心理学给出了答案,那就是这种长期的应激过程最终都是由心理机制控制的而不是生理机制控制的。如果心理的应激启动消失了,那么经由情绪调节的生理的应激反应也就停止,疾病自然就不会出现(Henry et al., 1992)。

塞利格曼等的进一步研究揭示,不可预知性、不可控性以及糟糕至极等这样的一些认知观念与随后的疾病发生关系紧密(Seligman & Meyer, 1970; Davis & Levine, 1982)。这些研究进一步支持了塞利的应激理论,同时也对典型的应激概念做出了具体的内涵界定,那就是不可预知与不可控制是引起典型应激反应的基本条件。

2 情绪应激与免疫

从概念上看,不良情绪导致的应激生理反应自然包括免疫系统的反应,但考虑到免疫系统与疾病之间的密切关系,研究者们通常将情绪导致的免疫反应单独列出来进行探讨(Glasser et al., 1993)。实际上,随着应激研究的不断深入,在心理学研究领域中出现了一个新的分支学科叫心理神经免疫学(psychoneuro-immunology),这一学科重点关注心理神经免疫调节的两个主要方向,一是条件反射对免疫的调节作用,另一个就是情绪应激对免疫功能的影响(Eliot et al., 1987)。

情绪应激的众多研究表明,不良情绪特别是紧张刺激引起的不良情绪,如焦虑、抑郁、惊恐、害怕、孤独、自卑、烦恼等,可以改变机体的机能从而增加个体对疾病的易感性。比如,有研究发现(Kiecolt et al., 1984),孤独情绪体验者其血浆皮质醇水平高,淋巴细胞对磷酸化酶激酶(phosphorylase kinase)反应迟钝,NK 细胞(natural killer cell)下降。再如有研究以分泌型免疫球蛋白A(secretory immunoglobutin-A, sIgA)对一种口服抗原的反应为指标,发现积极的日常事件增加抗体水平而消极的事件降低抗体水平(Stone et al., 1996)。NK 细胞与 sIgA 抗体水平都是衡量免疫活动一个可信指标。这些研究充分说明,不良情绪会导致免疫能力的下降。我国研究者的相关研究也同样证明,情绪应激对免疫功能产生了抑制作用(林文娟,2006)。实际上,神经免疫系统的最佳协调状态是心理与躯体健康的关键,而急性或慢性应激正是破坏了这种状态从而增加患心理疾病与躯体疾病的风险(Agorastos & Chrousos, 2022)。为了方便理解,下面分别从情绪状态(emotional state)、情绪调节(emotion regulation)与情绪宣泄(emotional disclosure)三方面介绍情绪对免疫系统的影响。

2.1 情绪状态与免疫系统

情绪状态与身体健康的关系问题是医学心理学研究的热点问题之一。目前相关研究主要集中在不良情绪状态影响免疫功能以及不良情绪状态影响疾病易感性两方面(Karg et al., 2001)。已有研究发现情绪状态及其所伴随的生理反应直接影响免疫系统的功能。积极的情绪状态会增强免疫系统的功能,而消极的情绪状态则减弱免疫系统的功能。例如,斯通(Stone et al., 1996)发现,情绪状态与作为抵御一般感冒的第一道防线的抗体——唾液中的 sIgA 的分泌有直接关系,积极的情绪状态可以增强 sIgA 的分泌并提高免疫反应水平,而消极的情绪状态则减弱 sIgA 的分泌并降低免疫反应水平(升降幅度在 10—40 IU/ml)。而且,斯通等还进一步揭示增加令人愉快事件可以使被试的免疫反应在随后的几天里保持较高水平(Stone et al., 1996)。与之相对,增加令人不快的事件则会导致相反的效果(Dunn et al., 1995)。

不良情绪状态还与疾病易感性密切关联。科恩等(Cohen et al., 1991, 1993)研究表明消极情绪状态会提高人们对疾病的易感性。在一个实验范例中(Cohen et al., 1991),他们让 394 名志愿被试(年龄 18—54 岁,平均年龄 33.6 岁,均无急慢性疾病)分别接受 5 种呼吸病毒培养液的滴鼻处理,并单独或 2—3 人一起隔离 7 天,另有 26 名被试接受生理盐水处理作为对照条件。实验采用双盲设计,所有被试均不知晓自己的心理测试结果以及是否是实验组。所有被试在实验开始的前两天先接受抽血化验以便研究者评估其免疫状况及抽烟相关的血清指标。此外,所有被试还要填写行为、人格、心理应激及日常健康问卷。两天后,被试接受相应的滴鼻实验处理。从滴鼻处理的第一天开始每天都会有临床医生来诊询记录被试的呼吸道感染症状以及呼吸疾病相关的行为数据,直到第 8 天结束。在接受滴鼻实验后第 28 天,所有被试再次到门诊接受免疫血清检验。Logistic 回归分析结果表明,在 5 种病毒处理的实验组中,病毒感染率都较高(74%—90%),达到临床感冒诊断的比例也较高(27%—47%),病毒感染及达临床感冒症状的比例随着心理应激分数的增加而显著增加,即便在控制相关个体测量指标后应激分数仍然能较好地解释感染与感冒的诊断数据。这些结果说明,心理应激水平确实能预测个体感染病毒的概率。

不良情绪状态与免疫功能之间的关系比表面上看起来的简单相关关系更为复杂。在简单相关层面上,人们可能会认为压抑消极情绪状态就能提高免疫机能。事实上,有研究表明(Labott et al., 1990),尽管压抑一个人的消极情绪状态可能有些即刻的免疫获益,但消极情绪状态的压抑或抑制会导致比这一短期获益更严重的、相反的生理和健康后果;而且,主动地压抑消极情绪状态会导致心血管系统的交感激活水平的提高,增加患冠心病的可能性(Futterman et al., 1994)。随着研究的深入,与积极的情绪状态和消极的情绪状态相对应,应激的神经免疫机制研究还进一步提出超稳态(hyperstasis)与应变态(cacostasis)的概念,这些概念的提出则进一步完善了人们对应激免疫机制的理解(Agorastos & Chrousos, 2022; Nicolaides et al., 2015)。

2.2 情绪调节与免疫系统

情绪调节是个体通过一定的行为策略和机制,管理、调整或改变自己(或他人)的情绪,使情绪在主观感受、表情行为、生理反应等方面发生一定变化的过程。人们的情绪调节方式与其免疫系统功能之间存在着明显的相关:积极的情绪调节能够引起免疫功能的增强,而消极的情绪调节将会导致免疫功能的下降。采用积极的情绪调节方式应对日常情绪问题,或积极寻求情绪支持,有助于人体免疫系统功能的增强。例如,科恩(Cohen et al., 1997)发现,在鼻炎病毒和淋巴腺病毒环境中,传染性疾病的发生率和严重性与人们应对环境的态度和方式及其情绪反应密切相关。积极调节所带来的积极情绪变化,能削弱应激事件对免疫功能的不利影响。一项对407名男性艾滋病患者的跟踪研究表明,希望、快乐和愉快等积极情感可以减弱艾滋病的致命性:患者的积极情感得分越高,艾滋病致死的可能性就越低,即使考虑白细胞数量增多和使用药物等因素,积极情感的作用仍很显著(Lutgendorf et al., 1997)。由此可见,积极的情绪调节能增强免疫系统的功能。

与积极的情绪调节方式相反,消极的情绪调节方式会让免疫功能下降。例如,有研究发现焦虑和逃避的情绪调节方式会引起免疫功能的减弱(Futterman et al., 1994)。研究探讨了骨髓移植对患者配偶的心理和免疫功能(具体指标为CD4和CD8细胞的总比率、B细胞和NK细胞的比率和NK细胞因子)的影响,结果发现焦虑和逃避的应对方式与免疫功能呈显著负相关。类似地,研究人员也发现艾滋病病毒(HIV)阳性患者的性同伴的死亡会引起其与HIV上升有关的免疫变化,其中介因素就是在情绪上对性同伴死亡的消极逃避(Kemeny et al., 1995)。在正常群体中,研究同样发现经常采用消极调节方式应对日常情绪问题的人其免疫功能指标(NK活动和T淋巴细胞的繁殖反应)明显减弱,且体内潜伏EBV(Epstein-Barr virus,一种人类疱疹病毒)的含量(滴定率)明显增高,因而导致免疫系统功能的普遍下降(Esterling et al., 1990)。不仅如此,该研究还进一步揭示,在消极调节条件下,女性比男性更有可能表现出消极的免疫变化,即血清中催乳素水平下降,同时肾上腺素、去甲肾上腺素、促肾上皮质激素水平上升,而催乳素水平过低、肾上腺素等激素水平过高都会引起机体免疫功能的降低。

2.3 情绪宣泄与免疫系统

适当的情绪宣泄对健康十分重要。具体到病理生理层面,已有很多研究给出了依据。例如,研究发现,主动通过交谈、书写或运动等方式,来宣泄由创伤或压力事件导致消极情绪体验,能够减弱或缓解创伤或压力事件对免疫系统功能的消极影响,使个体的免疫系统功能得到恢复和提高,从而增进身体健康(Esterling et al.,1994);而抑制心中的消极体验,则会导致免疫系统功能的降低,从而引发更为严重的身心健康问题(Kendall et al.,2001)。

情绪宣泄对免疫系统功能的积极影响主要表现在以下两个方面。一是情绪宣泄能够增强 EBV 抗体和 NK 细胞的活动水平。有研究发现,通过书写或讲述来宣泄痛苦情绪的被试,不仅 EBV 抗体和 NK 细胞的活动水平显著优于控制组被试,而且自尊感和适应性明显改善;而且在书写性情绪宣泄中,被试越是着眼于人际关系的改善、个人今后的成长以及生活意义的寻求等积极意义,其 NK 细胞的活动就越强(Christensen et al.,1996)。另外,研究发现,情绪宣泄对 NK 细胞活动的影响程度与被试创伤或痛苦体验的程度成正比,即创伤或痛苦体验程度越高的被试,其情绪宣泄对 NK 细胞活动的增强作用越明显(Carson & Butcher,1992)。二是情绪宣泄能够影响 T 淋巴细胞数量和繁殖反应。有研究发现(Lutgendorf et al.,1997),对压力性事件的情绪宣泄,能够影响 HIV-阳性患者的免疫功能。这些患者在知晓自己患病的最初几周,焦虑和逃避反应明显增强,T 细胞繁殖反应减弱,血液中 CD4(辅助性)T 细胞比率下降;在随后的几周,经过情绪宣泄的指导和实践,免疫功能有显著改善。皮特里等(Petrie et al.,1990)以 40 名乙肝抗体阴性的医学院学生为被试,考察了情绪宣泄对免疫反应的影响。研究发现,在注射乙肝疫苗后,所有被试都对疫苗产生了免疫反应,但是与无情绪宣泄组被试相比,情绪宣泄组被试的 CD4(辅助性)T 细胞数量和淋巴细胞总数量明显更多,且 CD8(抑制性)T 细胞数量明显更少。

与情绪宣泄所带来的免疫系统功能的积极变化相反,一味地压抑创伤或压力事件所引发的消极情绪体验,会导致免疫系统功能的降低,因而会产生不可预料的严重后果。如有研究(Eisenberger et al.,2002)对 61 名 HIV 阳性女患者的研究发现,患者越是压抑情绪(使用的压抑性词汇越多),其 CD4(辅助性)T 细胞的活动水平就越弱。这表明,机体免疫功能受到消极情绪体验与压抑情绪应对方式这两者的双重负面影响:消极情绪体验本身引发了免疫系统的消极变化,而压抑情绪的应对方式又导致了免疫系统功能的进一步降低。

小结

本节首先介绍了应激概念及理论的演化发展,包括正常应激、病理应激以及应激的心理社会调节理论。在应激的理论介绍过程中,本节重点强调了情绪在应激反应机制中的作用。在情绪应激的理论基础上,本节进一步深入分析了情绪应激对免疫功能的调节作用,包括情绪状态对免疫功能,情绪调节对免疫功能以及情绪宣泄对免疫功能的调节作用。

复习思考题

1. 坎农与塞利有关应激的理论有何不同?
2. 请查阅资料说明良性应激与不良应激在内稳态活动水平与效能二维度上的分布特征。
3. 请总结情绪应激对免疫功能的主要调节作用。

第二节 情绪与心身疾病

正如上面所叙述的那样,长期的不良情绪会引发加剧神经免疫系统的病理进程,进而引发或加剧多种临床躯体疾病。值得注意的是,在理解不良情绪与疾病的关系时除了学习神经免疫机制上的病理过程外,还应该注意不良情绪与疾病在个体毕生发展过程中的交互作用。最近的一项研究揭示,不只是过度的情绪性应激反应会引发和加剧疾病的发生与发展,反过来,这些临床疾病也使得过度的情绪性应激反应更容易发生,这种相互促进的现象还会随着年龄的增加而越来越明显(Kunzmann et al., 2019)。这意味着,不良情绪与疾病之间的交互作用可能比当前研究者们强调的更加复杂,或者说不良情绪的致病作用和范围可能更加广泛。

在精神疾病中,情绪的病理进程本身就是疾病的主要病理表现,这类疾病在精神疾病或心理障碍这类教材中有专门介绍。在心身疾病中,与不良情绪密切关联的临床躯体疾病既有艾滋病等感染类疾病,也有冠心病、原发性高血压等非感染类疾病。结合上节讲述的情绪应激理论,本节进一步介绍情绪应激因素在冠心病、原发性高血压、消化性溃疡这三种比较有代表性的心身疾病中的作用机制。其中,有关情绪与冠心病的研究揭示了比较完整的情绪应激致病的神经免疫过程机制;原发性高血压的发病常伴随明显情绪应激事件,相关病理机制也有较多研究;消化性溃疡看似主要由饮食睡眠不规律引起,但实际上疾病的发生发展与转归都与不良情绪行为密切相关。

1 情绪与冠心病

冠心病是当代威胁人类生命的主要疾病之一。本病多发生在40岁以后,男性多于女性,脑力劳动者较多。

1.1 冠心病致病的情绪性因素

冠心病的病因和发病机理至今尚未完全阐明。20世纪中后期的行为学研究发现，A型行为(type A behavior)与冠心病的发病之间有着非常密切的关联，A型行为者患冠心病的比率是非A型行为者的2倍(Rosenman et al.，1975)。后续的很多研究表明，敌意被认为是A型行为的最关键特征，也是导致冠心病发展的最关键的情绪因素(Goodman et al.，1996；Hecker et al.，1988)。此外，其他不良情绪也被发现与冠心病的致病密切关联，如抑郁在出现心肌梗塞的病人中的检出率约为65%，且近五分之一是严重抑郁(Frasure-Smith et al.，1993)，即便排除睡眠问题这种预测仍然成立(Lesperance et al.，1996)。总体上，研究者们相信各种心理社会因素引起的多种常见的负性情绪均与冠心病的致病有着密切关系(Sirois & Burg，2003)。20世纪80年代，美国心肺血压研究所组织的研究者们通过客观地评估多学科研究数据后也认为冠心病形成的关键病理症状——冠状动脉粥样化(atheroma)的直接成因主要还是血管壁创伤(国际心脏病学会和协会及世界卫生组织临床命名标准化联合专题组的报告，1981)，而大量行为学研究支持的A型行为则主要是加速动脉粥样硬化的进程。A型行为对这一进程的促进作用主要与情绪应激反应调动的自主神经系统反应以及儿茶酚胺水平密切关联。因此，从情绪应激的病理机制上看，不良情绪促发冠心病得到研究者们较一致的认可。

通过应用冠状动脉造影技术并结合死后尸解分析，研究者们还发现，冠心病患者是否发生心肌梗塞，并非完全决定于冠状动脉狭窄的程度(Petrie et al.，1990)。有的稳定性心绞痛患者，冠状动脉狭窄相当严重，但并未发生心肌梗塞。而另一些患者，冠状动脉的狭窄并不严重，甚至有的病例经冠状动脉造影或事后尸解，证明并无冠状动脉狭窄，却发生了心肌梗塞，并且此类患者极易发生猝死。冠状动脉并无狭窄仍然出现心肌梗塞的原因现已被查明是冠状动脉痉挛。冠状动脉痉挛多发生在冠状动脉狭窄的"正常"冠状动脉上，而心理紧张、精神压力等因素是发生冠状动脉痉挛的主要原因，中枢神经、内分泌和免疫系统在心理社会因素促发冠心病的过程中都扮演着关键的中介作用(Sapolsky et al.，2000)。

1.2 中枢神经系统的调节作用

情绪的直接调节中枢位于边缘系统，而下丘脑与边缘系统又有着广泛的神经联系。网状结构边缘系统和下丘脑在大脑皮层的控制下，通过调节非特异反应性系统(ergotropic system)和促营养性系统(trophotropic system)的相对平衡，进而影响植物神经系统及躯体内脏的功能。非特异反应性系统的功能是使个体处于积极的准备状态，提高交感神经活动，增强骨骼肌张力，并增强激素的分泌，提高分解代谢。促营养性系统则反之,其功能是促进个体的退缩行为和保持能量,提高副交感神经的活动,降低骨骼肌张力,促进合成代谢和激素的循环。通常这两个系统在大脑皮层和皮层下中枢的调节下处于一种动态的平衡,一旦这种平衡被打破,就会产生一系列病理生理变化,出现症状和疾病。例如,持续的精神紧张和具有 A 型行为类型的人,可使交感神经过度兴奋,冠状动脉不断处在收缩状态,血脂增高,出现心绞痛、心肌梗塞(Zalcman et al.,1988)。

1.3 神经内分泌的作用

各种动物实验和临床研究表明,内分泌系统与情绪活动有着密切的关系,在紧张刺激下内分泌系统有一种使机体适应环境的生理防御机制。内分泌激素在维护机体内环境稳定及机体对环境的适应中起着重要作用。激素分泌过多或过少,都会使机体的代谢和行为发生变化。在神经体液调节中,下丘脑起着至关重要的作用。现在一般认为,下丘脑不仅是调节内脏活动的较高级植物神经中枢,而且是调节内分泌活动的较高级中枢。最新的研究还表明,下丘脑神经元内的多巴胺活动会影响垂体的活动。已发现去甲肾上腺素、5-羟色胺等生物胺可抑制促肾上腺皮质激素(ACTH)的分泌,多巴胺会刺激下丘脑促使促黄体激素释放激素(LRH)及促卵泡激素(FSH)和促黄体生成徼素(LH)的释放,这些激素的释放和抑制,都影响着机体的生理功能和行为。

在紧张情绪状态下,机体需要动员身体内部的能量来对付恶劣的情境,使机体产生一系列植物神经—内分泌反应。如交感神经活动加强,肾上腺激素的儿茶酚胺分泌大量增加,导致血管收缩、血压上升、呼吸加重,新陈代谢增高,这是机体的自我保护反应(O'Cleirigh et al.,2009)。但持久或过度的情绪反应,可使机体内部的能量耗竭,且可产生持久而严重的植物神经功能改变,甚至可产生相应的内脏器质性病变,如心绞痛、心肌梗塞等。

1.4 免疫机制

冠心病与抑郁、焦虑、愤怒与敌意等情绪密切关联,而这些情绪导致的免疫反应自然也就成为了冠心病的促发因素。例如,研究发现抑郁与免疫系统的炎症性反应(包括白细胞粘附性/聚集、吞噬活性、T 细胞活化标志物和促炎因子细胞因子等)密切关联(Lerman et al.,1999),而这些炎症反应通过增加细胞内的巨噬细胞和脂质沉积而引发冠状动脉以及现有动脉粥样硬化斑块的不稳定性和破裂,从而加剧冠心病的进程(Ross,1999)。同样,愤怒与敌意情绪会增加交感神经活动水平,进而导致冠状动脉收缩,血压升高,心率加快,儿茶酚胺及糖皮质激素水平升高,游离脂肪酸释放进血管,增加血小板凝集,最终加剧并促发冠心病的发病(Rozanski et al.,1999)。

2　情绪与原发性高血压

原发性高血压是由遗传和环境因素综合造成的。2005年美国高血压学会(ASH)提出,高血压是一种由许多病因引起的,处于不断发展状态的心血管综合征,可导致心脏和血管功能与结构的改变。因此,原发性高血压治疗的主要目的是最大限度地降低心血管的死亡和病残的总危险。

2.1　原发性高血压致病的情绪性因素

高血压是中老年人的一种常见病,一般有两种类型:一类是原发性高血压,是由遗传、肥胖、缺钙、膳食中钠盐过多、吸烟、情绪紧张或其他环境刺激等因素引起的,病程发展较慢;另一类是继发性的高血压,是由其他疾病如内分泌病(肾上腺嗜铬细胞瘤)、肾脏疾病(慢性肾炎)、心脏功能异常等引起的(Nakata et al., 2000)。原发性高血压,是在临床上以体循环动脉血压升高为主要表现的一种独立疾病,主要是由于周围小动脉血管口径变小或血液黏滞度增加,造成外周阻力过高所致;而血容量与心输出量的增高、血管的僵硬程度与充盈程度均影响血压的变化(Allen & Badcock, 2006);同时植物性神经系统对血压的调节作用也是一个重要因素(Tomatis et al., 2001)。尽管原发性高血压病是一个多因素影响的临床疾病,但不良情绪,尤其是愤怒与焦虑情绪,被认为在疾病的发生、发展中起重要作用(Jorgensen et al., 1996; Liu et al., 2017; Suls et al., 1995)。

2.2　心理因素致病的病理机制

很多研究发现,原发性高血压病人在应对应激性事件时的心血管系统反应明显有些过度(Deter et al., 2007),这种心血管系统反应也是过度的不良情绪反应的标记。这种夸大的应激反应可能与异常的神经网络有关,包括额顶区、边缘叶及脑干区域(Gianaros & Sheu, 2009; Jennings & Zanstra, 2009)。因此,原发性高血压个体经历的负性生活事件引起的不良情绪反应,如果持续存在就会最终导致神经内分泌系统的一系列不可逆变化,包括心血管反应增加,血压增高可能会增加血管内壁损伤和连续的动脉粥样硬化物质的累积(McClure et al., 2001),进而出现心脏病、动脉损伤和动脉硬化(Manuck, 1994)。与其他身心疾病的发病机理一样,这些心理社会因素诱发的病理改变反过来又进一步加剧不良情绪反应,提高急性心血管疾病的易感性,形成恶性循环。除情绪性事件之外,像灾难性环境事件(如地震)遵循同样的致病机制,应激事件在导致急性疾病的发作(Leor et al., 1996)的同时进一步加剧心血管系统的易感性(Kamarck & Jennings, 1991)。

不良情绪因素引发与加剧原发性高血压病的过程体现了典型的情绪性应激致病的过程。当愤怒情绪被压抑,会造成心理冲突。实验表明,经常处于压抑或敌意的人血液中的去甲肾上腺素水平比正常人高出30%以上,敌意和愤怒被压抑的人对应激物的神经内分泌或血流动力学反应的水平比敌意低的人高,这种交感神经介入的反应可能会增加血管内壁损伤和连续的动脉粥样硬化物质的累积(McClure et al., 2001)。长期反复的精神刺激因素,或强烈的负性情绪,通过中枢神经系统而引起大脑皮层、丘脑下部及交感肾上腺系统的激活,逐渐导致血管系统的神经调节功能紊乱,引起心率、心输出量、外周血管阻力、肾上腺皮质、肾上腺髓质等功能变化,开始是在负性情绪的影响下出现阵发性的血压暂时升高,经过数月、数年的血压反复波动,最终形成血压持续性升高的高血压病。

3 情绪与消化性溃疡

消化性溃疡病是一种危害人们健康的全球性常见的心身疾病。据报道,该病的发病率约占全体人口的1/10—1/8。也有报道预测,每5名男人与每10名女人中,可能就有1人在他们的一生中患过本病。在不同国家、不同地区,发病率相差悬殊。我国人群的患病率,据文献报道为16%—33%。南方高于北方,城市高于农村(张小晋,2007)。

由于溃疡的发生因胃酸及胃蛋白酶的刺激、消化作用所致,故而定名为消化性溃疡,以胃、十二指肠溃疡最多见。消化性溃疡病的发生与个性特征、情绪状态、生活事件和行为方式等心理社会因素有着密切的关系。我们应该从生理—心理—社会适应的角度全面认识、预防和治疗消化性溃疡。

3.1 消化性溃疡致病的情绪性因素

消化性溃疡发病机制较为复杂,迄今尚未完全明确。从病理分析,一般认为是由于胃和十二指肠粘膜的保护因素与损害因素平衡失调引起。而实际上,消化性溃疡作为一种典型的心身疾病,心理社会因素致病作用十分明显。研究者很早就提出依赖性冲突(dependency conflicts)与敌意(hostility)是与该疾病密切关联的主要心理社会因素(Carson & Butcher, 1992; Rothstein & Cohen, 1958)。依赖性冲突的概念最早是从动物的应激实验研究中提出来的。在实验中给动物以不确定的电击,让动物处在一种"绝望下的期待"中,结果发现动物极易出现消化性溃疡。研究者借用这一概念来说明消化性溃疡可能与个体面临的不确定性的压力应对有关。此后的研究者还发现不良行为(吸烟、饮酒)、不良认知以及情绪化都是其重要的致病因素(汪亚珉,汪根荣,2004)。从情绪的角度看,无论是依赖性冲突还是不良认知都预示着消化性溃疡病患者会有更多的不良情绪体验。近来研究者确实发现焦虑与抑郁情绪在消化性溃疡病的发病过程中起着重要作用(Goodwin & Stein, 2002; Hsu et al., 2015)。总体上,情绪应激与不良应对方式明显地影响着疾病的发生、发展和转归(Meerlo et al., 2011)。人在生气、愤怒、痛苦等情绪状态下,胃液分泌增多、胃酸增高、胃蠕动增强,进而引起胃及十二指肠的血管痉挛。如果胃酸持续增高则容易引起胃黏膜及十二指肠糜烂,导致溃疡。

3.2 心理因素致病的病理机制

虽然消化性溃疡很容易让人联想到各种细菌感染致病,但全球近一半人感染幽门螺旋杆菌,却只有很少比例(约5～10%)最终发展为溃疡病(Cryer & Mahaffey, 2014; Prabhu & Shivani, 2014)。已有研究揭示遗传、不良行为与心理社会因素是这一疾病发病的主要因素(Prabhu & Shivani, 2014),不良行为包括烟酒消费、饮食与睡眠不规律(Lim et al., 2012; Segawa et al., 1987)。还有不少研究一致发现消化性溃疡还与受教育水平和生活事件之间有着显著正相关(Furuse et al, 1999; Levenstein, 1996, 2000)。莱文斯坦(Levenstein et al., 2015)的一项前瞻性研究也表明消化性溃疡的发病确实与心理社会应激事件密切相关。该项研究对3 379名无消化性溃疡病史的丹麦成人进行了长达12年的研究,根据X射线及内窥镜检查报告最终有76人达到消化性溃疡诊断标准。在应激调查分数分布中,高应激组溃疡发病率是低应激组发病率的2倍多。

典型的消化性溃疡发病表现为间歇性的腹部难忍的疼痛,经常夜里发作痛醒,吃点面包或喝点水就缓解些,这些症状让人经常处于一种焦虑担忧之中。根据典型的情绪应激理论,应激性生活事件首先引发过度的应激反应,包括情绪的、行为的和生理的反应。其中情绪(焦虑或抑郁)与行为反应(饮食不规律,人际关系紧张)会加剧生理反应,包括神经免疫功能的异常应对状态。长期持续的生理应激反应与相应的遗传体质相结合最终导致消化性溃疡病的发病,而该疾病的发病(腹部疼痛难以忍耐)反过来进一步加剧个体对应激事件的情绪与行为反应。情绪与行为在这一过程中起到难辞其咎的推波助澜的作用。美国的一家医院曾对400名胃肠患者进行了调查,结果表明由于情绪不好而患病的占74%;俄罗斯一家医院也对此进行了研究,结果有54%的消化性溃疡患者是因精神创伤引起的(李志刚,2011)。

小结

本节介绍了情绪因素在三种常见的心身疾病的发病过程中的作用。冠心病是一种常见的心血管系统疾病,病因复杂,愤怒与敌意是其重要促发因素。原发性高血压的发病也同样与此类不良情绪密切关联。消化性溃疡虽然主要与不良生活方式以及负性生活事件关联，但是不良情绪在其中的作用仍然不可忽视。临床疾病研究支持情绪致病的应激理论模型。

复习思考题

1. 请结合上一节内容尝试分析原发性高血压致病的心理病理机制。
2. 以消化性溃疡病为例说明不良情绪、不良饮食行为、临床症状之间的交互关系。

名词索引

A

爱 5,6,20,46,57

B

巴雷特概念行动理论 37
悲伤 2,4,5,9,11,14-17,32,34-36,42,43,46-50,58,62,64-66,68-70,72,76,77,80,84,87,91-97,100-102,106,107,109,110,116,122,123,126,129,130,136,138,140,143-145,148-153,164,203,204,215,233-235,242,243,245
编码 16,33,34,51,53,58,65,73,115,150-152,154-164,240,299,326
表情的生物先天性 137
表情普遍性 80
禀赋效应 234
不自主反应 68
不作为惯性 225,343

C

沉思 186,187,199
创伤后应激障碍 201,212,339
垂体—肾上腺皮质轴 113,269

D

达尔文情绪进化理论 20,23
单向测量 48
道德的双过程加工理论 240
道德判断的认知—情绪整合观 240
道德判断的社会直觉模型 236-238,241
道德情绪 9,49,56,57,241-244,247,249-251,289,298-300,344
低位通路 85
敌意 49,54-58,78,113,245,247,263,277,278,280,281
点探测范式 192-194,201
调节情绪的能力 173
定向遗忘 158,162,327
动机分析模型 197,198
动机功能 9,230,246,249
多项测量 48,49

F

分类取向 4,5,8,45,49,63
分心 135,157,186-188,190,199,202,216
愤怒 2,5,9-11,15,17,22,25,27,31-33,35-37,39,40,42,43,46-50,52,55,56,58,59,61,62,65,66,68-70,72,77,78,80-84,87,91-93,95,97,101-104,107,109,113,116,122,123,129,130,142,144-146,149,153,166,172,184,190,194,196,197,213,219-221,227,233-235,238,239,242,243,247,252,256,258-264,266,268,278-281,298,350
"风险即情绪"模型 227,228,230
负性偏向 96,158,165,186
复合情绪 4,9,13,45,49,50,57,58,143,242,250

G

感激 9,56,238,242,243,249,250,273
高位通路 85
工作绩效 177-179,182,330,331
共情 9,57,79,120,126,136,146,237,239,242,243,245,247,248,250,318
固化 121,159-161
广泛性焦虑障碍 196

H

海马 12,23-25,47,98,103-105,107,114-116,133,134,137,138,150,159-164,207,209,213,215,216,244,246,256
后悔理论 224,226
忽略偏误 225

J

基本情绪 4,5,9,13,32-34,38,41-43,45-50,57,58,63-66,71,77,79,80,84,86,88,91-93,96-98,100-102,105,107,109,110,115,116,121-123,137,153,243,299,309,310
基本情绪理论 41,42,44,49,68,83,85,86
激情 11,12,26,32,58-60,113,192,253,259
激情爱 50
集体道德情绪 249,250,344
集体内疚 250
集体羞耻 250
计算机视觉 73
记忆绩效 147
记忆增强优势 158
建构主义理论 85
进化主义观 1-4,8
经验论 12,14
经验取样法 16,19,131

惊奇　5,11,31,32,46,47,49,61,93,97,129,225,235
精细化　122,138,154,197,198
决策　10,58,67,92,116,132,147,155,156,168,172,180,181,223-235,239-241,248,254,257,288,327,343,344
觉察和表达情绪　170,171

K

坎农-巴德情绪理论　21-23
空间线索范式　192
恐惧　5,15-17,22,25,31,32,34-37,42,46-50,52,60,62,65,67-72,77-79,81-84,87,91-97,101-104,107-109,113,114,116,123,129,130,137-141,144,146,153,159,161,165,184,185,192,196,197,200,201,204,207,209,211-213,216,226-228,233-235,243,252-254,256,258-260,264,268,309,338,351
恐惧条件反射　104,162,207,209,211-213,216,217

L

老年化后脑区前移效应　133
老年人识别优势　129
理解情绪的能力　172
"理性人"假设　223,224
利用情绪的能力　172
联想网络模型　153,156
罗素核心情感概念　36

M

梅斯基塔社会动力模型　39
美德钦佩　248,249
面部表情　4,5,10,14,16,17,19,21,26,31,34,35,39,44,47,48,53,64-70,72-77,80-84,86,93,107,109,123,125,128,137,138,142,144,172,197,254,265,299
面部表情识别　68,73,77,78,81,82,103,129
面部反馈　32,34,67
面孔聚焦范式　81
模仿　20,40,67,69,72,79,80,103,265,266
陌生情境法　51

N

内部诱发　1,14,15,19,95
内分泌系统　2,23,67,110,111,115,149,270,278,279
内疚　9,49,50,55-57,122,123,144,217,238,242,243,245,246,250,299
能力模型　168-171,173-175,177,331
能力钦佩　248
年老化　129,130,132,134,141
年龄　31,47,66,72,76-78,90,93,105,123,125-141,145,146,157,160,162,165,180,181,201,260,273,276,300,319

O

偶然情绪　10,223,230-235,288

P

帕金森情绪理论　40
陪伴爱　50
偏侧化效应　104,160,163
偏向竞争理论　195,196
评价理论　13,27,32,41,85
评价趋向模型　232-234
评价取向　13,14,41-43
评价性条件反射　209,211,212,217,339

Q

期望效用理论　223-226
启动　34,54,58,94,114,134,150,157,158,197,210,240,268,269,271,272,300,327
迁移恰当加工　151
前额叶皮层　47,69,102-105,110,113,114,118,133,139-141,161,162,214,216,217
钦佩　9,238,242,243,248-250
情感　3-8,11-13,15,21,24-26,31,33,34,36-38,40,42,45,49,51,52,55-58,62-66,71-73,85,89,94,96,97,103,113,117,121,123,130,131,135,137,138,143,144,149,151-153,155,156,164,165,167,173,175,180,181,204,208-210,212,213,216-218,232-236,241,243,244,246-248,254-260,264,265,267,274,287-289,299,309,310,350
情感共情　248
情感化学习　203,209-217
情感计算　62-64,287
情感记忆　147
情感渗透模型　155
情绪　1-72,74,77-181,183-215,217-245,247-269,271-282,287-290,293,296,298-300,309,310,318,319,326,327,333,334,339,343,344,350,351
情绪表达规则　120,124,144,146,318
情绪表露规则　80
情绪的道德放大器理论　236,238,241
情绪的文化相对论　141
情绪调节　15,30,62,104,105,113,115,117,118,120,126-129,132,134,135,139-142,145,146,164,170,173,175,179,180,184,186,187,199-202,239,252,255-259,267,268,272,274,276,289,293,318,319,326,334,350,351
情绪调节的过程模型　186,199
情绪调节的选择性优化补偿　135
情绪发展　13,20,31,40,43,120-122,128,129,136,141,143,146,318
情绪发展理论　121,122,128
情绪分化理论　5,121
情绪共情　126
情绪观点采择　125
情绪唤醒度　90,93,94,98,117,130,149,163,195

"情绪即信息"(feeling as information)模型　227,230-232,235
情绪记忆　133,147,149-153,156-165,208,326,327,339
情绪记忆增强效应　147
情绪建构论　13,14
情绪理解　84,125,126,136,141,142,144,171,233,319
情绪启动　150,158,238
情绪启发式(affect heuristic)理论　227
情绪Stroop任务　186,188,194
情绪Flanker任务　188,194
情绪Simon任务　188-190,194
情绪社会化　39,50,141,142,145
情绪体验　2,10,16,21-24,26-28,31-37,47,49,50,52,53,55-57,59,60,65-68,87,92,94,95,103,106,113,115,116,119,120,122-124,126-132,134-136,138,141-146,164,171,217,226,228,230-232,234,240,242,244,252-255,257-259,267,272,275,281
情绪维持假说　230
情绪文化信念　142
情绪效价假设　161
情绪性道德判断模型　236,237,241
情绪性权衡困难　228-230,343
情绪性注意　184,186,189,191,194,195,199,333
情绪宣泄　272,274-276
情绪一致性记忆　152-156
情绪依存性记忆　151,152
情绪智力　166-171,173-182,330,331
情绪智力测验　174-177,181
情绪智力发展　180
情绪状态　4-6,15,17,22,28,34,45,48,53,57-60,62-66,69-71,74,82,87-94,97,98,106,110,113,115,117,121-123,131,132,145,147-153,157,158,160,164,167,169,174,184-187,194,196-201,205-208,247,249,272-274,276,278,280,281,326

R

认知共情　126,247,248
认知评价观　1-3,8

S

社会建构论　13,14,41
社会建构取向　41-43
社会建构主义　44,80
社会情绪选择理论　135,136,319
社会性情绪　122-124,144,240
社交焦虑障碍　201
社交恐惧症　201
身体标记　67
身体知觉观　1,2,8
神经文化理论　80
生物-心理-社会应激模型　271
失望理论　224-226

识别　10,17,18,35,52,53,64-86,89,102,109,114,125,129,130,132-134,136-138,142,164,167,171,172,174,181,191,193-195,197,211,233,253,257,288,290,291,302,309,319
视觉搜索范式　150,189-191,194
刷新　198
双阶段理论　197
双眼竞争　214,215
搜索范式　187,189,190,194

T

特征整合理论　195
特质焦虑　196-198,200,333
提取　58,68,73-75,150-152,154-162,165,198,213,326
提示范式　192,195
同感评估法　177
图式理论　153,154,156,197

W

外部诱发　1,14,15,19
微表情　16,17,35,65,74,75,77,289,291,293,302
违规内疚　245
唯理论　11,14
维度理论　61-63,85
维度取向　4,5,8,45,61,63
稳态　269-271,274,276

X

线索范式　187,192-195
消极情绪记忆　162,165
消退　65,107,125,162,165,212,213,338
效度泛化模型　179
效价和唤醒度　93,147
心境　4,12,33,36,57-60,62,109,124,147,152-158,160,164,175,194,204,205,230,232,238,298-300
心境一致性　58,60,61,152,157,164,299,300,326,327
心理建构论　13,14
心理建构取向　41-43
心理健康　60,62,177,178,180,182,249,288,289,331
心理神经免疫学　272,355
新旧效应　157,162
信号功能　10
杏仁核　5,24,25,47,69,71,72,78,83,85,98,102-110,113,115-117,128,133,134,137-141,150,158-164,185,188,199,207-209,212,214,216,217,239-241,244,246,327
性别　39,48,53,54,66,76-78,90,93,94,160,162,163,165,189,190,219,222,299,319
羞耻　9,32,39,49,53,54,56,57,144,238,242,243,246,247,250,299,344
羞耻的"罗盘应对理论"　246
虚拟内疚　245

选择性优化补偿　134,136

Y

厌恶　5,9,31,32,35,39,46-50,55,56,62,68,69,72,77,79-81,83,91-93,95,101,102,105-109,115,116,121,123,127,129,130,133,137,138,176,209,211-214,234,235,238,239,242,243,245,252,254,299,309,310
依赖性冲突　280
依恋　49-52,57,122,127,138,139,299,300
异常状态　271
抑制　22,35,56,58,91,92,94,95,110,113,114,117,118,128,132,135,139,140,142,143,145,146,161,165,187,188,196,198,215,237,239,245,248,257,258,260,263,269-273,275,278,334,351
抑制范式　187,194,333
应对行为模型　229
应激　2,22,28,58,60,61,113,114,146,160,259,260,268-277,279-282,300
优劣整合模型　135,136
语调表情　4,5,64,66,70-73,77,79,81,84
语调表情识别　71-73
预期情绪　10,223-228,230,288
预支情绪　10,223,226-228,230,288

Z

再认　148,152,157,158,160,162,163,172,215,326
詹姆斯-兰格情绪理论　12,21-23
真实自豪　52,53,299
真正的自豪　9,245
正性情绪偏向　132,134,136
正性情绪体验优势　130
正性效应　130,132-136,146
知觉　1-3,11,12,21,25,32,36,38,43,56,58,61,67,68,81,83,85,120,125,126,135-139,154,159,166,176,177,190-192,195,200,204,207,214,215,220,239,245,247,290,334
指导性恐惧　211,213,216,217
智力　99,166-170,173-175,180-182,290,330

中枢神经系统　5,21-23,31,35,87,100,110,112,114,115,117,277,280,309,318
主动遗忘　158
主观预期愉悦理论　225,226
注意　5,7,10,20,21,34,48,58,61,62,71,73,105,107,114,127,128,132-136,138,139,141,150,154-159,181-192,194-202,207,231,236,247,256,257,265,276,289,290,299,319,333,334
注意矫正程序　200
注意控制理论　197,198,334
注意偏向　133,139,184-188,190,192-199,201,256,333,334,351
注意偏向矫正　200
注意瞬脱范式　150,189,191,194,195,334
注意脱离　186,195,197,198
注意训练　184-187,199-202,334
专家评分法　176,177
专心　199
转换　17,43,48,67,122,198,201,262
状态焦虑　180,197,198
姿态表情　4,5,16,53,64-66,70,71,76,82,83,86
姿态表情识别　69,70
自大的自豪　245
自大自豪　52,53,299
自动面部表情识别　73,74
α自豪　52,245
β自豪　52,245
自豪　9,49,52,53,56,57,122,123,144,217-219,221,234,235,238,239,242-245,250,299,300
自我报告法　16,174,175,177,299
自我意识情绪　9,49,52,53,56,57,122-124,143,242-244,246,250,298,299,319
自主的面部反应　68
自主神经系统　5,12,17,21,22,34,35,67,87-89,91,97,112,114,115,117,149,211,252-255,270,277
字面表征　148
GAS综合征学说　270
组织功能　10
最小情感化学习　210,211,213-217

作者简介（排名不分先后）

傅小兰，女，中国科学院心理研究所所长，研究员，兼任中国科学院大学心理学系主任，岗位教授。中国心理学会常务理事，原理事长，原秘书长。1984 年和 1987 年毕业于北京大学心理学系，获理学学士和硕士学位；1990 年毕业于中国科学院心理研究所，获理学博士学位。从事认知心理学和情绪心理学研究，发表论文 380 余篇。获北京市科学技术奖二等奖、吴文俊人工智能科学技术奖自然科学奖一等奖、中国电子学会科学技术奖技术发明一等奖。当选中共十八大、十九大代表，获"全国三八红旗手"、"全国妇女创先争优先进个人"、"全国教科文卫体系统先进女职工工作者"和"中国心理学会终身成就奖"等荣誉称号。

范伟，男，湖南师范大学教育科学学院教授、博士生导师，先后主持国家级和省部级科研项目十多项，发表论文 60 多篇。多次获得湖南省社会科学优秀成果奖一等奖和湖南省自然科学奖三等奖等科研奖励，先后入选湖南省"芙蓉学者奖励计划"青年学者、湖南省"湖湘青年英才"等人才计划。同时兼任《心理科学》编委，中国社会心理学会理事，中国心理学会社会心理学专委会委员等学术职务。

付秋芳，女，中国科学院心理研究所研究员，博士生导师，中国科学院大学岗位教授。主要从事内隐学习、类别学习、跨通道学习与意识的研究，已在 *Neurobiology of Learning and Memory* 和 *Consciousness and Cognition* 等期刊发表论文 50 余篇，并担任《心理学报》编委。曾先后主持中国国家自然科学基金委的青年基金项目和面上基金项目，现负责 1 项国家重点研发计划的课题和 1 项中德重大国际合作项目的课题。

郝芳，女，博士毕业于中国科学院心理研究所。现为南京师范大学心理学院副教授、硕士生导师。研究领域为情绪和社会认知。主要承担本科生和研究生的情绪心理学和社会心理学等课程的教学。主持一项国家社会科学基金项目，一项教育部人文社科项目，一项省级项目和一项厅级项目。在国内外专业学术期刊上发表多篇论文，参编多部教材与著作。

李丹枫，女，中央财经大学心理学系副教授，硕士生导师。2019 年毕业于中国科学院心理研究所。研究方向为情绪与决策，关注青少年风险行为的发生机制。主持两项省部级纵向课题，发表中英文核心期刊论文近 20 篇。讲授本科生《情绪心理学》、《专业论文写作》等课程。

李贺，男，西北大学公共管理学院人力资源管理系讲师，硕士生导师；曾学习于中国科学院心理研究所视觉与计算认知实验室，获理学博士学位。研究领域主要包括认知心理学、社会心理学，研究兴趣涵盖人的说谎行为与谎言识别、社会阶层偏见等。

李开云，女，硕博均毕业于中国科学院心理研究所，基础心理学方向。现为济南大学教育与心理科学学院副院长、副教授、硕士生导师（心理学学硕、特殊教育专硕、心理健康教育专硕）、中国心理学会青年工作委员会委员、中国心理学会教育心理专业委员会委员、中国社会心理学会理事、山东省社会心理学会秘书长、社会认知与情感脑科学实验室负责人。主持一项国家自然科学基金和一项山东省自然科学基金，发表 30 余篇科研论文。

李晓明，女，湖南师范大学心理学系副教授，硕士生导师。2007 年 7 月毕业于中国科学院心理研究所获博士学位（硕博连读），加州大学尔湾分校访问学者，担任中国心理学会决策心理学分会委员，湖南省心理学会理事。长期从事决策领域的研究，对企业道德决策、决策回避及风险决策有深入研究。尤其重视思考情绪（偶然情绪、预期情绪以及预支情绪）、权力及信息表征方式对决策行为的影响。在《心理学报》、《心理科学》、《心理科学进展》、*Journal of Social Psychology* 等 CSSCI 或 SSCI 刊物以第一作者身份发表多篇决策领域的文章，出版专著 2 部，曾主持一项国家自然科学基金。

梁静，女，河北师范大学教育学院副教授，硕士生导师。2015 年毕业于中国科学院心理研究所，基础心理学方向。研究兴趣涵盖欺骗及其检测，道德情绪与道德行为等。主持 1 项国家自然科学基金和 1 项省自然科学基金，发表 10 余篇科研论文，出版 1 部专著。

曲方炳，男，博士毕业于中国科学院心理学研究所，现就职于首都师范大学学前教育学院，副教授，硕士研究生导师。主要研究领域为情绪与意识、情绪调节的认知神经机制，采用行为实验、近红外和脑电技术考察情绪调节与意识的认知神经机制。

任衍具,男,认知心理学博士,毕业于中国科学院心理研究所,现为山东师范大学心理学院副教授,硕士研究生导师。研究领域为选择性注意及应用,采用心理物理学实验、视线追踪技术和电生理学方法探讨选择性注意的认知与神经机制。承担多项相关课题研究,在国内外专业学术期刊上发表论文多篇,参编教材与著作多部。

申寻兵,男,教授,江西省青年井冈学者,江西中医药大学人文学院心理学教研室主任,应用心理学专业和应用心理硕士学位点负责人,美国迈阿密大学(牛津)访问学者。2001年本科毕业于湖南师范大学心理系,2006年硕士毕业于浙江大学心理与行为科学系,2012年博士毕业于中国科学院心理研究所。曾任教于海南大学(2001-2006)。主要从事中医心理学的情志致病与治病,微表情与欺骗检测,情绪与认知等相关理论与实践研究。

宋胜尊,女,中央司法警官学院心理学教授,犯罪学教研室主任,硕士生导师。中国心理学会法律心理学专委会副主任,中国健康管理协会公职人员心理健康管理分会副会长,中国人工智能学会人工智能与人工情感专委会委员。从事犯罪心理学与罪犯心理学研究、司法人员心理健康与压力管理、警犯心理博弈实务研究、罪犯危险性评估与应对实务研究等。

唐薇,女,2016年硕士毕业于中国科学院心理研究所,基础心理学方向。硕士期间研究内容为老年人情绪认知。

王云强,男,南京师范大学心理学院教授、硕士生导师,教育部人文社会科学重点研究基地南京师范大学道德教育研究所研究员,加州大学伯克利分校访问学者。兼任中国心理学会理论心理学与心理学史专业委员会委员、中国心理学会学习心理专业委员会委员、中国社会心理学会人类智慧心理学专业委员会委员等。主要承担本科生和研究生的教育心理学和道德发展心理学等课程的教学,研究领域主要为青少年道德发展、心理学史和学习心理等。

张兴利,女,博士,中国科学院心理研究所副研究员,中国科学院大学岗位教师,硕士研究生导师。主要从事儿童发展与教育心理学、超常儿童发展与教育、儿童智力与创造力发展与促进、流动留守儿童心理发展与促进研究。

赵科,男,中国科学院心理研究所脑与认知科学国家重点实室副研究员、博士生导师。中国心理学会生理委员会专委会秘书。长期致力于人类动作与表情动作的加工和识别研究，关注其在社会，情绪等的应用。目前已经在 Neuroscience and Biobehavioral Reviews，Psychophysiology，Neuropsychologia，Neuroscience，Experiment Brain Research，Neuroscience Letters 等 SCI/SSCI 杂志上发表文章 40 余篇，获批专利 10 项。主持国家自然科学基金两项。获中科院百篇优秀博士论文、北京市科技二等奖。

汪亚珉，男，1997 年本科毕业于华东师范大学心理学系，2004 年和 2007 年分别获中国科学院理学硕士和博士学位。1997 年至 2004 年担任安徽中医药大学医学心理学专业助教、讲师，现为首都师范大学副教授，硕士研究生导师。主要研究兴趣为进化论视角下的知觉、注意与记忆机制，以及游戏化虚拟现实课堂开发、虚拟现实环境评估、用户体验研究等。作为主讲教师承担多年的《医学心理学》、《实验临床心理学》以及《心理学史》的本科生课程教学，参编教材与著作多部。主持过教学与科研类横向、纵向课题 20 余项，以第一作者或通讯作者身份在国内核心期刊及国际 SSCI、SCI 期刊上发表论文近 30 余篇，2012 年主持创建首都师范大学虚拟现实实验室，累计为国内科研院校及国际知名公司开发多款用于心理行为研究的虚拟现实产品，并曾于 2014 年创建小风筝作业网。详细信息参见 https://vrlab.cnu.edu.cn/

吴奇，男，2012 年于中国科学院心理研究所获理学博士学位。现为湖南师范大学副教授，湖南师范大学世承人才计划青年优秀人才，硕士研究生导师。主要研究兴趣为微表情表达与识别以及进化社会认知，在上述领域中在国内外重要期刊上发表论文 30 余篇，获国家发明专利授权 2 项，完成 1 项国家自然科学基金项目，承担和参与多项国家及省部级项目。详细信息参见 https://www.researchgate.net/profile/Qi-Wu-11

本书参考文献,请扫描下面的二维码查阅。